"十四五" 职业教育国家规划教材

数控机床故障诊断与维修

第4版 | 微课版

朱强 赵宏立 / 编著

ELECTROMECHANICAL

人民邮电出版社

北京

图书在版编目（CIP）数据

数控机床故障诊断与维修：微课版 / 朱强，赵宏立编著. -- 4 版. -- 北京：人民邮电出版社，2025.（职业教育机电类系列教材）. -- ISBN 978-7-115-67086-1

Ⅰ. TG659

中国国家版本馆 CIP 数据核字第 202582T8F0 号

内 容 提 要

本书结合数控机床的生产管理、维修和维护、改造等方面的实践，共设计了 11 个以工作过程为导向的任务，围绕如何快速诊断与排除数控机床故障这一主题，介绍数控机床常用电气元件的认知及检测，数控机床的安装、调试与验收，数控机床硬件的接口连接，数控机床的参数设定，数控机床 PMC 的控制与应用，数控机床数据的传输与备份，CNC 系统的故障诊断与维修，伺服系统的故障诊断与维修，主轴系统的故障诊断与维修，系统与 I/O 模块的故障诊断与维修，数控机床机械故障诊断与维修。本书内容以数控机床厂家的维修实例为任务导向，充分体现了理论知识与实践技能的结合及应用，关键知识点配置了视频微课，读者扫描书中二维码就可以在手机端直接观看和学习。

本书不仅适合作为从事数控机床维修、操作的各类技术人员和中高级技术工人的参考书，也可供职业院校数控技术相关专业的职业教育、技术培训及有关工程技术人员学习使用。

◆ 编　　著　朱　强　赵宏立

　　责任编辑　刘晓东

　　责任印制　王　郁　焦志炜

◆ 人民邮电出版社出版发行　　北京市丰台区成寿寺路 11 号

　　邮编　100164　电子邮件　315@ptpress.com.cn

　　网址　https://www.ptpress.com.cn

　　北京市艺辉印刷有限公司印刷

◆ 开本：787×1092　1/16

　　印张：17　　　　　　　　　　　　2025 年 6 月第 4 版

　　字数：400 千字　　　　　　　　 2025 年 6 月北京第 1 次印刷

定价：59.80 元

读者服务热线：(010)81055256　印装质量热线：(010)81055316
反盗版热线：(010)81055315

党的二十大报告指出："加快建设国家战略人才力量，努力培养造就更多大师、战略科学家、一流科技领军人才和创新团队、青年科技人才、卓越工程师、大国工匠、高技能人才。"

数控机床故障诊断与维修不仅是数控技术高技能人才必须掌握的技能，还是高职装备制造大类数控技术、机电设备技术、智能制造装备技术、机电一体化技术等专业的核心课程。

第 3 版自出版以来，受到了众多职业院校的欢迎。为落实立德树人根本任务，更好地满足广大职业院校的学生对数控机床故障诊断与维修知识的学习需求，编著者结合近年来教学改革的实践和广大读者的反馈意见，在保留原书特色的基础上，对其进行了修订。这次修订的主要内容如下。

- 进一步贴近企业现状，将第 3 版中所选用的 FANUC 0i D/Mate D 数控系统全部升级为 FANUC 0i F/F Plus 数控系统。

- 设置"中国机床"的相关内容，融入我国机床发展简史、我国数控机床发展历程、我国数控机床发展史上"重中之重"等内容，彰显科学精神和爱国情怀，鞭策学生努力学习，引导学生树立正确的世界观、人生观和价值观，帮助学生成为德、智、体、美、劳全面发展的社会主义建设者和接班人。

- 结合企业实际工作现状和近年来全国职业院校技能大赛的要求，为数控机床故障诊断与维修的关键技术增加视频微课，读者可以使用手机直接扫描本书中相关知识点的二维码，在手机端观看教学视频。

在本书的修订过程中，编著者始终贯彻以来源于企业的典型实例为载体，采用任务教学的方式组织内容的思想。通过 11 个具体任务，将数控机床故障诊断与维修融为一体，突出对学生解决问题能力的培养。修订后，本书内容更具有针对性和实用性，叙述更加准确、通俗易懂和简明扼要，有利于教师教学和读者自学。为了让读者能够在较短时间内掌握本书内容，及时检查学习效果，巩固和加深对所学知识的理解，每个任务后还附有自测题。

本书入选安徽省首批"十四五"高等职业教育规划教材，获得安徽省高等职业教育优秀教材奖特等奖。

本书主要由芜湖职业技术学院朱强、辽宁省交通高等专科学校赵宏立编著，参与本书编著的还有唐蕴慧、朱哲葶，其中朱强完成全书视频录制与微课制作，并负责全书统稿。北京发那科机电有限公司夏彪，奇瑞汽车股份有限公司邹传利，南京德西数控新技术有限公司周明虎，亚龙智能装备集团股份有限公司吕洋、付强，海天塑机集团有限公司陈兴等提供了大量资料，常州机电职业技术学院刘江、李海兵，沈阳职业技术学院关颖、王素艳，宁波职业技术学院翟志永，芜湖职业技术学院江茨、葛阿萍、陈杰等提出了很多宝贵的修改意见，在此一并表示诚挚的感谢！

由于编著者水平有限，书中难免存在疏漏，敬请广大读者批评指正。

编著者
2025 年 2 月

目　录

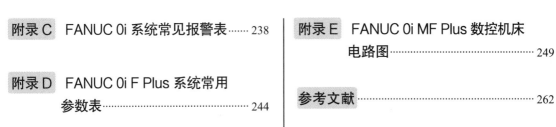

绪论

【学习目标】

- 能够识记数控机床的工作原理及组成。
- 了解数控机床故障诊断及维护的内容与特点。
- 对数控机床常见故障及其诊断方法有初步认识。
- 重点掌握数控机床维护、维修工作的安全规范。

【素质目标】

- 培养敬业和职业担当精神。
- 培养职业道德和职业素养。
- 培养自主学习和合作学习的能力。
- 培养发现问题和解决问题的思维能力。

知识点滴

我国机床发展简史

一、数控机床的工作原理及组成

1．数控机床的工作原理

数控机床是采用了数控技术的机床，它运用数字信号控制机床的运动及加工过程。具体地说，数控机床是将刀具移动轨迹等加工信息用数字化的代码记录在存储介质上，然后输入计算机数控（CNC）装置，经过译码、运算，发出指令，经伺服放大、伺服驱动和反馈，自动控制机床上的刀具与工件之间的相对运动，从而加工出形状、尺寸与精度符合要求的零件。

2．数控机床的组成

数控机床一般由输入输出设备、CNC 装置、可编程逻辑控制器（PLC）、伺服单元、驱动装置（或称执行机构）、电气控制装置、辅助装置、机床本体及测量装置等组成，如图 0-1 所示。

下面对部分组成部分进行介绍。

（1）输入输出设备。输入输出设备是机床数控系统和操作人员进行信息交流、实现人机对话的交互设备。

输入设备的作用是将程序载体上的数控代码变成相应的电脉冲信号发送并存入 CNC 装

置内。目前，数控机床的输入设备有键盘、磁盘驱动器、光电阅读机等。

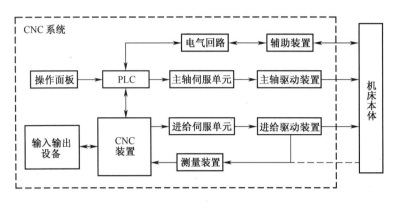

图 0-1　数控机床的组成

输出设备是显示器，有阴极射线管（CRT）显示器和彩色液晶显示器（LCD）两种。输出设备显示加工程序、坐标值以及报警信号等必要信息。

（2）CNC 装置。CNC 装置是计算机数控系统的核心，由硬件和软件两部分组成。其中，硬件主要包括中央处理器（CPU）、存储器、局部总线、外围逻辑电路以及与 CNC 系统其他组成部分联系的接口等，软件包括管理软件和控制软件。

CNC 装置可接收输入设备发送来的脉冲信号，经过 CNC 装置的系统软件或逻辑电路进行编译、运算和逻辑处理后，输出各种信号和指令控制机床的各个部分，使其进行规定的、有序的动作。通过合理组织与协调配合 CNC 装置内的硬件和软件，可实现各种数控功能，使数控机床按照操作者的要求，有条不紊地进行工作。

（3）PLC。数控机床通过 CNC 装置和 PLC 共同完成控制功能。其中，CNC 装置主要实现与数字运算和管理等有关的功能，如零件程序的编辑、插补运算、译码、刀具运动位置的伺服控制等。PLC 主要实现与逻辑运算有关的一些操作，它接收 CNC 装置的控制代码，如 M（辅助功能）、S（主轴转速）、T（选刀、换刀）等开关量动作信息，然后进行译码，将其转换成对应的控制信号，控制辅助装置完成相应动作，如工件的装夹、刀具的更换、切削液的开关等辅助动作。此外，它还接收机床操作面板的指令，一方面直接控制机床的动作（如手动操作机床）；另一方面将一部分指令发送至 CNC 装置用于控制加工过程。

（4）伺服单元。伺服单元的作用是将来自 CNC 装置的速度和位移指令进行变换与放大，以便通过驱动装置控制机床进给运动的速度、方向和位移。因此，伺服单元是 CNC 装置与机床本体的联系环节，它把来自 CNC 装置的微弱指令信号放大成控制驱动装置的大功率信号。伺服单元分为主轴伺服单元和进给伺服单元等。而按检测反馈装置和反馈信号，伺服单元又有开环系统、半闭环系统和闭环系统之分。

 注　意

开环系统没有检测反馈装置，其机床移动部件的定位精度主要由步进电动机制造精度和机床丝杠制造精度来保证。

（5）驱动装置。驱动装置通过经伺服单元放大的指令信号控制机床的机械运动。目前，常用的驱动装置有直流伺服电动机和交流伺服电动机，其中交流伺服电动机正逐渐取代直流伺服电动机。

伺服单元和驱动装置合称伺服驱动系统，是机床工作的动力装置，CNC 装置的指令要靠该系统付诸实施。驱动装置包括主轴驱动装置（主要控制主轴的速度）和进给驱动装置（主要控制进给系统的速度和位置）。伺服驱动系统是数控机床的重要组成部分，从某种意义上说，数控机床的功能主要取决于 CNC 装置，而数控机床的性能主要取决于伺服驱动系统。伺服驱动系统的性能直接影响数控机床的加工精度和生产效率，这就要求伺服驱动系统具有良好的快速响应性能，能准确、迅速地跟踪 CNC 装置的数字指令信号。

（6）机床本体。机床本体即数控机床的机械部件，包括主运动部件、进给运动部件、执行部件和基础部件等，如底座、立柱、工作台（刀架）、床鞍、导轨等。为了保证快速响应的性能，数控机床上普遍采用精密滚珠丝杠和直线运动导轨副。为了保证高精度、高效率和高自动化加工，数控机床的机械结构要具有较好的动态特性，如较好的动态刚度、阻尼精度、耐磨性和抗热变形性等性能。

二、数控机床故障诊断及维护的内容

（一）数控机床故障衡量标准及故障分类

1．故障衡量标准

数控机床是机电一体化在机械加工领域中的典型产品，它是集机械、电气、自动化控制、电动机、检测、计算机、机床、液压、气动等技术于一体的自动化设备，具有高精度、高效率和高适应性等特点。

衡量数控机床稳定性和可靠性的其中一个指标是平均故障间隔时间（Mean Time Between Failures，MTBF）t_{MTBF}，即两次故障的间隔时间；同时，当设备出现故障后，要求排除故障的平均修复时间（Mean Time To Repair，MTTR）t_{MTTR}越短越好。因此，衡量上述性能的另一个指标是平均有效度 A。

$$A = \frac{t_{MTBF}}{t_{MTBF} + t_{MTTR}}$$

为了延长 t_{MTBF}，缩短 t_{MTTR}，一方面要加强机床的日常维护，延长无故障时间；另一方面当出现故障后，要尽快诊断出原因并加以修复，从而提高维修效率。

2．故障分类

数控机床故障主要分为以下几类。

（1）机械故障与电气故障。

由于数控机床由机床本体和电气控制系统两大部分组成。因此数控机床故障可以分为机械故障和电气故障两大类。

机械故障常发生在主轴箱的冷却和润滑、导轨副和丝杠螺母副的间隙调整、润滑及支撑的预紧、液压与气动装置的压力和流量调整等方面。

从电气的角度来看，数控机床的明显特征就是用电气驱动替代了普通机床的机械传动，因此，电气系统的故障诊断及维护内容多、涉及面广，不仅包括伺服系统、强电柜及操作面板，还包括数控系统与机床及机床电气设备之间的接口电路，如驱动电路、位置反馈电路、电源及保护电路和开/关信号连接电路等。电气系统是数控机床故障诊断与维护的重点。

实践证明，引发数控机床故障的原因中，数控机床操作、保养和调整不当约占57%，电气系统（伺服系统、电源及电气控制部分）故障约占37.5%，而数控系统故障约占5.5%，如图0-2所示。

（2）系统性故障与随机性故障。

① 系统性故障是指只要满足一定条件或超过某一设定的限度，工作中的数控机床就必然会发生的故障。这类故障现象极为常见。例如，液压系统的压力值随着液压回路过滤器的阻塞而降到设定值时，必然会发生液压系统故障报警，使系统断电停机。又如，润滑、冷却或液压等系统由于管路泄漏引起油标降到使用极限值时，必然会发生液位报警，使机床停机。再如，机床加工过程中切削量过大，达到某一极限值时，必然会发生过载或超温报警，致使系统迅速停机。正确使用与维护数控机床可以避免这类系统性故障的发生。

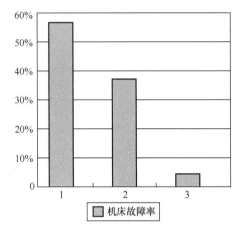

1—数控机床操作、保养和调整不当约占57%；
2—电气系统故障约占37.5%；3—数控系统故障约占5.5%。

图0-2　数控机床故障的原因

② 随机性故障是指数控机床工作时偶然发生一次或两次的故障。此类故障具有偶然性，其原因分析与故障诊断较其他故障难。这类故障的发生与安装质量、组件排列、参数设定、元器件品质、操作准确性以及工作环境影响等诸多因素有关。例如，因疏忽未锁定接插件与连接组件、印制电路板上的元器件松动变形或焊点虚脱、继电器触点、各类开关触点污染锈蚀以及直流电动机电刷接触不良等造成的接触不可靠等。工作环境温度过高或过低、湿度过大、电源波动与机械振动、有害粉尘与气体污染等均可引发随机性故障。因此，加强数控系统的维护和检查、确保电气箱门的密封、严防工业粉尘及有害气体的侵袭等均可避免随机性故障的发生。

（3）硬件故障、软件故障与干扰故障。

① 硬件故障是指CNC装置的印制电路板上的集成电路芯片、独立元件、接插件以及外部连接组件等发生故障。这类故障也称"死故障"，只有更换已损坏的器件才能排除，比较常见的硬件故障是输入输出接口损坏，以及电动机、刀架损坏等。

② 软件故障是指数控系统加工程序错误、系统程序和参数的设定不正确或丢失、计算机的运算出错等。认真检查程序和修改参数可以解决这类故障。但是，修改参数要慎重，只有弄清参数的含义以及与其相关的其他参数，才能正确进行修改，否则顾此失彼，会引发新的故障，甚至导致机床动作失控。

③ 干扰故障是指内部或外部干扰引发的故障。例如，系统线路分布不合理、电源地线配置不当、接地不良、工作环境恶劣等引发的故障。

（二）数控机床预防性维护的内容

1. 预防性维护的重要性

数控机床运行一段时间后，某些元器件或机械部件难免会损坏或出现故障。对于这种高精度、高效益且昂贵的设备，如何延长元器件的使用寿命和零部件的磨损周期，预防各种故障，特别是将恶性事故消灭在萌芽状态，从而延长系统的平均故障间隔时间和使用寿命，一个很重要的方向是做好预防性维护。

2．预防性维护的主要内容

（1）严格遵循操作规程。数控系统编程、操作和维修人员必须经过专门的技术培训，熟悉所用数控机床的机械部件、数控系统、强电设备、液压系统、气源等部分，以及使用环境、加工条件等，能按机床和系统使用说明书的要求，正确、合理地使用数控机床，尽量避免操作不当引起的故障。通常在使用数控机床的第一年内，1/3 以上的系统故障由操作不当引起。应按操作规程要求进行日常维护工作。

（2）防止 CNC 装置过热。定期清理 CNC 装置的散热、通风系统，经常检查 CNC 装置上各冷却风扇工作是否正常。应视车间环境状况，每季度或半年检查、清扫过滤器一次。当环境温度过高，造成 CNC 装置内温度达到 55℃ 以上时，应及时加装空调装置。

（3）经常监视数控系统的电网电压。数控系统允许的电网电压范围是额定值的 85%～110%，若超出此范围，轻则使数控系统不能稳定工作，重则造成重要电子部件损坏。因此，要经常注意电网电压的波动。对于电网质量比较差的地区，应及时配置数控系统专用的交流稳压电源，以有效降低故障率。

（4）定期检查和更换直流电动机电刷。目前老旧的数控机床大部分使用的是直流电动机，因为这种电动机电刷的过度磨损会影响其性能，甚至导致电动机损坏，所以必须定期检查电刷。对于数控车床、数控铣床、加工中心等，应每年检查一次；对于频繁加速机床（如冲床等），应每两个月检查一次。检查步骤如下。

① 要在数控系统处于断电状态，且电动机已经完全冷却的情况下检查。

② 取下橡胶刷帽后，用旋具拧下刷盖，再取出电刷。

③ 测量电刷长度，若磨损到原长的一半左右，则必须更换为同型号的新电刷。

④ 仔细检查电刷的弧形接触面是否有深沟或裂缝，以及电刷弹簧上有无打火痕迹。如果有上述现象，必须更换新电刷，并在一个月后再次检查。若还存在上述现象，则应考虑电动机的工作条件是否过分恶劣或电动机本身是否有问题。

⑤ 将不含金属粉末及水分的压缩空气导入电刷孔，吹净沾在刷孔壁上的电刷粉末。如果难以吹净，可用旋具尖轻轻清理，直至孔壁干净为止。清理时注意不要碰到换向器表面。

⑥ 重新装上电刷，并拧紧刷盖。更换电刷后，要使电动机空运行跑合一段时间，以使电刷表面与换向器表面接触良好。

（5）防止尘埃进入 CNC 装置内。日常除了进行检修，还应尽量少开电气柜门。因为车间内空气中飘浮的灰尘和金属粉末落在印制电路板和电气接插件上，容易造成元件绝缘性能下降，从而引发故障，甚至使元件损坏。有些数控机床的主轴控制系统安置在强电柜中，电气柜门关得不严是电气元件损坏、主轴控制失灵的一个原因。当夏天气温过高时，有些使用者干脆打开电气柜门，用电风扇向电气柜内吹风，以降低机内温度，使机床勉强工作。这种办法将加速系统损坏。

（6）定期检查和更换存储器用电池。数控系统中互补金属氧化物半导体（CMOS）存储器的存储内容在断电时靠电池供电保持，一般采用锂电池或可充电的镍镉电池，当电池电压下降至一定值时，就会造成参数丢失。因此，要定期检查电池电压，当该电压下降至限定值或出现电池电压报警时，应及时更换电池。要在数控系统通电状态下更换电池，避免参数丢失。一旦参数丢失，在换上新电池后，应重新输入参数。

（7）维护长期不用的数控系统。当数控机床长期闲置不用时，也应定期对数控系统进行维护、保养。首先，应经常给数控系统通电，在机床锁住不动的情况下，让其空运行；其次，在空气湿度较大的梅雨季节，应该天天通电，利用电气元件本身发热驱散电气柜内的潮气，以保证电子部件的性能稳定、可靠。

（8）日常保养数控机床。为了更具体地说明数控机床日常保养的检查周期、检查部位和检查要求，这里附上某数控机床定期保养表，如表 0-1 所示，以供参考。

表 0-1　　　　　　　　　　　　　数控机床定期保养表

序号	检查周期	检查部位	检查要求
1	每天	导轨润滑	检查润滑油的油面、油量，及时添加润滑油。检查润滑油泵是否能够定时启动、泵油及停止，导轨各润滑点在泵油时是否有润滑油流出
2	每天	X 轴、Y 轴、Z 轴导轨	清除导轨面上的切屑、脏物、冷却水等，检查导轨润滑油是否充分，导轨面上有无划伤、损坏及锈斑等，导轨防尘刮板上有无夹带铁屑。如果是滚动滑块的导轨，当导轨上出现划伤时，应检查滚动滑块
3	每天	压缩空气气源	检查气源供气压力是否正常、含水量是否过大
4	每天	机床液压系统	油箱、液压泵无异常噪声，压力表指示正常工作压力，油箱工作油面在允许范围内，各管路接头无泄漏和明显振动
5	每天	主轴箱液压平衡系统	平衡油路无泄漏，平衡压力表指示正常，在主轴箱上下快速移动时，压力表波动不大，油路补油机构动作正常
6	每天	各种电气装置及散热、通风装置	电气柜及机床电气柜进、排风扇工作正常，风道过滤网无堵塞，主轴电动机、伺服电动机、冷却风道等工作正常，恒温油箱、液压油箱的冷却散热片工作正常
7	每天	各种防护装置	导轨、机床防护罩动作灵活且无漏水，刀库防护栏杆、机床工作区防护栏检查门的开关动作正常，在机床四周各防护装置上的操作、开关、急停按钮等工作正常
8	每周	过滤网	清洗各电气柜进气过滤网
9	每半年	滚珠丝杠螺母副	清洗丝杠上旧的润滑脂，涂上新的润滑脂，清洗螺母两端的防尘圈
10	每半年	液压油路	清洗溢流阀、减压阀、滤油器、油箱油底等，更换或过滤液压油，注意在向油箱加入新油时必须经过过滤和去水分操作
11	每半年	主轴润滑恒温油箱	清洗过滤器，更换润滑油，检查主轴箱各润滑点是否正常供油
12	每年	直流伺服电动机电刷	从电刷窝内取出电刷，用酒精棉清除电刷窝内和换向器上的炭粉；当发现换向器表面被电弧烧伤时，抛光表面、去除毛刺；更换长度较短的电刷，需跑合后才能正常使用
13	每年	润滑油泵、滤油器等	清理润滑油箱池底，清洗、更换滤油器
14	不定期	各轴导轨上镶条，压紧滚轮、丝杠、主轴传动带	按机床说明书的规定调整间隙或预紧
15	不定期	冷却水箱	检查水箱液面高度，冷却液各级过滤装置是否工作正常，冷却液是否变质，还需经常清洗过滤器，疏通防护罩和床身上各回水通道
16	不定期	废油池	及时取走废油池中的废油，以免外溢，当发现废油池中的油量突然增多时，应检查液压管路中的漏油点

三、数控机床故障诊断及维护的特点

按照数控机床故障率的高低，数控机床整个使用寿命周期大致可分为 3 个阶段，即初始使用期、相对稳定期和寿命终了期，如图 0-3 所示。

1．初始使用期

整机安装调试后，开始使用的半年至一年期间，故障率较高，一般无规律可循。在这个时期，电气、液压和气动系统故障约占 90%。数控机床初始使用期故障频繁的原因大致如下。

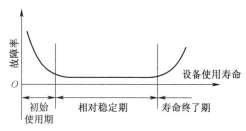

图 0-3　设备使用寿命—故障率曲线

（1）机械部分。由于机床在出厂前磨合时间较短和部件装配可能存在误差，因此在机床初始使用期会产生较大的磨损，使设备相对运动部件之间产生较大的间隙，导致故障发生。

（2）电气部分。当数控机床运行时，电路发热造成交变负荷、浪涌电流及反电动势的冲击，性能较差的元器件因电流冲击或电压击穿而失效，或者特性曲线发生变化，导致系统不能正常工作。

（3）液压部分。新安装的油缸或气缸可能产生锈蚀，或者空气管道没清理干净，一些杂物和水分可能进入，造成液压、气动部分的故障。

除此之外，元件、材料本身的性能等也会造成故障。因此，购回数控机床后，应尽快使用，使初始使用期的故障尽量在保修期内出现。

2．相对稳定期

数控机床在经历了初期的磨合和调整后，开始进入正常运行的相对稳定期。此时各类元器件本身的故障较为少见，但不排除随机性故障，所以在这个时期要坚持做好设备的运行记录，以备排除故障时参考。相对稳定期一般为 7～10 年。

3．寿命终了期

寿命终了期出现在数控机床的使用后期，特点是故障率随着运行时间的延长而升高。出现这种现象的基本原因是数控机床的零部件及电子元器件经过长时间的运行，由于疲劳、磨损、老化等，使用寿命已接近完结，从而处于故障频发状态。

数控机床故障率曲线变化的 3 个阶段真实地反映了数控机床从磨合、调试、正常工作到大修或报废的故障率变化规律，加强日常管理与维护和保养可以延长相对稳定期，以获得最佳投资效益。

四、数控机床故障诊断方法

由于数控机床属于机电一体化设备，因此对它的维护和故障诊断既有常规方法，又有专门的技术和检测手段。

【例 0-1】　某数控机床的坐标轴在正、反向进给时产生振动。故障产生的原因有以下几个。

① 导轨副和滚珠丝杠螺母副的配合间隙过大。

② 伺服电动机和丝杠的联轴器松动。

③ 电气参数（如加减速度时间）设定值过小，使伺服系统在换向时超调，从而引起机床振动。

【例 0-2】　某数控铣床 X-Y 两轴联动加工平面轮廓时，零件表面出现条纹。故障产生的原因有以下几个。

① X 轴进给速度控制信号波动较大。

② Y轴进给速度控制信号波动较大。

③ X轴或Y轴在进给运动时有爬行现象。

④ X轴或Y轴导轨副预紧力过大及导轨防护板摩擦力较大。

⑤ 检测装置有故障，使速度或位置信号反馈不稳定。

⑥ 伺服电动机运行不正常。

⑦ 伺服电动机和丝杠的联轴器松动，传动忽紧忽松。

⑧ 系统参数（如位置增益）设置不当等。

由此可见，数控机床故障具有综合性和复杂性的特点，引起数控机床故障的因素是多方面的，有时故障现象是电气方面的，但引起故障的原因是机械方面的，或者两者皆有。因此，要根据故障的现象和原因，采用合适的诊断方法和诊断设备，做出正确判断。

数控机床故障诊断分为故障检测、故障判断与隔离、故障定位3个阶段。其中，故障检测就是对数控系统进行测试，判断是否存在故障；故障判断与隔离是指正确把握所发生故障的类型，分离出可能的故障部位；故障定位是指将故障定位到可以更换的模块或印制电路板，从而及时修复数控机床故障。数控机床故障诊断的基本方法如下。

1．直观法

直观法是非常基本、简单的方法，是指维修人员根据故障发生时产生的各种光、声、味等异常现象，认真检查系统，观察是否有烧毁和损伤痕迹，往往可将故障范围缩小到一个模块甚至一块印制电路板，但这要求维修人员具有丰富的实践经验以及较强的综合判断能力。

2．自诊断功能法

自诊断功能法一般由自诊断系统实现。

CNC装置自诊断系统的运行机制如下：一般系统开机后，将自动诊断整个硬件系统，为系统的正常工作做好准备；另外，在运行或输入加工程序的过程中，一旦发生错误，数控系统就自动进入自诊断状态，通过故障检测，定位并发出故障报警信息。自诊断主要包括启动诊断、在线诊断和离线诊断等。

（1）启动诊断是指CNC系统每次从通电开始到进入正常的运行准备状态为止，系统内部诊断程序是否自动执行的诊断。利用启动诊断可以检测出系统的大部分硬件故障。

（2）在线诊断是指CNC系统的内部诊断程序，在系统处于正常运行状态时，实时自动测试CNC装置、伺服系统、外部输入输出（I/O）设备及其他外部装置，并显示有关状态信息和故障。系统不仅能在屏幕上显示报警信息及报警内容，而且能实时显示CNC系统内部关键标志寄存器及PLC内操作单元的状态，为故障诊断提供了极大方便。在线诊断对CNC系统的操作者和维修人员分析系统故障原因、确定故障部位有很大帮助。

（3）离线诊断（或称脱机诊断）是指当CNC系统出现故障或要判断系统是否真的有故障时，停止加工和停机进行检查。离线诊断的主要目的是修复系统和定位故障，力求把故障定位在尽可能小的范围内。

3．参数检查法

在数控系统中有许多参数（机床数据）地址，其中存入的参数值是机床出厂时通过调整确定的，它们直接影响数控机床的性能。通常不允许修改这些参数。如果参数设置不正确或因干扰使得参数丢失，机床就不能正常运行。因此，参数检查法是一种重要的数控机床故障诊断方法。

4．PLC 检查法

数控机床的 PLC 程序属于机床厂家的二次开发，即根据机床的功能和特点，编制相应的动作顺序及报警文本，对机床工作过程进行监控。当出现异常情况时，会发出相应报警。在维修过程中，要充分利用这些信息。

（1）利用 PLC 的状态信息诊断故障。PLC 检测故障的机理是通过机床厂家编制的 PLC 梯形图的各种逻辑状态，对 PLC 产生报警的故障或没有报警的故障进行分析和诊断，从而提高诊断故障的速度和准确性。

（2）利用 PLC 梯形图跟踪法诊断故障。数控机床中出现的绝大部分故障是通过 PLC 程序检查出来的。有些故障可在屏幕上直接显示报警原因和报警信息，有些故障不产生报警信息，只是相应动作不执行。当遇到后一种情况时，跟踪 PLC 梯形图是确诊故障的有效方法，特别是对于复杂的故障，必须使用编程器来跟踪 PLC 梯形图进行诊断。

5．功能程序测试法

功能程序测试法是指用编写的程序对数控系统的功能（如直接定位、圆弧插补、螺纹切削、固定循环、用户宏程序等）进行测试。用它来检查机床执行这些功能的准确性和可靠性，从而快速判断系统的哪个功能不良，进而分析出故障发生的原因。本方法对于长期闲置的数控机床或机床第一次开机自检，以及机床加工超差（无报警），难以确定是编程或操作的错误还是机床故障所致等情况，是一种较好的方法。

6．交换法

交换法是一种简单易行的方法，也是现场判断时常用的方法。所谓交换法，就是在分析出故障大致起因的情况下，维修人员利用备用的印制电路板、模板、集成电路芯片或元器件替换有疑点的部分，从而把故障范围缩小到印制电路板或芯片一级。这实际上也是在验证分析的正确性。

7．单步执行程序以确定故障点

数控系统一般具有单步执行程序功能，这个功能常用于调试加工程序。当执行加工程序出现故障时，单步执行程序可快速确定故障点，从而排除故障。

8．测量比较法

测量比较法是诊断机床故障的基本方法，利用万用表、相序表、示波器、振动检测仪等仪器测量故障疑点的电流、电压和波形，将测量值与正常值进行比较，分析故障所在位置。

9．敲击法

如果数控系统的故障若有若无，那么可用敲击法检查故障的部位所在。因为 CNC 系统由多块印制电路板组成，板上有许多焊点，板与板之间或模块与模块之间又通过插件或电缆相连。所以，任何一处的虚焊或接触不良都会成为引发故障的主要原因。检查时，用绝缘物轻轻敲击可疑部位，如果确实是虚焊或接触不良引起的故障，该故障就会重复出现。

10．原理分析法

根据数控系统的组成原理，可从逻辑上分析出各点的逻辑电平和特征参数（如电压值或波形等），然后用万用表、逻辑笔、示波器等对其进行测量、分析和比较，从而定位故障。这就是原理分析法。

此外，还有局部升温法以及多种新出现和应用的方法。总之，只有按照不同的故障现象，同时选用几种方法灵活应用、综合分析，才能逐步缩小故障范围，较快地排除故障。

五、数控机床维护、维修工作的安全规范

数控机床维护、维修工作必须遵守有关的安全规范，避免发生安全事故或因操作不当造成设备损坏。只能由经过技术培训的人员来进行数控机床的维护、维修工作，在检查机床操作之前，要熟悉机床厂家提供的机床说明书。数控机床维护、维修工作的安全规范如下。

（1）打开机床防护罩后，衣服和头发可能被卷到主轴或其他部件中，因此检查机床运转时要站在离机床稍远、衣服不会被主轴等卷到的地方，并且女生一定要戴帽子。

（2）打开电气柜门检查、维修时，因为高压部分会带来电击的危险，所以切勿触碰高压部分。在检查操作之前，要先检查高压部分安装的防护罩。

（3）在运行机床之前，要充分检查所输入的数据是否正确。如果使用者不小心用错误数据操作了机床，机床动作就会不正常，从而引起工件或机床损坏，甚至伤及使用者。

（4）更换元件时，必须关闭 CNC 装置的电源和强电部分的主电源。如果只关闭 CNC 装置的电源，主电源仍会继续向伺服部分供电，在这种情况下更换元件时，元件会损坏，并且可能使使用者被电击。

（5）关闭电源后，伺服放大器和主轴放大器的电压会保持一会儿，这时触摸会被电击。因此，至少要在关闭电源 20min 后再更换放大器。

（6）在更换单元时，要确保新单元的参数和其他设置与旧单元相同，如果不在同样的状态下运行机床，工件或机床就会被损坏，甚至造成人身伤害。

（7）更换或拆装元件后，一定要经确认后才可上电。

（8）因为 CNC 装置和 PLC 的参数在出厂时被设定为最佳值，所以通常不需要修改其参数。有某些原因必须修改其参数时，在修改之前要完全了解相应功能，如果错误地设定了参数值，机床可能出现意外的运动，从而造成事故。

| 小　　结 |

本绪论主要介绍了数控机床的工作原理及组成，数控机床故障诊断及维护的内容，数控机床故障诊断及维护的特点，数控机床故障诊断方法，数控机床维护、维修工作的安全规范等。

| 自　测　题 |

简答题

1．数控机床的工作原理是什么？

2．数控机床的常见故障有哪些？

3．设备使用寿命—故障率曲线图的含义是什么？

4．数控机床维护、维修工作的安全规范主要有哪些内容？

5．常用的数控机床故障诊断方法有哪些？

任务一
数控机床常用电气元件的认知及检测

【学习目标】

知识点滴
工业化和机床的
进化史

- 能够识记数控机床常用电气元件的外形和符号、导线的电路标记，理解电气元件的工作原理和在电路中的作用。
- 掌握万用表、示波器等检测工具的使用。
- 能够根据数控机床电路图拆装电气元件和接线，能够分析、判断和排除强电、弱电电路故障，熟悉数控机床弱电控制强电的工作过程。

【素质目标】

- 培养敬业和职业担当精神。
- 培养职业安全意识。
- 培养团队合作意识。
- 培养发现问题和解决问题的思维能力。

一、任务导入

通过拆装附录 E FANUC 0i MF Plus 数控机床电路图中的电气元件和电路接线，使用万用表、示波器等检测工具分析和诊断图 1-1 所示电路的工作状态，判断当前数控机床的电路故障并予以排除，使数控机床恢复正常使用。

二、相关知识

（一）万用表的使用

数控机床维修涉及弱电和强电领域，最好配备数字式万用表和指针式万用表各一块，如图 1-2 所示。其中，数字式万用表不仅可以快速测量电压、电流、电阻，还可以测量晶体管的放大倍数和电容等。指针式万用表的主要优点是反应速度快，可以很方便地用于监视电压和电流的瞬时变化及电容器的充放电过程等。这两种表的短路测量蜂鸣器不仅可方便测量电路通断，其精确的显示也便于测量电动机三相绕组电阻的差异，从而判断电动机的好坏，在数控机床维修中经常使用。

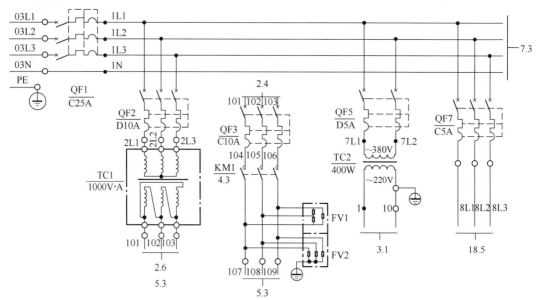

图 1-1　数控机床强电电路

1．用万用表测量直流电压

（1）测量电路如图 1-3 所示。

（2）测量直流电压时，红表笔接高电位，黑表笔接低电位。

（3）将万用表与被测电路并联。

2．用万用表测量交流电压

（1）测量电路如图 1-4 所示。

（2）测量交流电压时，两表笔可任意接入。

（3）将万用表与被测电路并联。

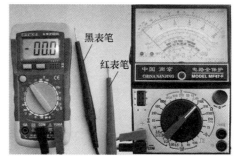

图 1-2　数字式万用表和指针式万用表

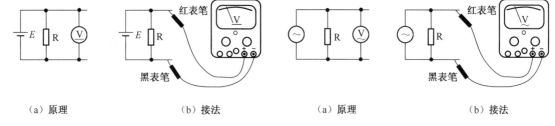

（a）原理　　　　（b）接法

图 1-3　用万用表测量直流电压的测量电路

（a）原理　　　　（b）接法

图 1-4　用万用表测量交流电压的测量电路

3．用万用表测量直流电流

（1）测量电路如图 1-5 所示。在电路相应部分断开后，将万用表两表笔接在断点的两端。

（2）测量直流电流时，红表笔接高电位，黑表笔接低电位。

（3）将万用表与被测电路串联。

4．用万用表测量交流电流

（1）测量电路如图1-6所示。在电路相应部分断开后，将万用表两表笔接在断点的两端。

（2）测量交流电流时，两表笔可任意接入。

（3）将万用表与被测电路串联。

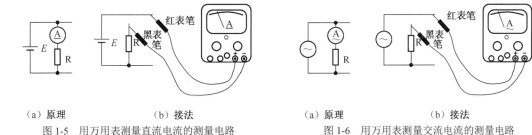

（a）原理　　　　　（b）接法　　　　　　　　　（a）原理　　　　　（b）接法

图1-5　用万用表测量直流电流的测量电路　　　　图1-6　用万用表测量交流电流的测量电路

 注　意

在用指针式万用表测量未知电压或电流时，不仅要注意万用表的量程应从大到小过渡，还要注意红、黑表笔的高、低电位，避免打表针。

5．用万用表测量电阻

（1）万用表欧姆调零，即把红、黑表笔短接，同时调节欧姆调零旋钮，使表针对准电阻刻度线零位置，如图1-7（a）所示。

（2）测量倍率 $R \times 1$、$R \times 10$、$R \times 100$、$R \times 1k$ 挡由 1.5V 电池供电，测量倍率 $R \times 10k$ 挡由 9V 电池供电。黑表笔接的是万用表内电池正极，红表笔接的是万用表内电池负极。

（3）用 $R \times 1k$ 挡测量 $R = 1k\Omega$ 的电阻器的电阻，如图1-7（b）所示，指针指在 1 格处；用 $R \times 100$ 挡时，指针指在 10 格处；用 $R \times 10$ 挡时，指针指在 100 格处；用 $R \times 1$ 挡时，指针指在 1k 格处，由此确定电阻读数。选择合适的挡位，使指针尽量处于右顶端偏左 1/3 处。

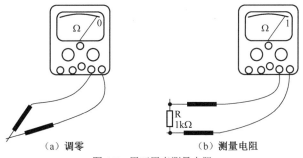

（a）调零　　　　　　　　（b）测量电阻

图1-7　用万用表测量电阻

 注　意

不能带电测量，尽量不要在电路中测量电阻，保证电阻不和其他导电体连接，最好将电阻拆卸下来测量，避免出现并联。不要用双手接触电阻，避免将人体电阻与被测电阻并联。

6．用万用表测量二极管（用 R×1k 挡）

二极管具有单向导电的特性，在数控机床中应用较多，特别是发光二极管，其是重要的输出状态显示元件，可以根据其快速判断电气线路的通断等。

（1）当万用表内电池正极即黑表笔接在二极管阴极（负极），内电池负极即红表笔接在二极管阳极（正极）时，如图1-8（a）所示，反向电阻很大，二极管没有导通。

（2）当万用表内电池正极即黑表笔接在二极管阳极（正极），内电池负极即红表笔接在二极管阴极（负极）时，如图1-8（b）所示，二极管的正向电阻较小（5kΩ左右），二极管导通；若是发光二极管，则二极管会发光。

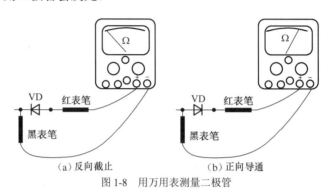

图 1-8　用万用表测量二极管

（二）示波器的使用

示波器主要用于测量模拟电路的信号，双频示波器还可以比较信号的相位关系，可用于测量测速发电机的输出信号，检测光栅编码器的增量信号是否正常，确定光栅编码器是否合格。数控系统维修通常使用频带范围为 10～100MHz 的双通道示波器，它不仅可以测量电平、脉冲上下沿、脉宽、周期、频率等参数，还可以比较两信号的相位和电平幅度，常用来观察主开关电源的振荡波形，直流电源的波动，测速发电机输出的波形，伺服系统的超调、振荡波形，编码器和光栅尺的脉冲等。示波器的面板如图1-9所示。

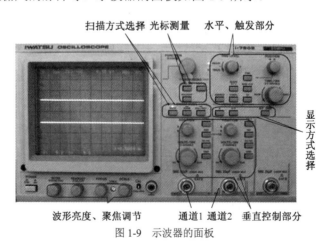

图 1-9　示波器的面板

1．分辨率的调整

当已经选定示波器时，尽量减小光点的直径是提高分辨率的主要途径。在使用示波器时，应尽量将亮度调暗一些，再调节"聚焦"旋钮，使光点成为一个直径不大于 1mm 的小圆点，

配合调节"辅助调焦"旋钮，使图像清晰，亮度适宜。

2．探头的使用

在观测电平幅度和脉冲的相位、频率等参数及波形时，合理使用探头可以减小示波器输入阻抗对被测电路的影响。因此必须根据测试的要求选用探头。

3．避免波形失真

由于示波器的偏转灵敏度有一定限制，在使用过程中，荧光屏上双颤幅度不得大于 8cm，以免波形失真。为此，在使用前，应将"Y 轴衰减"置为最大，然后视显示的波形和观测需要，适当调节衰减挡。如果信号不需要增幅，可将信号由后插孔直接输入，但应在其间加隔离电容。

　注　意

在电压、相位、频率的测量过程中，要注意探头的选择，防止探头带电触电，采用合理的测量方法并正确调节示波器。此外，使用中也要注意示波器的维护和保养，以防损坏。

（三）常用电气元件的认知与检测

1．低压断路器

低压断路器，旧称自动空气开关，现采用 IEC 标准称为低压断路器。它是将控制电器和保护电器的功能融为一体的电器，可有效保护串联在它后面的电气设备。相关电气符号有"QF""QM""QS"，分别指低压断路器、电动机保护开关和隔离开关。数控机床中常用的是小型低压断路器。

（1）小型低压断路器。小型低压断路器（以下简称断路器）适合在交流 50Hz 或 60Hz、额定电压为230～380V 的线路中用于过载、短路保护，也可以用于不频繁通断线路，尤其适用于工业和商业的照明配电系统。数控机床中的断路器常用于过载、短路保护，也可以在正常情况下不频繁地通断电气装置和照明线路，如图 1-10 所示。

（a）1匹或单匹　　　　（b）3匹

图 1-10　小型低压断路器

（2）断路器型号及分类。目前家庭使用 DZ 系列的断路器，下面以 DZ47-60 系列为例，说明断路器型号的含义，如图 1-11 所示。

① 按额定电流，断路器可分为 1A、2A、3A、4A、5（6）A、10A、15（16）A、20A、25A、32A、40A、50A、60A 等类型。

② 按极数，断路器可分为单极、二极、三极、四极或称 1 匹、2 匹、3 匹、4 匹等类型。

```
DZ 47-60
      └── 壳架等级额定电流
     └──── 设计序号
  └─────── 塑料外壳式断路器
```

图 1-11　小型断路器型号的含义

1 匹=735W≈750W，2 匹≈2×750W=1500W，此计算法以此类推。

【例 1-1】　对于 3 匹空调，应选择多少安的断路器？（220V 电压）

750W×3（匹）×3 倍（冲击电流）= 6750W

6750W÷220V≈30.68A（功率÷电压＝电流）

故应选择 32A 的断路器。

【例 1-2】　对于 5 匹空调，应选择多少安的断路器？（380V 电压）

750W × 5（匹）× 3 倍（冲击电流）= 11250W

11250W ÷ 380V ≈ 29.61A

故应选择 32A 的断路器。

③ 按瞬时脱扣器的类型，断路器可分为 C 型和 D 型。C 型常见的型号/规格有 C16、C25、C32、C40、C60、C80、C100、C120 等，其中 C 表示脱扣电流，即起跳电流，如 C32 表示起跳电流为 32A。

注 意

断路器的额定电流和额定电压应大于或等于线路、设备的正常工作电流和正常工作电压。断路器在额定负载时的平均使用寿命为 20000 次。首次上电调试机床时，应先将所有断路器断开，然后依次闭合，观察断路器的工作状态。

2．接触器

接触器主要用于频繁接通或分断交流、直流电路，其断电流能力强，可远距离操作，配合继电器可以实现定时操作、联锁控制、各种定量控制和失（电）压及欠（电）压保护，被广泛应用于自动控制电路。其主要控制对象是电动机，也可用于控制其他电力负载，如电热器、照明装置、电焊机、电容器组等。

（1）组成。接触器由电磁机构、触点系统、灭弧装置及其他部件等组成。

（2）工作原理。当线圈通电后，静铁芯产生电磁吸力，将动铁芯衔铁吸合。由于触点系统与动铁芯联动，因此动铁芯带动 3 条动触片同时运行，使常闭触点断开，常开触点闭合。当线圈断电时，电磁吸力消失，动铁芯衔铁在反作用弹簧力的作用下分离释放，触点系统随之复位。

数控机床上应用较多的自动控制元件是交流接触器。交流接触器的外形及电气符号如图1-12 所示。接触器常利用主触点来开闭电路，用辅助触点来执行控制指令。其中，主触点一般只有常开触点，而辅助触点常有两对具有常开（NO）和常闭（NC）（可用万用表检测）功能的触点。小型接触器也经常作为中间继电器配合主电路使用。接触器的电气符号为"KM"。

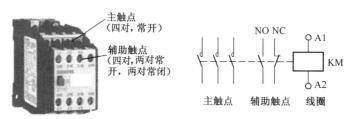

图 1-12　交流接触器的外形及电气符号

（3）分类。按接触器主触点通过电流的种类，接触器可分为直流接触器、交流接触器两种。电磁式交流接触器型号为 CJ，真空式交流接触器型号为 CZ。

（4）交流接触器的选择。

① 主触点的额定电压和额定电流、辅助触点的数量和种类、吸引线圈的电压等级和操作频率等需满足数控机床的需求，交流接触器的额定电压（指触点的额定电压）应大于或等于负载回路的电压。

② 接触器线圈的电流种类（交流和直流两种）和电压等级应与控制电路相同。

③ 触点的数量和种类应满足主电路与控制电路的要求。

3．继电器

继电器是具有隔离功能的自动开关元件。继电器一般有能反映一定输入变量（如电流、电压、功率、阻抗、频率、温度、压力、速度、光等）的感应机构（输入部分）；有能实现被控电路的"通""断"控制的执行机构（输出部分）；在继电器的输入部分和输出部分之间，还有对输入变量进行耦合隔离、功能处理并驱动输出部分的中间机构（驱动部分）。

（1）组成。继电器由电磁机构、触点系统和释放弹簧等部分组成。

（2）工作原理。根据外来信号（电压或电流），利用电磁原理使衔铁产生闭合动作，从而带动触点动作，使控制电路接通或断开，改变控制电路的状态。

注　意

继电器的触点不能用来接通和分断负载电路，这也是继电器与接触器的区别。

（3）中间继电器。中间继电器实质上是电压继电器的一种，电气符号为"KA"，其外形及电气符号如图 1-13 所示。过电压继电器在电压为额定电压的 110%以上时动作，欠电压继电器在电压为额定电压的 40%～70%时有保护动作。数控机床中使用较多的是小型中间继电器，常用的有 J27 系列交流中间继电器和 J28 系列交直流两用中间继电器，其特点是触点多（多至 6 对或更多）、触点电流容量大（额定电流为5～10A）、动作灵敏（动作时间不大于 0.05s）。

（4）中间继电器的选择。依据被控电路的电压等级，触点的数量、种类及容量等来选择中间继电器。要求线圈的电流种类和电压等级应与控制电路的一致；按控制电路的要求选择触点的类型（是常开还是常闭，可用万用表检测）；继电器的触点额定电压应大于或等于被控回路的电压；继电器的触点电流应大于或等于被控回路的额定电流。

图 1-13　中间继电器的外形及电气符号

4．机床控制变压器及直流稳压电源

（1）机床控制变压器。机床控制变压器适用于交流 50～60Hz、输入电压不超过 660V 的电路，作为各类机床、机械设备等一般电器的控制电源，以及步进电动机驱动器、局部照明装置及指示灯等的电源。如图 1-14 所示，其电气符号为"TC"。

图 1-14　机床控制变压器

（2）直流稳压电源。直流稳压电源的功能是将非稳定交流电源变成稳定直流电源。数控机床中主要使用开关电源和一体化电源，控制对象为驱动器、控制单元、小直流继电器、信

号指示灯等。开关电源被称为高效节能电源，电气符号为"VC"，如图 1-15 所示。因为其内部电路工作在高频开关状态，所以自身消耗的能量很少，电源效率可达 80% 左右，比普通线性稳压电源提高近一倍。数控机床中的开关电源主要用于给 DC 24V 设备供电。

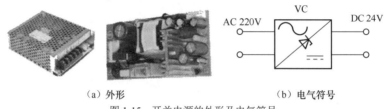

（a）外形　　　　　　　　　　（b）电气符号

图 1-15　开关电源的外形及电气符号

5. 剩余电流动作断路器

剩余电流动作断路器适用于交流为 50Hz、额定电压为 400V、额定电流为 60A 的电路中，用于剩余电流保护。当有人触电或电路泄漏，电流超过规定值时，剩余电流动作断路器能在极短的时间内自动切断电源，保障人身安全并防止设备因漏电造成事故。其外形及电气符号如图 1-16 所示。在数控机床中经常将其用在外接三相五线电源线的引入端。

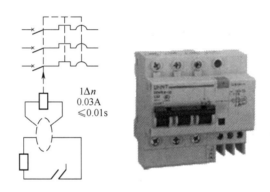

图 1-16　剩余电流动作断路器的外形及电气符号

6. 电源切断开关

数控机床中常用的电源切断开关有普通手柄型、旋钮型、钥匙型和带信号灯型等多种形式，用于交流 50Hz 或 60Hz、额定工作电压为 500V 的电路中切断和接通电源，也可直接开闭电动机及高电感负载。电源切断开关的外形及电气符号为"SA"，如图 1-17 所示。

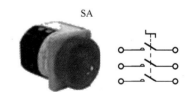

图 1-17　电源切断开关的外形及电气符号

7. 行程开关

数控机床行程开关安装在 X 轴、Y 轴、Z 轴机械工作台行程的极限位置处，用于限制机械工作台的行程，也称为限位开关或终端开关，如图 1-18（a）所示。

8. 接近开关

接近开关是一种常用传感器件，用在数控雕铣机、数控机床、对刀装置等机械设备上。其重复定位精度高，稳定性好。接近开关是非接触式的监测装置，当运动的物体接近它到一定距离范围内时，它就发出信号，以控制运动物体的位置或计数，如图 1-18（b）所示。

（a）行程开关 常闭行程开关 SQ 常开行程开关 SQ

（b）接近开关 SQ SQ

图 1-18 行程开关和接近开关

9．熔断器

熔断器是一种应用广泛的简单、有效的保护电器。它由熔体和熔座组成，其外形及电气符号如图 1-19 所示。熔体由熔点低、易于熔断、导电性良好的合金材料制成。选择熔断器主要是选择熔断器的类型、额定电压、额定电流及熔体的额定电流等。熔断器的额定电压、额定电流应大于或等于线路的工作电压、工作电流。

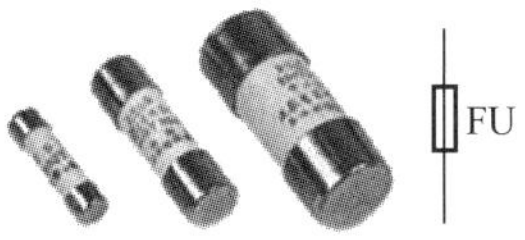

图 1-19 熔断器的外形及电气符号 FU

10．导线和电缆

（1）导线的种类。数控机床上主要有 3 种导线：动力线、控制线和信号线。

（2）导线和电缆的铺设。所有连接，尤其保护接地电路的连接应牢固，没有意外松脱的危险。

连接方法应与被连接导线的截面积及性质相适应，铜导线的最小截面积如表 1-1 所示。只有专门设计的端子，才允许一个端子连接两根或多根导线，但一个端子只能连接一根保护接地电路导线。导线和电缆的铺设应使两个端子之间无接头或拼接点。为满足连接和拆卸电缆和电缆束的需求，应提供足够的附加长度。

表 1-1 铜导线的最小截面积

位置	用途	电缆种类				
		单芯绞线	单芯硬线	双芯屏蔽线	双芯无屏蔽线	三芯或多芯线
		最小截面积/mm²				
外壳外部	正常配线	1	1.5	0.75	0.75	0.75
	连接频繁运动机械部件	1	—	1	1	1
	连接小电流（<2A）电路	1	1.5	0.3	0.5	0.3
	数据通信配线	—	—	—	—	0.08
外壳内部	正常配线	0.75	0.75	0.75	0.75	0.75
	连接小电流（<2A）电路	0.2	0.2	0.2	0.2	0.2
	数据通信配线	—	—	—	—	0.08

（3）导线的标识。数控机床的电气柜要按照国标规范进行接线和布线，要选择不同的绝缘护套颜色，并在每根导线端部做出标识，这样对工作人员布线、找线，进行故障诊断起到了事半功倍的作用。导线颜色标识规则如下。

① 单芯交流三相电路导线。A 相为黄色，B 相为绿色，C 相为红色，零线或中性线为淡蓝色，安全接地线为黄和绿双色。

② 双芯导线或双根绞线连接的交流电路。红黑色并行。

③ 直流电路。正极为棕色，负极为蓝色，接地中线为淡蓝色。

三、任 务 实 施

（一）用万用表测量电路中的电压、电流、电阻

1. 识读电路图

根据生产机械运动形式对电气控制系统的要求，采用国家统一规定的电气图形符号和文字符号绘制电路图，按照电气设备的工作顺序，详细表示电路、设备或成套装置的基本组成和连接关系。

点动正转控路电路如图1-20所示，它由电源电路、主电路和控制电路3个部分组成。图1-20中的主电路在隔离开关QS的出线端时按相序依次编号为U11、V11、W11，然后按从上到下、从左到右的顺序递增；控制电路的编号按"等电位"原则从上到下、从左到右依次从1开始递增编号。

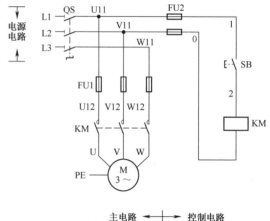

图1-20 点动正转控制电路

2. 检测电路中的电压、电流、电阻

检测图1-21所示数控机床强电引入部分电路电压、电流、电阻的步骤如下。

（1）启动机床在"MDI"模式下执行"M3S500"，使机床主轴正转，记录电流表、电压表工作状态及数值，用万用表测量电压表所示部位电压并进行比较。

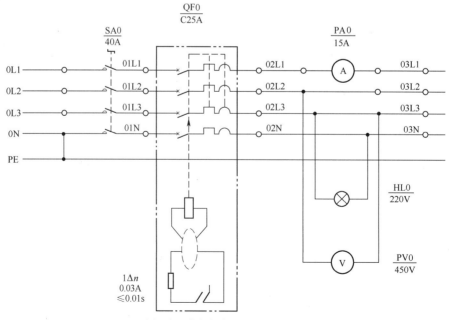

图1-21 数控机床强电引入部分电路

常闭行程开关 SQ

常开行程开关 SQ

（a）行程开关

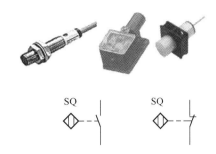
SQ   SQ

（b）接近开关

图 1-18 行程开关和接近开关

9．熔断器

熔断器是一种应用广泛的简单、有效的保护电器。它由熔体和熔座组成，其外形及电气符号如图 1-19 所示。熔体由熔点低、易于熔断、导电性良好的合金材料制成。选择熔断器主要是选择熔断器的类型、额定电压、额定电流及熔体的额定电流等。熔断器的额定电压、额定电流应大于或等于线路的工作电压、工作电流。

FU

图 1-19 熔断器的外形及电气符号

10．导线和电缆

（1）导线的种类。数控机床上主要有 3 种导线：动力线、控制线和信号线。

（2）导线和电缆的铺设。所有连接，尤其保护接地电路的连接应牢固，没有意外松脱的危险。

连接方法应与被连接导线的截面积及性质相适应，铜导线的最小截面积如表 1-1 所示。只有专门设计的端子，才允许一个端子连接两根或多根导线，但一个端子只能连接一根保护接地电路导线。导线和电缆的铺设应使两个端子之间无接头或拼接点。为满足连接和拆卸电缆和电缆束的需求，应提供足够的附加长度。

表 1-1   铜导线的最小截面积

位置	用途	电缆种类				
		单芯绞线	单芯硬线	双芯屏蔽线	双芯无屏蔽线	三芯或多芯线
		最小截面积/mm^2				
外壳外部	正常配线	1	1.5	0.75	0.75	0.75
	连接频繁运动机械部件	1	—	1	1	1
	连接小电流（<2A）电路	1	1.5	0.3	0.5	0.3
	数据通信配线	—	—	—	—	0.08
外壳内部	正常配线	0.75	0.75	0.75	0.75	0.75
	连接小电流（<2A）电路	0.2	0.2	0.2	0.2	0.2
	数据通信配线	—	—	—	—	0.08

（3）导线的标识。数控机床的电气柜要按照国标规范进行接线和布线，要选择不同的绝缘护套颜色，并在每根导线端部做出标识，这样对工作人员布线、找线，进行故障诊断起到了事半功倍的作用。导线颜色标识规则如下。

① 单芯交流三相电路导线。A 相为黄色，B 相为绿色，C 相为红色，零线或中性线为淡蓝色，安全接地线为黄和绿双色。

② 双芯导线或双根绞线连接的交流电路。红黑色并行。

③ 直流电路。正极为棕色，负极为蓝色，接地中线为淡蓝色。

三、任 务 实 施

（一）用万用表测量电路中的电压、电流、电阻

1. 识读电路图

根据生产机械运动形式对电气控制系统的要求，采用国家统一规定的电气图形符号和文字符号绘制电路图，按照电气设备的工作顺序，详细表示电路、设备或成套装置的基本组成和连接关系。

点动正转控路电路如图 1-20 所示，它由电源电路、主电路和控制电路 3 个部分组成。图 1-20 中的主电路在隔离开关 QS 的出线端时按相序依次编号为 U11、V11、W11，然后按从上到下、从左到右的顺序递增；控制电路的编号按"等电位"原则从上到下、从左到右依次从 1 开始递增编号。

2. 检测电路中的电压、电流、电阻

检测图 1-21 所示数控机床强电引入部分电路电压、电流、电阻的步骤如下。

（1）启动机床在"MDI"模式下执行
"M3S500"，使机床主轴正转，记录电流表、电压表工作状态及数值，用万用表测量电压表所示部位电压并进行比较。

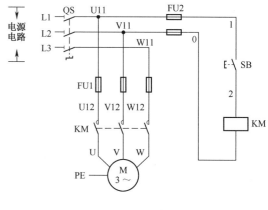

图 1-20　点动正转控制电路

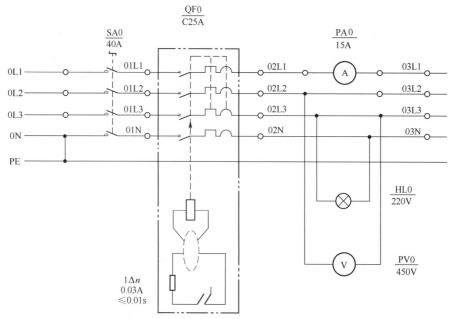

图 1-21　数控机床强电引入部分电路

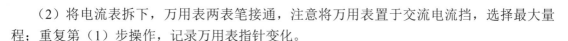

（2）将电流表拆下，万用表两表笔接通，注意将万用表置于交流电流挡，选择最大量程；重复第（1）步操作，记录万用表指针变化。

（3）测量剩余电流动作断路器相邻触点的电阻，注意将其与主电路断开，判断剩余电流动作断路器的好坏。

（二）用示波器检测电路信号

示波器能检测开关电源的振荡波形，直流电源的波动，伺服系统的超调、振荡波形，编码器和光栅尺的脉冲等。其操作步骤如下。

（1）预置面板各开关、旋钮。通过调节"亮度""聚焦""辅助聚焦"等控制旋钮，将示波器扫描线调到最佳状态，将垂直输入耦合方式选择"AC-地-DC"开关置于"AC"，垂直电压量程选择开关置于"5mV/Div"，垂直工作方式选择开关置于"CH1"，垂直灵敏度微调校准位置开关置于"CAL"，垂直通道同步源选择开关置于中间位置，垂直位置开关置于中间位置，A 和 B 扫描时间因数一起预置为"0.5ms/Div"，A 扫描时间微调到校准位置"CAL"，水平位移置于中间位置，扫描工作方式设置为"A"，触发同步方式设置为"AUTO"，斜率开关置为"+"，触发耦合开关设置为"AC"，触发源选择设置为"INT"。

（2）按下电源开关，电源指示灯点亮。

（3）调节 A 亮度聚焦等有关控制旋钮，显示屏可出现纤细、明亮的扫描基线。调节基线，使其位于屏幕中间，与水平坐标刻度基本重合。调节轨迹平行度控制旋钮，使基线与水平坐标平行。

（4）测量信号。将测试线接在"CH1"输入插座，测试探头触及测试点，即可在示波器上观察到波形。如果波形幅度太大或太小，可调整电压量程旋钮；如果波形的周期显示不适合观察或分析，可以通过调整示波器的扫描速度旋钮来改变波形的扫描速度，从而使波形的显示更加适合观察。

（三）常用电气元件的检测

根据附录 E 中的数控机床电路图，用万用表检测图中强电部分电气元件的好坏，操作步骤如下。

（1）断路器 QF 的检测。将断路器断开，检测 QF 前后电路的通断。

（2）交流接触器 KM 的检测。检测 KM 前后电路的通断和线圈电阻。手动控制 KM 的通断。

（3）同步骤（2），检测中间继电器 KA、变压器 TC、开关电源 VC。

（四）数控机床电气线路的拆装

1.拆装机床电气线路

根据附录 E FANUC 0i MF PLUS 数控机床电路图，拆装电气柜强电电路。首先分析电路：三相五线制 L1、L2、L3、N、PE 电源线经接线端子排接入，过电源隔离开关 QS0 后，接入漏电保护开关 QS1（虚线框也可能无），经熔断器 FU1 和热保护继电器 FR1，再接入各电源回路中，在机床上电后，转出交流变直流供系统上电的一个两相 220V 导线和一个 220V 电源插座，另外连接一个 220V 风扇。然后三相电 L11、L12、L13 经过空气开关 QF2 和 QF5 连接两个变压器 TC1、TC2。变压器将三相 380V 电转变为三相 220V、两相 220V、两相 110V 电供伺服模块、刀库电动机、排屑电动机、MCC 电路使用。操作时要了解电路中各元件的位置和接线，注意先切断外部总电源，确保三相 380V 电源无电压后方可拆卸，拆卸后，再根据电路图进行安装，确保各导线端子正确连接。

2．拆装后上电调试

（1）检查各接线端子是否有虚接，使用万用表通断挡测量不同电压导线之间是否有通断，测量强电路是否有短路。

（2）先将电源总开关 SA 合上，交流 380V 电源接入，再将 QS0 合上，机床风扇开始转动，变压器得电，电源插座上有 220V 电压，使用万用表测量校验。

（3）在数控机床操作面板上，按下启动按钮 SB3，电源指示灯点亮，开关电源 GS3 得电，MCC 电路吸合；同时 KM1 线圈得电，其常开触点闭合。

（4）数控系统、伺服驱动器得电，数控系统自检，完成启动。

 注　意

在上电过程中，若发现任何设备如变压器、电动机、断路器等运行异常，应及时断开电源总开关，数控机床进给出错时及时按下急停按钮，然后排除异常，最后将急停按钮复位。

四、技能拓展

（一）用万用表测量晶体管和电容

1．晶体管的测量

用万用表的 $R \times 1k$ 挡，以 NPN 型晶体管为例，判定各电极。

（1）判定基极。由 b 到 c、b 到 e 分别是两个 PN 结，它们的正向电阻都很小，如图 1-22（a）、图 1-22（b）所示；它们的反向电阻都很大，如图 1-22（c）、图 1-22（d）所示。所以，在用万用表测量 NPN 型晶体管时，满足上述条件的必定是基极。

（2）判定集电极。NPN 型晶体管集电极接正电压，这时的电流放大倍数 β 才比较大，如果电压极性接反了，β 会很小。测量原理与接法如图 1-23（a）所示。具体方法是基极确定以后，将红、黑两表笔依次放在假定的集电极上，会有图 1-23（b）、图 1-23（c）所示的两种显示，电阻小的一次（指针摆动较大的一次），黑表笔所接的就是 NPN 型晶体管集电极（$R_b=100k\Omega$，

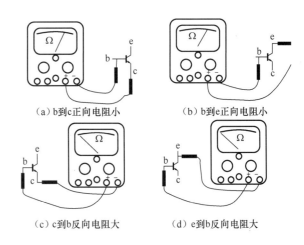

（a）b到c正向电阻小　　（b）b到e正向电阻小

（c）c到b反向电阻大　　（d）e到b反向电阻大

图 1-22　用万用表判定晶体管基极

如果没有 $100k\Omega$ 的电阻，可用潮湿的手指代替 $100k\Omega$ 电阻捏住集电极和基极）。

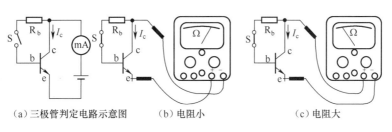

（a）三极管判定电路示意图　　（b）电阻小　　　　　　（c）电阻大

图 1-23　用万用表判定晶体管集电极

2．用万用表测量电容

（1）当测量电容较大（5000pF 以上）的电容器时，万用表指针将迅速右摆后，再逐渐返回左端，指针停止时所指电阻为此电容的绝缘电阻。绝缘电阻越大越好，一般应接近∞。当测量电容较小（5000pF 以下）的电容器时，表针基本不动。

（2）电解电容器是极性电容器，测试时应用红表笔接电解电容器负极，黑表笔接正极，电容越大，表针摆动越大，每次测量后，应将电容器两端短接，将电容器上所充电荷放掉。测量方法如图 1-24 所示。

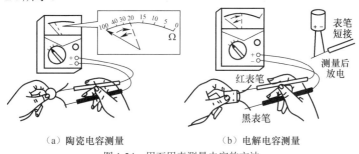

（a）陶瓷电容测量　　　　　　　（b）电解电容测量

图 1-24　用万用表测量电容的方法

（二）强电回路故障诊断与维修的方法

1．外观检查

数控机床发生故障后，首先检查外观，这是诊断故障的基本方法。维修人员通过观察故障发生时产生的各种光、声、味等异常现象，以及认真检查系统有无烧毁和损伤痕迹，往往可将故障范围缩小到一个模块甚至一块印制电路板。主要检查项目是：针对性地检查所有被怀疑部分的元器件，看断路器、继电器是否脱扣，继电器是否有跳闸现象，熔丝是否熔断，印制电路板上有无元件破损、断裂、过热，连接导线是否断裂、划伤，插接件是否脱落等，并注意观察故障出现时的噪声、振动、焦煳味、异常发热、冷却风扇转动异常等。

【例 1-3】　FANUC 卧式加工中心 Z 轴故障。

故障现象： 在运行过程中，Z 轴运动时偶尔出现报警，经仔细观察发现 Z 轴运动的实际位置与指令不一致。

故障分析： 因为直观发现 Z 轴编码器外壳被撞变形，所以怀疑该编码器已损坏。

故障处理： 更换一个新的编码器后，故障排除。

利用人的听觉可查寻数控机床因故障而产生的各种异常声响的来源。例如，电气部分常见的异常声响有电源变压器、阻抗变换器与电抗器等因铁芯松动、锈蚀等引起的铁片振动发出的"吱吱"声；继电器、接触器等磁回路间隙过大，短路环断裂，动静铁芯或衔铁轴线偏差，线圈欠电压运行等原因发出的电磁"嗡嗡"声或触点接触不好的"咔咔"声；元器件因过电流或过电压运行异常发出的击穿爆裂声。伺服电动机、气动或液压元器件等发出的异常声响基本上和机械故障的异常声响相同，主要表现为机械的摩擦声、振动声与撞击声等。

2．电缆、接线检查

针对故障有关部分，用万用表等维修工具检查各电缆、接线是否正常。尤其注意检查机械运动部位的电缆接线，这些部位的电缆和接线容易因受力、疲劳而断裂；检查接线端子、单元接插件，这些部件容易因松动、发热、氧化、电化腐蚀等而断线或接触不良。

3．电源电压检查

电源电压正常是机床控制系统正常工作的必要条件，电源电压不正常一般会造成故障引起停机，有时还会造成控制系统动作紊乱。硬件故障出现后，检查电源电压不可忽视。方法是参照附录 E 中的电路图，从前向后检查各种电源电压。多数情况下，电源故障由负载引起，因此更应在仔细检查后继环节后再进行处理。在检查电源时，不仅要检查电源自身馈电线路，还要检查由它馈电的无电源部分是否获得了正常电压；不仅要注意正常时的供电状态，还要注意故障发生时电源的瞬时变化。

4．恶劣环境下的电气元件检查

针对故障有关部位，检查在恶劣环境下工作的元器件。这些元器件容易因受热、受潮、受振动、沾灰尘或油污等而失效或老化。受冷却液及油污染的光栅尺易变脏；直流伺服电动机电枢电刷及换向器、测速发电机电刷及换向器都容易磨损而沾上污物，前者造成转速下降，后者造成转速不稳等。

| 小　　结 |

通过学习本任务，应能识记数控机床电路图，了解电路图中常用电气元件的工作原理和接线方式，根据电路图进行电气柜电气部分的拆装实训，会使用万用表等常用维修工具检测和分析电气故障，知道数控机床的弱电控制强电、强电控制机械运动的原理和过程。

| 自　测　题 |

1．简答题

（1）万用表主要用于测量什么，在使用万用表的过程中应注意什么？

（2）怎样用万用表测试电容器，什么样的电容器质量较好？

（3）什么样的二极管质量较好？

（4）万用表电池电量耗尽后还能工作吗？

（5）交流接触器和中间继电器的区别有哪些？能不能互换？

2．实训题

（1）进行变压器、开关电源、变频器、伺服电动机的电压检测并记录。

（2）观察常用电气元件的结构，掌握其工作原理，进行如下实训。

① 在不通电的情况下，用万用表通断挡检测中间继电器底座上 1 与 5、1 与 9、4 与 8、4 与 12、13 与 14 这 5 组触点之间的通断情况并记录。

② 用手拨动中间继电器线圈上的强制开关，重复步骤①并记录。

③ 根据记录，找出中间继电器的常开、常闭触点。

（3）对应电路图，查找机床电气柜内中间继电器常闭触点及控制线圈的连接。

（4）对应电路图，查找机床电气柜内交流接触器常闭触点及控制线圈的连接。

（5）结合附录 E，详细观察与记录数控机床上电的顺序和过程。

任务二
数控机床的安装、调试与验收

【学习目标】

- 通过对数控机床的安装、调试，认识数控机床的精度要求和工作环境。
- 通过实践精度检测，重点掌握数控机床几何精度的检测与验收方法。
- 正确应用检测工具检测加工中心各轴定位精度与单双向螺距补偿。

【素质目标】

- 培养岗位责任意识。
- 培养职业安全意识。
- 培养团队合作意识。
- 培养发现问题和解决问题的思维能力。

一、任务导入

以威海天诺数控机械有限公司生产的数控刨台卧式铣镗床 TH6513 为例，该机床能实现任意四轴联动，适合大中型零件的多工作面的铣、钻、镗、攻丝、车螺纹、铣端面、二维和三维曲面等多工序加工。其 X 轴、Y 轴的行程可达 2000mm 以上，可利用 ML10 激光干涉仪或步距规对铣镗床的 X 轴进行检测分析。图 2-1 所示为利用步距规检测线性螺距误差，图 2-2 所示为利用 ML10 激光干涉仪检测定点补偿。根据 GB/T 17421.2—2023《机床检验通则 第 2 部分：数控轴线的定位精度和重复定位精度的确定》，填写机床定位精度、重复定位精度和反向间隙计算表，如表 2-1 所示。

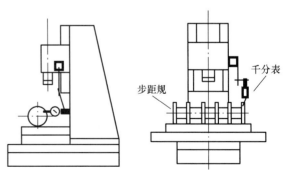

图 2-1　利用步距规检测线性螺距误差

图 2-2 利用 ML10 激光干涉仪检测定点补偿

表 2-1　　　　　　　　　　　　机床定位精度、重复定位精度和反向间隙计算表

机床型号及名称			测试坐标轴					检验员			
床编号			测试温度/℃					检测时间			
目标位置序号 j		1		2		3		4		5	6
目标位置坐标 P_j/mm											
趋近方向		↑	↓	↑	↓	↑	↓	↑	↓	↑	↓	↑	↓
位置偏差	1											
	2											
	3											
	4											
	5											
平均位置偏差 X_j/μm											
标准偏差 S_j/μm											
$4S_j$/μm											
双向重复定位精度 R_i											
（X_j+2S_j）/μm											
（X_j-2S_j）/μm											
反向间隙 $B_j=X_j↑-X_j↓$											
误差	定位精度 $A=\max(X_j+2S_j)-\min(X_j-S_j)=$										
	重复定位精度 $R=\max(R_i)=$										
	反向间隙 $B=\max[\mathrm{abs}(B_j)]=$										

二、相 关 知 识

（一）数控机床的安装

1. 数控机床的安装环境

数控机床的安装就是按照机床安装说明书中的技术要求将机床固定在安装基础上，以获得确定的坐标位置和稳定地运行性能。数控机床的安装质量对其加工精度和使用寿命有直接影响，机床的安装位置应避开阳光直射或强电、强磁干扰，选择清洁、空气干燥和温差较小的环境。小型数控机床的安装工作相对简单，而对于大中型数控机床，机床厂家在发货时已将机床解体成几个部分，用户收到后需要重新组装和调试，难度比较大，其中数控系统的调试比较复杂。

在安装数控机床前，应仔细阅读机床安装说明书，按照说明书的机床基础图或 GB 50040—2020《动力机器基础设计标准》做好安装基础处理。机床安装位置的环境温度范围为 15～25℃，每天温差不得超过 5℃。当要求的被加工工件精度低于机床出厂精度时，环境温度范围可放宽至 0～35℃。相对湿度小于 75%，空气中粉尘浓度不大于 10mg/m³，远离热源和热流。电网供电要满足数控机床正常运行所需总功率的要求，电压波动按我国标准应在−15%～+10%，否则易损坏电子元器件。应确保机床安装处有足够的空间以满足装卸的需求，有足够的机床维修区域以及自由搬运机床的通道。

初步确定数控机床的安装位置后，应仔细确定机床的重心，与机床连接的电缆、管道的位置及尺寸，地脚螺栓、预埋件的预留位置。中小型机床的安装基础处理可按照 GB 50037—2013《建筑地面设计规范》执行，重型、精密机床应安装在单独基础上，并且精密机床应采取防振措施，以保证振动小于 0.5g（g 为重力加速度）。

2. 数控机床的吊装

数控机床的吊装首先要确定床身位置与床身安装孔位置的对应关系。在基础养护期满并完成清理工作后，将用于调整机床水平度的垫铁、垫板逐一摆放到位，然后吊装机床的基础件（或整机）就位，同时将地脚螺栓放进预留孔内，并通过调整垫铁、地脚螺栓，将机床安装在准备好的地基上。机床安装时，先用楔形铁将机床垫起在地基之上，通过楔形铁调节机床水平度，然后在地脚预留孔处进行灌浆，固定机床。图 2-3 所示为常见的楔形铁调节应用。

图 2-3　楔形铁调节应用

机床吊装应使用制造商提供的专用起吊工具，不允许采用其他方法。如果不需要专用起吊工具，应采用钢丝绳，按照说明书的规定进行吊装。机床吊装时，应垂直吊运、摆放，以确保平衡，避免机床受到撞击与振动；在机床吊运所用钢丝绳与零部件之间应放置软质毡垫，防止机床擦伤。在任何情况下，机床吊装一定要在专业人员的监督、指导下进行，以免产生不应有的损失。机床安装后，地基易产生下沉现象。因此，机床验收合格并使用一段时间后，应重新调整机床的安装水平度，纵横向水平度误差不超过 0.03mm/1000mm，并按机床合格证明书的精度项目复检机床的几何精度。

3. 机床部件的组装

机床部件的组装是指将运输时分解的机床部件重新组合成整机的过程。组装前注意做好部件表面的清洁工作，将所有导轨和滑动面、接触面及定位面上的防锈涂料清洗干净，然后准确、可靠地将各部件连接、组装成整机。这部分工作由机床生产厂家负责完成。

在完成机床部件的组装之后，根据机床说明书中的电气接线图和气压、液压管路图，将有关电缆和管路按标记一一对号连接。连接时要特别注意可靠插接和密封连接，并防止出现漏油、

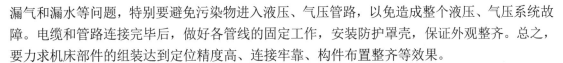

漏气和漏水等问题，特别要避免污染物进入液压、气压管路，以免造成整个液压、气压系统故障。电缆和管路连接完毕后，做好各管线的固定工作，安装防护罩壳，保证外观整齐。总之，要力求机床部件的组装达到定位精度高、连接牢靠、构件布置整齐等效果。

4. 数控系统的连接

数控系统的连接包括外部电缆的连接、地线的连接和电源线的连接等。

（1）外部电缆的连接是指 CNC 装置与外部 MDI/CRT 单元、强电柜、机床操作面板，进给伺服电动机动力线与反馈线，主轴电动机动力线与反馈信号线的连接，以及数控装置与手摇脉冲发生器等的连接。这些连接应符合相应连接手册的规定。

（2）地线的连接一般采用辐射式接地法，即将数控装置中的信号地、强电地、机床地等连接到公共接地点上，公共接地点再与大地相连。数控装置与强电柜之间的接地电缆的截面积一般应大于 5.5mm²。公共接地点与大地接触要好，一般要求接地电阻为 4～7Ω。

（3）电源线的连接是指数控装置电源变压器输入电缆的连接和伺服变压器绕组抽头的连接。应特别注意，国外机床生产厂家提供的变压器有多个插头，连接时必须根据我国供电的具体情况正确连接。应在切断电气柜隔离开关的情况下，连接电气柜内电源变压器的输入电缆。

（4）输入电源电压、频率及相序的确认。各种数控系统内部都有直流稳压电源，为系统提供所需的+5V、±5V、+24V 等直流电压。因此，在系统通电前，应检查这些电源的负载是否有对地短路现象，可用万用表来确认。

（5）接通电气柜电源，检查各输出电压。在接通电源之前，为了确保安全，可先将电动机动力线断开。接通电源之后，检查电气柜中的各个风扇是否旋转，就可确认电源是否已接通。

完成上述步骤后，可以认为数控系统已经调整完毕，具备与机床联机通电试车的条件。此时，可切断数控系统的电源，连接电动机的动力线，恢复报警设定。

在完成数控机床的安装后，进行整机调试之前，应按照要求加装规定的润滑油、液压油、切削液等，并接通气源。

（二）数控机床的调试

1. 通电试车

数控机床通电试车是粗调数控机床的主要几何精度与通电试运转，目的是检验数控机床的基础与安装的可靠性，以及数控机床的各机械传动、电气控制、润滑、液压和气动系统是否正常、可靠。通电试车前，应使用干净的棉纱擦除各导轨及滑动面上的防锈油，并涂上润滑油。

进行数控机床的通电试车应执行以下操作。

（1）检查数控机床与电柜的外观。检查数控机床与电柜外部是否有明显的碰撞痕迹；显示器是否固定如初，有无碰撞；数控机床操作面板是否有碰伤；电柜内部各插头是否松脱；紧固螺钉是否松脱；有无悬空未接的线。

（2）粗调数控机床的主要几何精度。

（3）通电调试。

① 检查 380V 主电源进线电压是否符合要求，若符合，则上电。

② 通电检查系统是否正常启动，显示器是否显示正常。将各轴的伺服电动机不连接机械运行，检查其是否运行正常，有无跳动、飞车等异常现象，若无异常，电动机则可与机械连接。

③ 检查床身各部分电器开关（包括限位开关、参考点开关、行程开关、无触点开关、油

压开关、气压开关、液位开关等）的动作有效性，有无输入信号，输入点是否和原理图一致。

④ 根据丝杠螺距及机械齿轮传动比，设置相应的轴参数。

松开"急停"按钮，点动操作各坐标轴，检查机械运动的方向是否正确，若不正确，则修改轴参数。

以低速点动操作各坐标轴，使机床工作台去压正、负限位开关，仔细观察是否能压到限位开关，若到位后压不到限位开关，则应立即停止点动；若到位后压到限位开关，则应观察轴是否立即自动停止移动、屏幕上是否显示正确的报警号，报警号不正确时，应调换正、负限位开关的接线。

将工作方式置于"手摇"挡，正向旋转手摇脉冲发生器，观察轴移动方向是否为正向，若不对应，则调换 A、B 两相的接线。

将工作方式置于"回零"挡，令所选坐标轴执行回零操作，仔细观察轴是否能压到参考点开关，若到位后压不到参考点开关，则立即按下"急停"按钮；若到位后压到参考点开关，则应观察回零过程是否正确、是否已找到参考点。

找到参考点后，再回到"手摇"挡，点动操作坐标轴去压正、负限位开关，屏幕上显示的正负数值即为此坐标轴的正负行程，以此为基准减微小的裕量，即可将其作为正负软极限以修改轴参数。按上述步骤依次调整各坐标轴。

回参考点后，手动检查正负限位开关是否工作正常。

⑤ 用万用表的欧姆挡检查机床的辅助电动机，如冷却电动机、液压电动机、排屑电动机等的三相是否平衡，是否有缺相或短路现象。若正常，则可逐一控制各辅助电动机运行，确认电动机转向是否正确；若不正确，则应调换电动机任意两相的接线。

⑥ 用万用表的欧姆挡检查电磁阀等执行器件的控制线圈是否有断路或短路现象，以及控制线是否对地短路。然后依次控制各电磁阀动作，观察电磁阀是否动作正确。若不正确，则应检查相应的接线或修改 PLC 程序。启动液压装置，调整压力至正常，依次控制各电磁阀动作，观察数控机床各部分动作是否正确到位、应答信号（通常为开关量信号）是否反馈回 PLC。

⑦ 用万用表的欧姆挡检查主轴电动机的三相是否平衡、是否有缺相或短路现象，若正常，则可控制主轴旋转，检查其转向是否正确。对于有降压启动的电动机，应检查是否有降压启动过程、星形与三角形切换延时是否合适；对于有主轴调速装置或换挡装置的电动机，应检查速度调整是否有效、各挡速度是否正确。

⑧ 对涉及换刀等组合控制的数控机床应进行联调，观察整个控制过程是否正确。

（4）检查有无异常情况。检查数控机床运转时是否有异常声音、主轴是否有跳动、各电动机是否有过热现象等。

2．水平度调整

完成数控机床的安装之后，需要进行水平度调整。一般需使数控机床的绝对水平度误差不超过 0.03mm/1000mm。对于数控车床，除了水平度和不扭曲度需达到要求，还应调整导轨直线度，确保导轨的直线度为凸的合格水平。对于铣床、加工中心，应确保运动水平度也在合格范围内（工作台导轨不扭曲）。水平度调整合格后，才可以进行机床的试运行。

（三）数控机床的验收

数控机床从订购到正式投入使用，一般要经历订购、预验收、运抵、最终验收和交付使用等环节。新机床在运输过程中会产生振动和变形，到达用户现场时，机床精度与出厂精度已产生偏差，在机床安装就位过程中，以及使用精度检测仪器在相关部件上调整几何精度时，也会对数控机床产生一定影响。因此，数控机床安装、调试完后，必须全面检验机床的几何精度、定位精度及工作精度等，这样才能保证机床的工作性能。数控机床的验收主要从以下几个方面考虑。

1. 开箱检验

开箱检验主要是检查装箱单、合格证、操作维修手册、图样资料、机床参数清单及光盘等资料，对照购置合同及装箱单清点附件、备件、工具等的数量、规格及完好状况。验收人员逐项如实填写"设备开箱检验登记卡"并整理归档。

2. 外观检查

外观检查主要包括：检查主机、系统操作面板、机床操作面板、CRT/LCD、位置检测装置、电源、驱动装置等部件是否有破损；检查电缆捆扎处是否有破损，对安装有脉冲编码器的伺服电动机要特别检查电动机外壳的相应部分有无磕碰痕迹；检查油漆的表面质量，如油漆有无损伤，油漆的色差、流挂及光泽度等，一般要求反光率不低于72%。另外，还需启动数控机床，检查其运行时的噪声情况，一般不允许超过85dB；检查主轴运行温度稳定后的温升情况，一般其温度最高不超过70℃，温升不超过32℃。数控机床不得有渗油、渗水、漏气等现象。

3. 功能检查

功能检查包括机床性能检查和数控功能检查两个方面。其中，机床性能检查主要检查主轴系统、进给系统、自动换刀系统及附属系统的性能；数控功能检查则按照购置合同和说明书的规定，用手动方式或自动方式逐项检查数控系统的主要功能和选择功能。

主轴系统性能检查包括：检验主轴动作的灵活性和可靠性；用手动数据输入（MDI）方式使主轴实现从低速到高速旋转的各级转速变换，同时观察机床的振动和主轴的温升；检验主轴准停装置的可靠性和灵活性；对有齿轮挂挡的主轴箱，还应多次检验自动挂挡动作是否准确、可靠。

进给系统性能检查要求分别对各坐标轴进行手动操作，检验正反方向不同速度进给和快速移动时的起、停、点动等动作的平衡性与可靠性；用手动数据输入方式测定点定位和直线插补下的各种进给速度；用回原点（REF）方式检验各伺服驱动轴的回原点可靠性。

自动换刀系统性能检查主要检查自动换刀系统的可靠性和灵活性，测定自动交换刀具的时间。

除上述的机床性能检查项目外，还应检查润滑装置、安全装置、气液装置和各附属装置的性能。

数控功能检查一般由用户编写一个检验（考机）程序，让机床在空载状态下自动运行8～16h。检验程序中要尽可能包括机床应有的全部数控功能、主轴的各种转速、各伺服驱动轴的各种进给速度、换刀装置的每个刀位等。而对图形显示、自动编程、参数设定、诊断、参数编程、通信等选择功能进行专项检查。

4. 精度检测

数控机床的几何精度综合反映了机床各关键部件的精度及装配的质量与精度，是验收数控机床的主要依据之一。数控机床的几何精度检测与普通机床基本类似，使用的检测工具和方法也很相似，只是检验要求更高，主要依据与标准是厂家提供的合格证上的各项技术指标。常用的检测工具有平尺、带锥柄的检验棒、顶尖、角尺、精密水平仪、百分表、千分表、杠杆表、磁力表座等。对于其定位精度的检测，主要使用激光干涉仪及量块；对于其加工精度的检测，主要使用千分尺及三坐标测量仪等。检测数控机床运行时的噪声可以用噪声仪，检测数控机床的温升可以用点温计或红外热像仪，检测数控机床的外观主要用光电光泽度仪等。

（四）几何精度的检测与验收

数控机床种类繁多，每类数控机床都有其精度标准，应按照这一标准进行检测、验收。现以常用的数控车床、加工中心为例，说明其几何精度的检测方法。

1．数控车床几何精度的检测

根据 GB/T 16462.1—2023《数控车床和车削中心检验条件 第 1 部分：卧式机床几何精度检验》中数控车床的加工特点及使用范围，要求其加工的零件外圆圆度和圆柱度、加工平面的平面度等在要求的公差范围内；定位精度也要求达到一定的精度等级，以保证被加工零件的尺寸精度和形位公差。因此，对数控车床的每个部件均有相应的精度要求，根据 GB/T 16462.1—2023 规定。部分检验项目及方法如表 2-2 所示。

表 2-2　　　　　　　　　　数控车床几何精度检验项目及方法（部分）　　　　　　（单位：mm）

G1 检验项目	工件主轴端部跳动： ①定心轴颈的径向跳动；②主轴轴向误差运动；③主轴端面的跳动。 表中 D 为床身上最大回转直径，以下相同		
简图			
公差	$D \leqslant 250$ ①0.005； ②0.005； ③0.008	$250 < D \leqslant 500$ ①0.008； ②0.005； ③0.010	$500 < D \leqslant 1000$ ①0.012； ②0.005； ③0.015
检验工具	指示器，对于②带有检验球的检具		
检验方法	应在最大直径上进行检验。当测量表面为圆锥面时，指示器的测头应垂直于被测表面。主轴旋转采用数控装置控制		
G2 检验项目	工件主轴孔的径向跳动。 （a）测头直接触及：①前锥孔面；②后定位面。 （b）使用检验棒检验：①靠近主轴端面；②距主轴端面 250 处		
简图			

续表

公差	(a) ①和②0.008。 (b) 在 250 测量长度上或全行程上（全行程≤250 时）		
	$D \leqslant 250$ ①0.010； ②0.015	$250 < D \leqslant 500$ ①0.015； ②0.020	$500 < D \leqslant 1000$ ①0.020； ②0.025

检验工具	指示器，对于（b）带有检验球的检具
检验方法	检验应在 ZX 和 YZ 平面内进行。检验时，将主轴缓慢旋转，在每个检验位置至少转动两转进行检验。拔出检验棒，使其相对主轴旋转 90° 重新插入，至少重复检验 4 次，误差以测量结果的算术平均值计算。测量时，应减小切向力对测头的影响。主轴旋转采用数控装置控制

G3 检验项目	Z 轴运动的直线度： (a) 在 ZX 平面内（E_{ZX}）；(b) 在 YZ 平面内（E_{YZ}）

公差	局部公差：在 300 测量长度上为 0.007				
	$Z \leqslant 500$ 0.010	$500 < Z \leqslant 1000$ 0.015	$1000 < Z \leqslant 2000$ 0.025	$2000 < Z \leqslant 5000$ 0.050	$5000 < Z \leqslant 10000$ 0.080

检验工具	检验棒和指示器或光学仪器
检验方法	当主轴用于安装检验棒时，如果可能，主轴应锁紧。 检验应在 Z 轴运动的若干位置上进行

G4 检验项目	X 轴运动的直线度： (a) 在 ZX 平面内（E_{ZX}）；(b) 在 XY 平面内（E_{XY}）

公差	局部公差：在 300 测量长度上为 0.007		
	$X \leqslant 500$ 0.010	$500 < X \leqslant 1000$ 0.015	$X > 1000$ 由制造商和用户确定

续表

检验工具	平尺和指示器或光学仪器
检验方法	如果主轴用于安装平尺，其应锁紧。调整平尺端面与 X 轴运动平行。平尺的测量平面应在主轴中心线高度处。检验应在 X 轴运动的若干位置上进行。指示器距刀夹表面的偏移应在检验结果中予以说明
G6 检验项目	工件主轴轴线对 Z 轴运动（床鞍运动）的平行度： ①在 YZ 平面内；②在 ZX 平面内
简图	
公差	①0.060/1000（0.015/250）； ②0.040/1000（0.010/250）
检验工具	指示器和检验棒或光学仪器
检验方法	对于用指示器和检验棒测量的每个平面，旋转工件主轴找出径向跳动的平均位置，然后在 Z 轴方向上移动床鞍检验，并测取最大读数差。记录测量数据前，主轴应锁紧
G7 检验项目	X 轴运动对 Z 轴运动的垂直度
简图	标引序号说明：1—直角尺；2—专用夹具
公差	0.050/1000（0.015/300）
检验工具	指示器和直角尺或光学仪器
检验方法	指示器固定在刀架上靠近刀具位置。将直角尺放置在工件主轴上，并使其基准面与 Z 轴运动平行。 移动指示器，使其测头触及直角尺的测量面，测量面平行于 XY 平面。 通过 X 轴运动在垂直面内进行检验。垂直度误差以测量长度上读数的最大差值计算。α 角的实际值（小于、等于或大于 90°）应予以说明
G17 检验项目	尾座套筒轴线对 Z 轴运动的平行度： ①在 ZX 平面内；②在 YZ 平面内

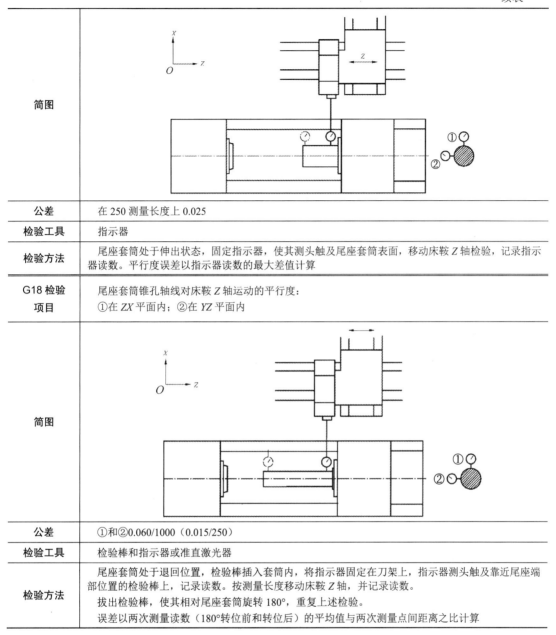

简图	
公差	在 250 测量长度上 0.025
检验工具	指示器
检验方法	尾座套筒处于伸出状态，固定指示器，使其测头触及尾座套筒表面，移动床鞍 Z 轴检验，记录指示器读数。平行度误差以指示器读数的最大差值计算
G18 检验项目	尾座套筒锥孔轴线对床鞍 Z 轴运动的平行度： ①在 ZX 平面内；②在 YZ 平面内
简图	
公差	①和②0.060/1000（0.015/250）
检验工具	检验棒和指示器或准直激光器
检验方法	尾座套筒处于退回位置，检验棒插入套筒内，将指示器固定在刀架上，指示器测头触及靠近尾座端部位置的检验棒上，记录读数。按测量长度移动床鞍 Z 轴，并记录读数。 拔出检验棒，使其相对尾座套筒旋转 180°，重复上述检验。 误差以两次测量读数（180°转位前和转位后）的平均值与两次测量点间距离之比计算

2．加工中心或数控铣床几何精度的检测

检验依据为 GB/T 18400.2—2010《加工中心检验条件 第 2 部分：立式或带垂直主回转轴的万能主轴头机床几何精度检验（垂直 Z 轴）》。针对立式加工中心的几何精度均围绕着"垂直"和"平行"展开，其检验项目及方法如表 2-3 所示。

表 2-3　　　　　　　立式加工中心的几何精度检验项目及方法（垂直 Z 轴）　　　　（单位：mm）

G1 检验项目	X 轴线运动的直线度： （a）在 ZX 垂直平面内； （b）在 XY 水平面内

续表

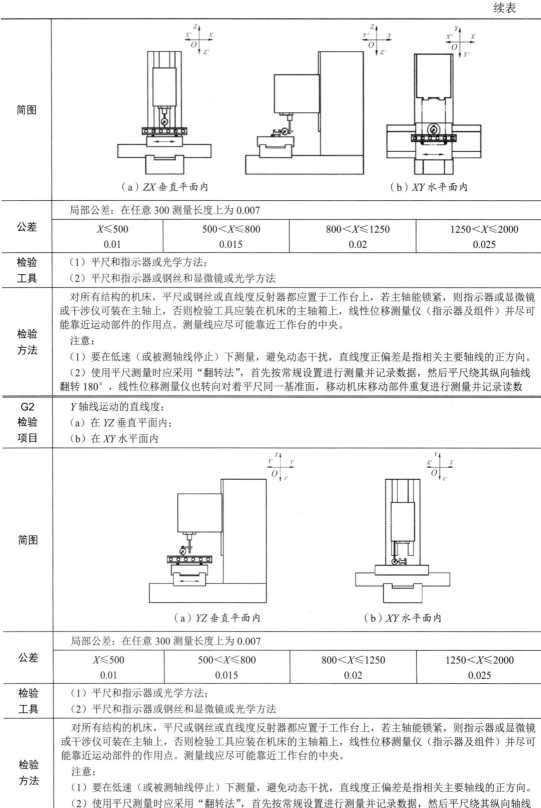

简图	（a）ZX 垂直平面内		（b）XY 水平面内	
公差	局部公差：在任意 300 测量长度上为 0.007			
	X≤500 0.01	500＜X≤800 0.015	800＜X≤1250 0.02	1250＜X≤2000 0.025
检验 工具	（1）平尺和指示器或光学方法； （2）平尺和指示器或钢丝和显微镜或光学方法			
检验 方法	对所有结构的机床，平尺或钢丝或直线度反射器都置于工作台上，若主轴能锁紧，则指示器或显微镜或干涉仪可装在主轴上，否则检验工具应装在机床的主轴箱上，线性位移测量仪（指示器及组件）并尽可能靠近运动部件的作用点。测量线应尽可能靠近工作台的中央。 注意： （1）要在低速（或被测轴线停止）下测量，避免动态干扰，直线度正偏差是指相关主要轴线的正方向。 （2）使用平尺测量时应采用"翻转法"，首先按常规设置进行测量并记录数据，然后平尺绕其纵向轴线翻转 180°，线性位移测量仪也转向对着平尺同一基准面，移动机床移动部件重复进行测量并记录读数			
G2 检验 项目	Y 轴线运动的直线度： （a）在 YZ 垂直平面内； （b）在 XY 水平面内			
简图	（a）YZ 垂直平面内		（b）XY 水平面内	
公差	局部公差：在任意 300 测量长度上为 0.007			
	X≤500 0.01	500＜X≤800 0.015	800＜X≤1250 0.02	1250＜X≤2000 0.025
检验 工具	（1）平尺和指示器或光学方法； （2）平尺和指示器或钢丝和显微镜或光学方法			
检验 方法	对所有结构的机床，平尺或钢丝或直线度反射器都置于工作台上，若主轴能锁紧，则指示器或显微镜或干涉仪可装在主轴上，否则检验工具应装在机床的主轴箱上，线性位移测量仪（指示器及组件）并尽可能靠近运动部件的作用点。测量线应尽可能靠近工作台的中央。 注意： （1）要在低速（或被测轴线停止）下测量，避免动态干扰，直线度正偏差是指相关主要轴线的正方向。 （2）使用平尺测量时应采用"翻转法"，首先按常规设置进行测量并记录数据，然后平尺绕其纵向轴线翻转 180°，线性位移测量仪也转向对着平尺同一基准面，移动机床移动部件重复进行测量并记录读数			

续表

G3 检验 项目	Z 轴线运动的直线度： （a）在平行于 Y 轴线的 YZ 垂直平面内； （b）在平行于 X 轴线的 ZX 垂直平面内				
简图	 （a）YZ 垂直平面内　　　　　（b）ZX 垂直平面内				
公差	局部公差：在 300 测量长度上为 0.007				
	Z≤500	500<Z≤1000	1000<Z≤2000	2000<Z≤5000	5000<Z≤10000
	0.010	0.015	0.025	0.050	0.080
检验 工具	角尺和指示器或钢丝和显微镜或光学方法				
检验 方法	对所有结构的机床，角尺或钢丝或直线度反射器都应置于工作台中央，若主轴能锁紧，则指示器或显微镜或干涉仪可装在主轴上，否则检验工具应装在机床的主轴箱上				
G7 检验 项目	Z 轴线运动和 X 轴线运动间的垂直度				
简图	步骤（1）　　　　　　　　　步骤（2）				
公差	0.02/500				
检验 工具	平尺或平板、直角尺和指示器				

检验方法	步骤（1）：平尺或平板应平行于 X 轴线放置。 步骤（2）：应通过直立在平尺或平板上的角尺检查 Z 轴线。 注意： （1）若主轴能锁紧，则指示器可装在主轴上，否则指示器应装在机床的主轴箱上。应记录角度 a 的值（小于、等于或大于 90°），用于参考和可能进行的修正。 （2）使用线性位移测量仪，使基准直角尺的一个测量面与第一条轨迹准确地平行，然后测量第二条轨迹。使用基准直角尺进行测量时，建议翻转再测量一次（将基准直角尺旋转 180° 消除检具误差）。基准直角尺翻转后，线性位移测量仪重新装夹，并使测量在运动轴线和基准直角尺原位进行。将在两个测量位置两次测量结果的平均值作为垂直度误差
G8 检验项目	Z 轴线运动和 Y 轴线运动间的垂直度
简图	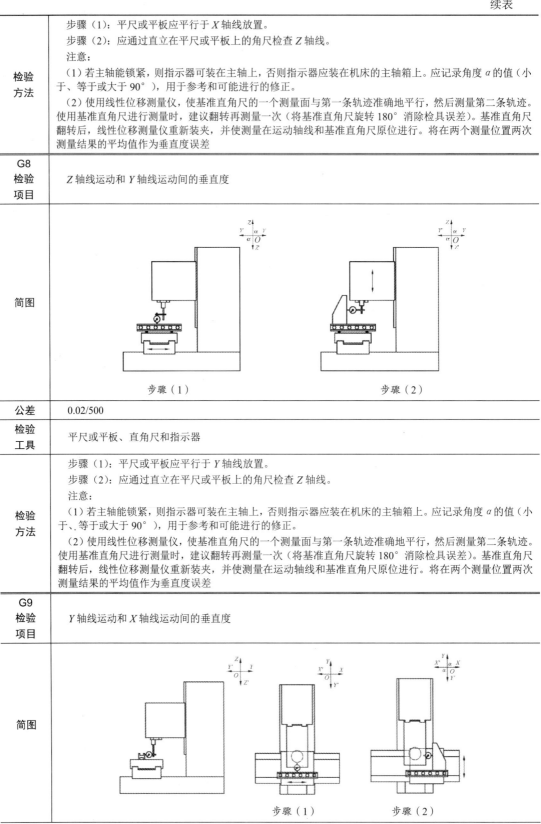 步骤（1）　　　　　　　　　　步骤（2）
公差	0.02/500
检验工具	平尺或平板、直角尺和指示器
检验方法	步骤（1）：平尺或平板应平行于 Y 轴线放置。 步骤（2）：应通过直立在平尺或平板上的角尺检查 Z 轴线。 注意： （1）若主轴能锁紧，则指示器可装在主轴上，否则指示器应装在机床的主轴箱上。应记录角度 a 的值（小于、等于或大于 90°），用于参考和可能进行的修正。 （2）使用线性位移测量仪，使基准直角尺的一个测量面与第一条轨迹准确地平行，然后测量第二条轨迹。使用基准直角尺进行测量时，建议翻转再测量一次（将基准直角尺旋转 180° 消除检具误差）。基准直角尺翻转后，线性位移测量仪重新装夹，并使测量在运动轴线和基准直角尺原位进行。将在两个测量位置两次测量结果的平均值作为垂直度误差
G9 检验项目	Y 轴线运动和 X 轴线运动间的垂直度
简图	步骤（1）　　　　　　步骤（2）

续表

公差	0.02/500
检验工具	平尺或平板、直角尺和指示器
检验方法	步骤（1）：平尺或平板应平行于 X 轴线（或 Y 轴线）放置。 步骤（2）：应通过放置在工作台上且一边紧靠平尺的角尺检验 Y 轴线（或 X 轴线）。 注意： （1）若主轴能锁紧，则指示器可装在主轴上，否则指示器应装在机床的主轴箱上。应记录角度 α 的值（小于、等于或大于 $90°$），用于参考和可能进行的修正。 （2）使用线性位移测量仪，使基准直尺的一个测量面与第一条轨迹准确地平行，然后测量第二条轨迹。使用基准直角尺进行测量时，建议翻转再测量一次（将基准直角尺旋转 $180°$ 消除检具误差）。基准直角尺翻转后，线性位移测量仪重新装夹，并使测量在运动轴线和基准直角尺原位进行。将在两个测量位置两次测量结果的平均值作为垂直度误差
G10 检验 项目	主轴窜动与跳动： ①主轴的周期性轴向窜动； ②主轴端面跳动
简图	
公差	①0.005 ②0.010
检验工具	指示器
检验方法	应在机床的所有工作主轴上进行检验。当使用非预加负荷轴承时，应施加轴向力。 当检验①时，A 的距离应尽可能大
G11 检验 项目	主轴锥孔的径向跳动： ①靠近主轴端部；②距主轴端部 300mm 处
简图	

公差	①0.010；②0.020
检验工具	检验棒和指示器
检验方法	应在机床的所有工作主轴上进行检验。 在每种情况下，均应在垂直的轴向平面内和水平的轴向平面内检验径向跳动。 分别在靠近检验棒的根部①处和离根部 300mm 的②处进行检验。由于检验棒插入孔内（尤其锥孔内）可能出现误差，因此这些检验至少应重复 4 次，即每次将检验棒相对主轴旋转 90°重新插入，取读数的平均值作为测量结果
G12 检验项目	主轴轴线和 Z 轴线运动间的平行度： （a）在 YZ 垂直平面内； （b）在 ZX 垂直平面内
简图	 （a）YZ 垂直平面内　　　　　　（b）ZX 垂直平面内
公差	（a）及（b）在 300 测量长度上为 0.015
检验工具	检验棒和指示器
检验方法	X 轴线置于行程的中间位置。检验棒应安装在主轴上代表固定轴线，线性位移测量仪应安装在工作台上，测头对着检验棒，读取与运动方向垂直方向上的位移。结果要在检验棒相对 180°两位置直线度测量的平均值来确定。 对于（a）：如果可能，Y 轴线锁紧；对于（b）：如果可能，X 轴线锁紧
G13 检验项目	主轴轴线和 X 轴线运动间的垂直度
简图	

续表

公差	0.020/300。 300 为两测点间的距离
检验 工具	平尺、专用支架、指示器
检验 方法	如果可能，Z 轴线锁紧。 平尺应平行于 X 轴线放置。 此垂直度偏差也能从 G7 检验项目推出，其相关偏差之和不超过这里所示的公差。 应记录角度 α 的值（小于、等于或大于 90°），用于参考和可能进行的修正
G14 检验 项目	主轴轴线和 Y 轴线运动间的垂直度
简图	
公差	0.020/300。 300 为两测点间的距离
检验 工具	平尺、专用支架、指示器
检验 方法	如果可能，Z 轴线锁紧。 平尺测量边应平行于 Y 轴线放置，或者在测量中应考虑该平行度偏差。此垂直度偏差也能从检验项目 G8 推出，其相关偏差之和不超过这里所示的公差。 应记录角度 α 的值（小于、等于或大于 90°），用于参考和可能进行的修正
G15 检验 项目	工作台 a 面的平面度。 a 是指固有的回转工作台或一个在应有位置锁紧的代表性托板
简图	d—待测面上计量桥板支承点的跨距；L—工作台或托板的较短边

续表

公差	局部公差：在任意 300 测量长度上为 0.012			
	$L\leq500$	$500<L\leq800$	$800<L\leq1250$	$1250<L\leq2000$
	0.020	0.025	0.030	0.040

检验工具	精密水平仪或平尺、量块、指示器或光学方法

检验方法	X 轴线和 Y 轴线置于其行程的中间位置。 推荐用固定水平仪和移动水平仪进行差值测量。测量基准平面由两条直线 O_mX 和 O_OY 确定，此时，O、m 和 O' 是被测面上的 3 个点。 直线 OX 和 OY 最好选择成互相垂直，并分别平行于被测面的轮廓边。测量从被测面上的一个角 O 并沿 OX 方向开始。在包含被检线的垂直平面内放置合适的检验工具（如水平仪、自准直仪或激光角度干涉仪）于桥板上，测量出桥板相对于测量基准的角度 a_0 和 a_1 偏差。先测量 OA 和 OC 每条线的轮廓，再测量 $O'A'$、$O''A''$ 和 CB 纵向线的轮廓，以便覆盖整个表面。 可沿 mM、$m'M'$ 等进行追加测量，以进一步证实上述测量。 当被检面的宽度与其长度并非不相称时，同时沿对角线测量，即交叉检查

G16/G17 检验项目	工作台 a 面和 X 轴线运动间的平行度。 工作台 a 面和 Y 轴线运动间的平行度。 a 是指固有的回转工作台或一个在应有位置锁紧的代表性托板

简图	 （a）工作台面和 X 轴线平行度　　　　（b）工作台面和 Y 轴线平行度

公差	（a）和（b）公差相同			
	长度≤500	500<长度≤800	800<长度≤1250	1250<长度≤2000
	0.020	0.025	0.030	0.040

检验工具	平尺、量块、指示器

检验方法	如果可能，测量时将 X 轴或 Y 轴线锁紧。指示器测头近似地置于刀具的工作位置，可在平行于工作台面放置的平尺上进行测量。 指示器测头应装在机床的固定部件上，使其测头垂直触及被测面。若主轴能锁紧，则指示器可在主轴上，否则指示器应装在机床的主轴箱上

3. 工作精度的验收

机床质量最终的考核标准要看该机床加工零件的质量如何，一般来讲，机床一般项精度与标准存在一定范围的偏差时，以该机床的加工精度为准。一般对一个综合试件的加工质量进行评价，具体要求见表 2-2、表 2-3。

三、任 务 实 施

（一）定位精度和重复定位精度检测

定位精度和重复定位精度综合反映了数控机床各轴运动部件的综合精度。其中，定位精度是指数控机床各移动轴在确定的终点所能达到的实际定位精度，其误差称为定位误差。它将直接影响零件加工的精度。重复定位精度是指在数控机床上反复运行同一程序代码，所得到的定位精度的一致程度。重复定位精度受伺服系统特性、进给传动环节的间隙与刚性以及摩擦特性等因素的影响。一般情况下，重复定位精度是呈正态分布的偶然性误差，它影响零件加工的一致性，是一项非常重要的精度指标。

1. 定位精度和重复定位精度的评定方法

数控机床精度检验的标准主要是 GB/T 17421.2—2023，它提出了定位精度和重复定位精度的评定方法，具体如下。

（1）目标位置 P_i。运动部件编程要达到的位置，下标 i 表示沿轴线选择的目标位置中的特定位置。

（2）实际位置 P_{ij}（$i=0\sim m$，$j=1\sim n$）。作用点第 j 次向第 i 个目标位置趋近时的实际测得的到达位置。

（3）位置偏差 X_{ij}。作用点到达的实际位置减去目标位置之差，$X_{ij}=P_{ij}-P_i$。

（4）单向。以相同方向沿轴线或绕轴线趋近某目标位置的一系列测量。用符号↑表示从正向趋近所得参数，用符号↓表示从负向趋近所得参数，如 $X_{ij}\uparrow$ 或 $X_{ij}\downarrow$。

（5）双向。从两个方向沿轴线或绕轴线趋近某目标位置得到一个参数的一系列测量。

（6）某一位置的单向平均位置偏差 $\overline{X}_i\uparrow$ 或 $\overline{X}_i\downarrow$。由 n 次单向趋近某一位置 P_i 所得的位置偏差的算术平均值，即 $\overline{X}_i\uparrow=\dfrac{1}{n}\sum\limits_{j=1}^{n}X_{ij}\uparrow$ 或 $\overline{X}_i\downarrow=\dfrac{1}{n}\sum\limits_{j=1}^{n}X_{ij}\downarrow$。

（7）某一位置的双向平均位置偏差 $\overline{X}_i$。从两个方向趋近某一位置 P_i 所得的单向平均位置偏差 $\overline{X}_i\uparrow$ 和 $\overline{X}_i\downarrow$ 的算术平均值，即 $\overline{X}_i=(\overline{X}_i\uparrow+\overline{X}_i\downarrow)/2$。

（8）某一位置的反向差值 B_i。从两个方向趋近某一位置 P_i 时两个单向平均位置偏差之差，即 $B_i=\overline{X}_i\uparrow-\overline{X}_i\downarrow$。

（9）轴线反向差值 B 和轴线平均反向差值 $\overline{B}$。沿轴线或绕轴线的各目标位置的反向差值的绝对值 $|B_i|$ 中的最大值；沿轴线或绕轴线的各目标位置的反向差值 B_i 的算术平均值即为轴线平均反向差值 $\overline{B}$，即 $B=\max[|B_i|]$、$\overline{B}=\dfrac{1}{m}\sum\limits_{i=1}^{m}B_i$。

（10）在某一位置的单向轴线重复定位精度的估算值 $S_i\uparrow$ 或 $S_i\downarrow$。通过对某一位置 P_i 的 n 次单向趋近所获得的位置偏差标准不确定度的估算值，即 $S_i\uparrow=\sqrt{\dfrac{1}{n-1}\sum\limits_{j=1}^{n}(X_{ij}\uparrow-\overline{X}_i\uparrow)^2}$、

$S_i\downarrow=\sqrt{\dfrac{1}{n-1}\sum\limits_{j=1}^{n}(X_{ij}\downarrow-\overline{X}_i\downarrow)^2}$。

（11）在某一位置的单向重复定位精度 $R_i\uparrow$ 或 $R_i\downarrow$ 及某一位置的双向重复定位精度 R_i。

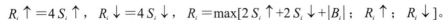

$R_i\uparrow=4S_i\uparrow$，$R_i\downarrow=4S_i\downarrow$，$R_i=\max[2S_i\uparrow+2S_i\downarrow+|B_i|$；$R_i\uparrow$；$R_i\downarrow]$。

（12）轴线单向重复定位精度 $R\uparrow$ 或 $R\downarrow$ 及轴线双向重复定位精度 R。$R\uparrow=\max[R_i\uparrow]$，$R\downarrow=\max[R_i\downarrow]$，$R=\max[R_i]$。

（13）轴线单向定位系统误差 $E\uparrow$ 或 $E\downarrow$。沿轴线或绕轴线的任一位置 P_i 上单向趋近的单向平均定位偏差 $\bar{X}_i\uparrow$ 和 $\bar{X}_i\downarrow$ 的最大值与最小值的代数差，即 $E\uparrow=\max[\bar{X}_i\uparrow]-\min[\bar{X}_i\uparrow]$ 或 $E\downarrow=\max[\bar{X}_i\downarrow]-\min[\bar{X}_i\downarrow]$。

（14）轴线双向定位系统误差 E。沿轴线或绕轴线的任一位置 P_i 上双向趋近的单向平均定位偏差 $\bar{X}_i\uparrow$ 和 $\bar{X}_i\downarrow$ 的最大值与最小值的代数差，即 $E=\max[\bar{X}_i\uparrow$；$\bar{X}_i\downarrow]-\min[\bar{X}_i\uparrow$；$\bar{X}_i\downarrow]$。

（15）轴线单向定位精度 $A\uparrow$ 或 $A\downarrow$。由轴线单向定位系统误差和单向重复定位精度估算值的组合来确定的范围，即 $A\uparrow=\max[\bar{X}_i\uparrow+2S_i\uparrow]-\min[\bar{X}_i\uparrow-2S_i\uparrow]$ 或 $A\downarrow=\max[\bar{X}_i\downarrow+2S_i\downarrow]-\min[\bar{X}_i\downarrow-2S_i\downarrow]$。

（16）轴线双向定位精度 A。由轴线双向定位系统偏差和双向重复定位精度估算值的组合来确定的范围，即 $A=\max(\bar{X}_i\uparrow+2S_i\uparrow$；$\bar{X}_i\downarrow+2S_i\downarrow)-\min(\bar{X}_i\uparrow-2S_i\uparrow$；$\bar{X}_i\downarrow-2S_i\downarrow)$。

2．定位精度测量工具和方法

定位精度和重复定位精度的测量工具有激光干涉仪、线纹尺、步距规等。目前多采用双频激光干涉仪对机床进行检测和结果分析，因为它利用激光干涉测量原理，以激光实时波长为测量基准，所以提高了测试精度，并扩大了适用范围。此外。还可采用步距规测量定位精度，因其操作简单而在批量生产中被广泛应用。无论采用哪种测量工具，其目标位置的选择按下面的公式进行计算

$$P_i=(i-1)\,p+r$$

式中　i——现行目标位置的序号；

　　　P——目标位置的间距，使测量行程内的目标位置之间有均匀的间距；

　　　r——预期的周期性定位误差（例如，滚珠丝杠导程变化以及直线或回转刻度尺的节距变化所引起的误差）在一个周期范围内的随机数，以确保周期误差被充分采集。

　　　　　如果没有任何周期误差的相关信息，r 应取目标位置的间距 P 的 $\pm30\%$ 范围内。

（1）用步距规检测。步距规结构如图 2-4 所示。图 2-4 中的尺寸 $P_1,P_2,\cdots,P_i$ 按 100mm 间距设计，加工后测量出 $P_1,P_2,\cdots,P_i$ 的实际尺寸作为定位精度检测时的目标位置坐标（测量基准）。以数控铣床 X 轴定位精度测量为例，测量时，将步距规置于工作台上，并将步距规轴线与 X 轴轴线平行，令 X 轴回零；将杠杆千分表固定在主轴箱上（不移动），表头接触到 P_0 点，表针置零；用程序控制工作台按标准循环图（见图 2-5）移动，移动距离依次为 $P_1,P_2,\cdots,P_i$，表头依次接触到 $P_1,P_2,\cdots,P_i$ 各点，表盘在各点的读数则为该位置的单向平均定位偏差，按标准循环图测量 5 次，将各点读数（单向平均定位偏差）记录在计算表中。按上述方法对数据进行处理，可确定该坐标的定位精度和重复定位精度。

（2）用激光干涉仪检测。目前大多数数控机床螺距误差精度的检测采用雷尼绍 ML10 激光干涉仪，利用它自动测量机床的误差，再通过 RS-232 接口，利用软件进行误差自动补偿。该方法相比用步距规或光栅尺进行补偿节省了大量时间和人力，并且避免了手动计算和手动输入数据引起的随机误差，同时最大限度地增设补偿点数，使机床达到最佳补偿精度。ML10 激光干涉仪的工作原理和光路如图 2-6 所示。

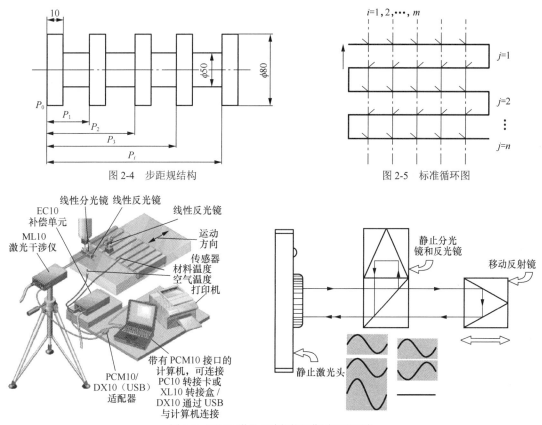

图 2-4　步距规结构

图 2-5　标准循环图

图 2-6　ML 10 激光干涉仪的工作原理和光路

　　检测时，首先将反射镜置于机床不动的某个位置，让激光束经过反射镜形成一束反射光；其次将干涉镜置于激光器与反射镜之间的机床运动部件上，形成另一束反射光，两束光同时进入激光干涉仪的回光孔产生干涉；再次根据定义的目标位置编写循环移动程序，记录各个位置的测量值（机器自动记录）；最后进行数据处理与分析，计算出机床的定位精度。激光干涉仪的检测安装如图 2-7 所示。

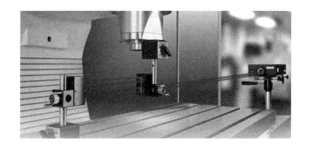

微课：激光干涉仪硬件介绍

微课：激光干涉仪硬件连接

图 2-7　激光干涉仪的检测安装

（二）反向间隙检测

1. 反向间隙的产生及影响

　　数控机床各坐标轴进给传动链上的驱动部件（如伺服电动机、伺服液压电动机和步进电动机等）的反向死区，以及各机械运动传动副的反向间隙等会造成各坐标轴在由正向运动转为反向运动时出现反向间隙，也称失动量。对于采用半闭环伺服系统的数控机床，反向间隙的存在会影响机床的定位精度和重复定位精度，从而影响产品的加工精度。例如，在 G01 切削运动时，反向间隙会影响插补运动的精度，若间隙过大，则会造成"圆不够圆，方不够方"的情形；而在 G00 快速定位运动中，反向间隙会影响机床的定位精度，使得钻孔、镗孔等孔加工时各孔间的定位精度降低。同时，随着设备投入运行时间的延长，因磨损造成运动副间隙逐渐增大，反向间隙也会增大，因此需要定期对机床各坐标轴的反向间隙进行测定和补偿。

2．反向间隙的检测

这里只介绍一种简单的反向间隙检测方法。如图 2-8 所示，在所测量坐标轴的行程内执行以下操作。

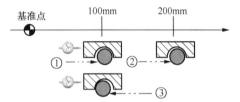

图 2-8　数控机床进给轴反向间隙检测示意

① 预先正向或反向移动一段距离（100mm）并以此停止位置为基准，将千分表清零。

② 在同一方向给予一定移动指令，使之移动一段距离（100mm）。

③ 再往相反方向移动相同距离，测量停止位置与基准位置之差，在靠近行程的中点及两端的 3 个位置分别进行多次（一般为 7 次）测定，求出各个位置的平均值，以所得平均值中的最大值为反向间隙测量值。在测量时，一定要先移动一段距离，否则得不到正确的反向间隙值。

在测量直线运动轴的反向间隙时，测量工具通常采用千分表或百分表，若条件允许，则可使用双频激光干涉仪进行测量。当采用千分表或百分表进行测量时，需要注意表座和表杆不要延伸太长，否则表座易受力移动，造成计数不准。若采用编程法进行测量，则能使测量过程变得更便捷、更精确。

 注　意

在工作台运行速度不同的情况下测出的结果有所不同。一般情况下，低速时的测量值要比高速时的大，特别是在机床轴负荷和运动阻力较大时。

回转运动轴反向间隙的测量方法与直线轴相同，只是用于检测的仪器不同。

3．反向间隙的补偿

通常 CNC 装置内存中设有若干个地址，专门用于存储各轴的反向间隙值。当机床的某根轴被指令改变运动方向时，CNC 装置会自动读取该轴的反向间隙值，对坐标位移指令值进行补偿、修正，使机床准确地定位在指令位置上，消除或减小反向间隙对机床精度的不利影响。

对于 FANUC 0i 等数控系统，有用于快速运动（G00）和低速切削进给运动（G01）两种反向间隙补偿可供选择。根据进给方式的不同，数控系统自动选择使用不同的补偿值，以完成较高精度的加工。

将 G01 切削进给运动测得的反向间隙值输入参数 NO11851（G01 的测试速度可根据常用的切削进给速度及机床特性来决定），将 G00 测得的反向间隙值输入参数 NO11852。需要注意的是，若要使数控系统分别执行指定的反向间隙补偿，则应将参数号码 1800 的第四位

（RBK）设定为 1；若 RBK 被设定为 0，则不执行分别指定的反向间隙补偿。G02、G03、JOG 与 G01 使用相同的补偿值。

四、技能拓展

（一）螺距误差补偿原理及方法

1. 螺距误差补偿原理

在半闭环数控系统中，定位精度和重复定位精度在很大程度上取决于数控机床的滚珠丝杠精度，由于滚珠丝杠存在制造误差，同时长期使用带来的磨损会使其精度下降，因此所有数控机床都为用户提供了螺距误差补偿功能。螺距误差补偿是指将指定的数控机床各轴进给指令位置与高精度位置测量系统所测得的实际位置相比较，计算出在数控机床各轴全行程上的误差偏移值，再将误差偏移值补偿到数控系统中，在数控机床各轴运动时，控制刀具和工件向误差的逆方向产生相对运动，自动考虑误差偏移值并加以补偿，从而提高机床的加工精度。

2. 螺距误差补偿方法

在大多数数控系统中，螺距误差补偿只对机床的线性补偿段起作用，只要在数控系统允许的范围内补偿，就会起到补偿作用。每轴的螺距误差可以用最小移动单位的倍数进行补偿，一般以机床参考点作为补偿原点，在移动轴设定的各补偿间隔上，把应补偿的值作为固定参数设定。图 2-9 所示为利用步距规采用线性补偿法进行螺距误差补偿检测。

微课：软件操作及程序测试

但一般情况下，丝杠的磨损不均匀，经常使用的地方必然磨损得多，用线性补偿只能进行统一均匀线性补偿，不能照顾到特殊的点。而采用定点补偿正好能弥补这一点，这样螺距补偿才会更精准。为了减少定点补偿的误差，应该尽量选取较小的螺距补偿点间距。定点补偿的优点是能针对不同点的不同误差值进行补偿，解决了不同点不同螺距误差的补偿问题，补偿的精度高；缺点是测量误差时比较麻烦，需用专业的测量工具跟踪各点进行测量。图 2-10 所示为利用激光干涉仪采用定点补偿法进行螺距误差补偿检测。

微课：测量螺距误差补偿（测量螺补）

图 2-9 利用步距规采用线性补偿法进行螺距误差补偿检测

图 2-10 利用激光干涉仪采用定点补偿法进行螺距误差补偿检测

（二）螺距误差补偿的测定和计算

1. 操作和测量方法

现利用 ML10 激光干涉仪对任务导入部分的铣镗床 X 轴进行检测和结果分析。其定位精度和重复定位精度检测曲线如图 2-11 所示。根据 GB/T 17421.2—2023，理想的检测环境是气温处于 20℃，避免气流和外部辐射。机床的调平、几何精度都要符合要求，并且要充分运转。操作时，进给速度要保持一致，到达目标点时停留几秒，以便记录实际位置。由于该加工中心 X 轴行程为 2m，要求全程激光测量，根据 GB/T 17421.2—2023，至少每米选择 5 个目标位置点，尽可能充分采点。因此，该 X 轴目标位置选择了 $i=20$ 个点，平均间隔长度 $P=100$mm。在校激光时，由于工作台较大，不可能在全行程范围内进给，因此可以采用 2m 的压板或水平钢板尺固定在工作台上进行测量。对正向趋近↑和负向趋近↓分别测量 $j=5$ 次。

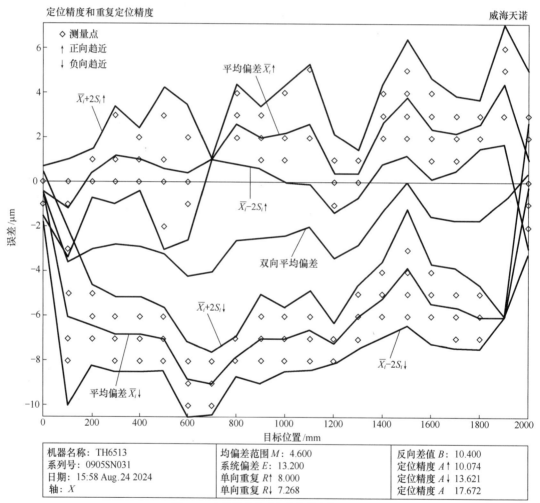

机器名称：TH6513	均偏差范围 M：4.600	反向差值 B：10.400
系列号：0905SN031	系统偏差 E：13.200	定位精度 $A\uparrow$ 10.074
日期：15:58 Aug.24 2024	单向重复 $R\uparrow$ 8.000	定位精度 $A\downarrow$ 13.621
轴：X	单向重复 $R\downarrow$ 7.268	定位精度 A 17.672

图 2-11 定位精度和重复定位精度检测曲线

2. 数值计算和分析

（1）根据 5 次测量的位置偏差 X_{ij}，计算出正、负方向上的平均偏差 $\overline{X_i}$，继而求出每个目标点的反向差值 B_i，$B_i=\overline{X_i}\uparrow-\overline{X_i}\downarrow$。该机床在目标点为 9 时，轴线反向差值 $B=\max[|B_i|]=10.4$。

（2）在某一位置 P_i 的单向轴线重复定位精度的估算值，即标准偏差 $S_i\uparrow=$

$\sqrt{\dfrac{1}{n-1}\sum\limits_{j=1}^{n}(X_{ij}\uparrow - X_i\uparrow)^2}$，同理，$S_i\downarrow=\sqrt{\dfrac{1}{n-1}\sum\limits_{j=1}^{n}(X_{ij}\downarrow - X_i\downarrow)^2}$。

（3）根据标准偏差，计算出某一位置的单向重复定位精度 R_i，即 $R_i\uparrow=4S_i\uparrow$、$R_i\downarrow=4S_i\downarrow$，继而求得轴线单向重复定位精度 $R\uparrow$ 和 $R\downarrow$ 分别为 $R\uparrow=\max(R_i\uparrow)=8$ 和 $R\downarrow=\max(R_i\downarrow)=7.268$。

（4）根据公式 $R_i=\max(2S_i\uparrow+2S_i\downarrow+|B_i|;R_i\uparrow;R_i\downarrow)$，求得某一位置的双向重复定位精度，继而求出轴线双向重复定位精度 $R=\max(R_i)=13.422$。

（5）求出轴线单向定位精度 $A\uparrow$ 和 $A\downarrow$ 以及轴线双向定位精度 A：$A\uparrow=\max[\overline{X_i}\uparrow+2S_i\uparrow]-\min[\overline{X_i}\uparrow-2S_i\uparrow]=6.684-(-3.390)=10.074$，$A\downarrow=\max[\overline{X_i}\downarrow+2S_i\downarrow]-\min[\overline{X_i}\downarrow-2S_i\downarrow]=2.633-(-10.988)=13.621$，$A=\max[\overline{X_i}\uparrow+2S_i\uparrow;\overline{X_i}\downarrow+2S_i\downarrow]-\min[\overline{X_i}\uparrow-2S_i\uparrow;\overline{X_i}\downarrow-2S_i\downarrow]=6.684-(-10.988)=17.672$。

以上计算结果如表 2-4 所示。

表 2-4　　　　　　　　　　　　　　校激光偏差

机床型号	TH6513			系列号		0905SN031		测试轴		X 轴		标题		威海天诺
环境温度	20℃			测量方向		正方向/负方向		测试者		zhl		测试日期		Aug.24.2024
序号	目标点 P_i /mm	位置偏差 $X_{ij}\uparrow/\downarrow$ /μm					平均偏差 $\overline{X_i}\uparrow/\downarrow$ /μm	标准偏差 $S_i\uparrow/\downarrow$ /μm	($\overline{X_i}+2S_i$) $\uparrow/\downarrow$ /μm	($\overline{X_i}-2S_i$) $\uparrow/\downarrow$ /μm	反向差值 B /μm
		1	2	3	4	5					
1	0	0/−1	0/0	−1/−1	0/0	−1/−1	−0.4/−0.6	0.548/0.548	0.696/0.495	−1.496/−1.695	−0.2
2	100	−1/−5	0/−7	−1/−8	−3/−4	−1/−4	−1.2/−5.6	1.095/1.817	0.990/−1.967	−3.390/−9.233	−4.4
3	200	0/−7	1/−6	0/−7	1/−5	0/−7	0.4/−6.4	0.548/0.894	1.496/−4.611	−0.696/−8.189	−6.8
4	300	1/−6	3/−7	1/−6	0/−7	1/−8	1.2/−6.8	1.095/0.837	3.39/−5.127	−0.990/−8.473	−8.0
5	400	2/−6	1/−7	1/−7	0/−6	1/−8	1.0/−6.8	0.707/0.837	2.414/−5.127	−0.414/−8.473	−7.8
6	500	3/−8	1/−7	1/−6	−2/−8	0/−8	0.6/−7.4	1.817/0.894	4.234/−5.611	−3.034/−9.189	−8.0
7	600	2/−9	2/−8	−1/−9	0/−8	−1/−10	0.4/−8.8	1.517/0.837	3.434/−7.127	−2.634/−10.473	−9.2
8	700	1/−10	1/−9	1/−10	1/−9	1/−8	1.0/−9.2	0/0.894	1.000/−7.611	1.000/−10.988	−10.2
9	800	2/−8	2/−8	3/−8	2/−8	4/−7.8	2.6/−7.8	0.894/0.447	4.388/−6.906	0.812/−8.694	−10.4
10	900	1/−8	3/−6	2/−7	2/−6	2/−6	2.0/−6.8	0.707/0.837	3.414/−5.127	0.586/−8.437	−8.8
11	1000	2/−7	4/−6	2/−7	1/−6	2/−8	2.2/−7.2	1.095/0.837	4.390/−5.527	0.010/−8.873	−9.4
12	1100	5/−6	2/−7	2/−6	1/−8	3/−6	2.6/−6.6	1.342/0.894	5.284/−4.811	−0.084/−8.389	−9.2
13	1200	1/−7	0/−8	1/−7	−1/−8	1/−7	0.4/−7.4	0.894/0.548	2.188/−6.305	−1.388/−8.495	−7.8
14	1300	0/−7	0/−7	1/−5	0/−7	1/−7	0.4/−6.6	0.548/0.894	1.496/−4.611	−0.696/−8.189	−6.8
15	1400	2/−6	4/−4	2/−6	3/−5	2/−6	2.6/−5.4	0.894/0.894	4.388/−3.611	0.812/−7.189	−8.0
16	1500	2/−6	5/−3	3/−6	5/−3	3/−5	3.8/−3.8	1.304/1.304	6.408/−1.192	1.192/−6.408	−7.6
17	1600	1/−4	2/−5	3/−6	3/−6	3/−5	2.4/−5.2	1.140/0.894	4.680/−3.611	0.12/−7.189	−7.8
18	1700	2/−5	3/−6	2/−5	3/−5	1/−7	2.2/−5.6	0.837/0.894	3.874/−3.811	0.526/−7.389	−7.8
19	1800	2/−6	3/−7	3/−5	2/−7	3/−6	2.6/−6.2	0.548/0.837	3.696/−4.527	1.504/−7.873	−8.8
20	1900	3/−6	3/−6	3/−6	5/−6	6/−6	4.0/−6	1.342/0	6.684/−6.000	1.316/−6.000	−10.0
21	2000	−2/−1	2/0	3/2	0/−1	2/−2	1.0/−0.4	2.000/1.517	5.000/2.633	−3.000/−3.433	−1.4
	轴向	单向↑					单向↓			双向	
定位精度 A/μm		6.684−(−3.390)=10.074					2.633−(−10.988)=13.621			6.684−(−10.988)=17.672	
重复定位精度 R/μm		8（当 i=21 时）					7.268（当 i=2 时）			13.422（当 i=6 时）	

将图 2-11 中的曲线和表 2-4 中的数据及计算结果与 GB/T 17421.2—2023 中的相关规定进

行比较，不仅可以检测该机床 X 轴的单向和双向定位精度和重复定位精度是否合格，还可以为该机床 X 轴精度验收提供依据。

（三）螺距误差补偿应用与分析

1. 螺距误差补偿应用

下面以沈阳机床厂生产的 CKH6120 数控卧式车床为例，其检验精度一般涉及 3 个方面，即重复定位精度 R、反向差值 B、双向定位精度 A。该数控机床的系统为 FANUC 0i 系统，以 Z 轴为例进行多次检测。该型号机床的定位精度要求是：重复定位精度 R 公差值=0.020mm，反向差值 B 公差值=0.012mm，双向定位精度 A 公差值=0.05mm。补偿前的检测结果反馈在计算机中，如图 2-12 所示；补偿后的检测结果也反馈在计算机中，如图 2-13 所示。

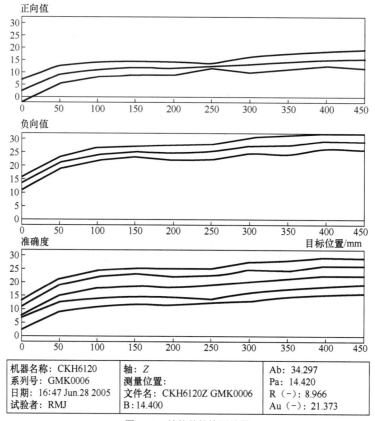

机器名称：CKH6120	轴：Z	Ab: 34.297
系列号：GMK0006	测量位置：	Pa: 14.420
日期：16:47 Jun.28 2005	文件名：CKH6120Z GMK0006	R（−）: 8.966
试验者：RMJ	B：14.400	Au（−）: 21.373

图 2-12　补偿前的检测结果

2. 螺距误差补偿分析

根据图 2-12 和图 2-13 所示的 3 种定位精度检测结果，设置定位精度补偿：机床行程为 3m；检测程序有 30 段；每段位移行程为 100mm；螺距补偿地址为 100～130，输入检测出的差值，进行相应点补偿。反向间隙补偿：采集机床反向间隙数据，机械间隙不应超出 0.03mm，再进行参数 1851 相应点的间隙补偿。

由此可以看出，补偿前后机床的精度变化，通过 ML10 激光干涉仪检测出机床的线性误差并记录、分析，再对数控系统进行误差补偿，从而使数控机床达到精度要求，以保证加工工件的精度。由此可见，无论是数控机床的装配出厂，还是定期的检测，对数控系统进行误差补偿都是非常重要和有意义的。

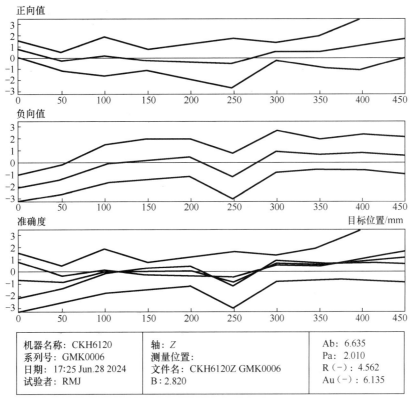

图 2-13 补偿后的检测结果

|小 结|

通过对本任务的学习，读者应该能利用几何精度检测工具对数控机床几何精度进行检测与验收，难点是利用检测工具对数控车床或加工中心各轴进行定位精度检测与单双向螺距误差补偿，较容易掌握的是检测各轴的反向间隙和对反向间隙进行补偿。数控机床的安装、调试以及认识数控机床的精度要求和工作环境作为一般了解内容，重点掌握内容为数控机床几何精度的检测与验收方法。

|自 测 题|

1．简答题

（1）列举数控机床安装、调试的准备工作。

（2）验收数控车床时需要检测哪些方面的项目？各用什么检测工具？

（3）在验收数控铣床式加工中心时需要检测哪些方面的项目？各用什么检测工具？

（4）怎样检测和补偿数控机床的反向间隙？

2．实训题

（1）对数控车床的 Z 轴进行单向螺距误差检测，根据检测结果填写表 2-1，然后进行补偿，补偿后再检测，并分析检测结果。

（2）对数控铣床或加工中心的 X 轴进行双向螺距误差检测，根据检测结果填写表 2-1，然后进行补偿，补偿后再检测，并分析检测结果。

任务三
数控机床硬件的接口连接

【学习目标】

- 通过对 CNC 系统硬件的连接，认识数控机床的电路工作原理。
- 通过实践操作，掌握 FANUC 0i F Plus 数控系统的组成，了解系统接口的功能及部件之间的连接要求，能够正确连接 FANUC 0i F Plus 数控系统的硬件。

知识点滴
加工效率和加工精度的进展

【素质目标】

- 培养敬业和职业担当精神。
- 培养认真细致的工作作风。
- 培养团队合作意识。
- 培养发现问题和解决问题的思维能力。

一、任务导入

通过图 3-1 所示的 FANUC 0i F Plus 数控系统的硬件组成和图 3-2 所示的 FANUC 0i F Plus 数控系统的综合连接，正确连接 FANUC 0i F Plus 系统硬件。通过连接实训，能够陈述 FANUC 0i F Plus 数控系统硬件接口及信号组成。

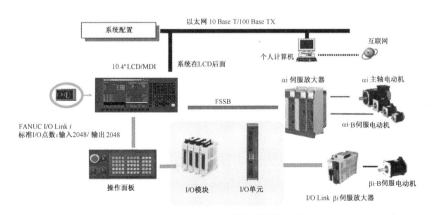

图 3-1　FANUC 0i F Plus 数控系统的硬件组成

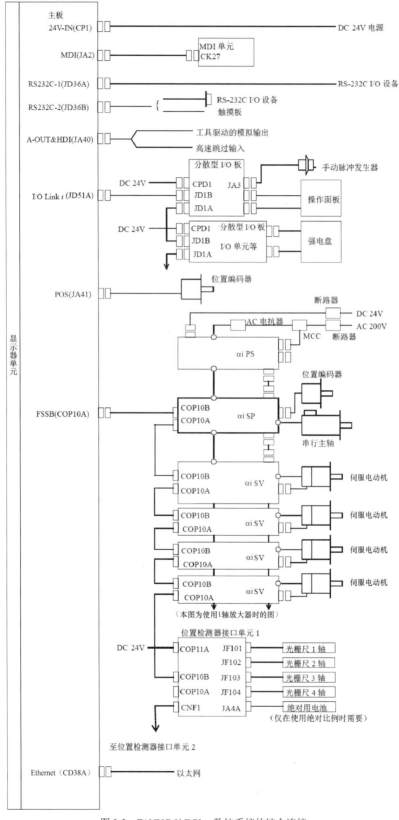

图 3-2　FANUC 0i F Plus 数控系统的综合连接

注 意

PSM（电源模块）、SPM（主轴模块）、SVM（伺服模块）之间的短接片（TB1）是连接主回路的直流 300V 连接线，一定要拧紧，否则会报警，严重时将烧坏 PSM 和 SPM。

PSM 的控制电源输入端 CXA2D 的电压为 DC 24V。

一定不要接错 PSM 的 MCC（CX3），CX3 的 1、3 之间只有一个内部触点，如果错接成 200V，将会烧坏 PSM 控制板。

二、相 关 知 识

（一）CNC 单元及其接口的功能

1. FANUC 0i 数控系统概述

至今，FANUC 0i 系列推出了 FANUC 0i A、FANUC 0i B、FANUC 0i C、FANUC 0i D、FANUC 0i F 五大产品系列。这五大系列在硬件与软件设计方面有较大区别，性能依次提高，但其操作、编程方法类似。每一系列又分为扩展型与精简型两种规格，前者直接表示，后者在型号中加 "Mate" 表示，如 FANUC 0i D/FANUC 0i Mate D。对于 F 系列，则分为 FANUC 0i F/FANUC 0i F Plus，FANUC 0i F Plus 系统的整体工作性能高于 FANUC 0i F 系统。

FANUC 0i F Plus 与 FANUC 0i F 数控系统的硬件组成分别如图 3-1 和图 3-3 所示。它们的一般配置如表 3-1 所示。

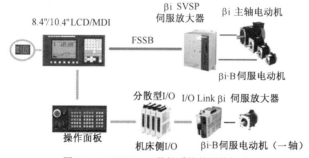

图 3-3 FANUC 0i F 数控系统的硬件组成

表 3-1　　　　　　　　FANUC 0i F Plus 和 FANUC 0i F 的一般配置

系 统 型 号		用 于 机 床	放 大 器	电 动 机
0i F Plus （最多五轴）	0i MF Plus	加工中心、铣床	αi 系列的放大器 βi 系列的放大器	αi、αi-B 系列 βi、βi-B 系列
	0i TF Plus	车床	αi 系列的放大器 βi 系列的放大器	αi、αi-B 系列 βi、βi-B 系列
0i F （MF 标配五轴四联动，TF 标配四轴四联动）	0i MF	加工中心、铣床	αi 系列的放大器 βi 系列的放大器	αi-B 系列 βi-B 系列
	0i TF	车床	αi 系列的放大器 βi 系列的放大器	αi-B 系列 βi-B 系列

> ⚠ **注 意**
>
> 对于βi系列，如果不配备FANUC的主轴电动机，那么伺服放大器是单轴型或双轴型的；如果配备主轴电动机，那么放大器是一体型的（SVPM）。

FANUC 0i F采用的是MDI/LCD/CNC单元三位一体的结构，相互之间无须外部连接电缆，可同时安装在操控台上，具有安装方便、体积小、可靠性高的特点，如图3-4所示。

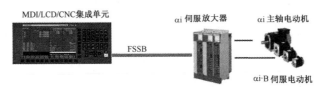

图3-4　FANUC 0i F的集成型结构

2．CNC单元及接口

CNC单元是整个控制系统的核心，主要对各坐标轴进行插补控制、输出主轴转速及控制主轴定位。此外，它还可对输入的M、S、T指令进行译码，将其传送给PMC等。CNC单元的功能如图3-5所示。

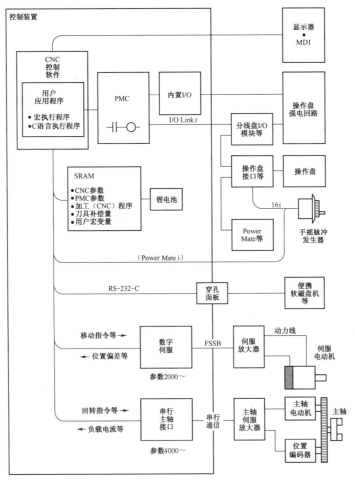

图3-5　CNC单元的功能

CNC 单元的主板位于显示器后面，体积非常小。CNC 单元（控制器部分）的硬件实际上就是一台专用的微型计算机，是整个控制系统的核心。CNC 模块内部包括电源单元、轴控制卡、显示控制卡（显卡）、CPU 卡、DIMM 模块 FLASH-ROM & SRAM、模拟主轴模块、光缆接口等基本组件，如图 3-6 所示。其中，轴控制卡、显示控制卡、CPU 卡在 CNC 模块主板中的安装位置如图 3-7 所示。

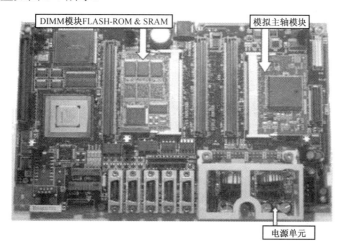

（a）CNC控制器的主板

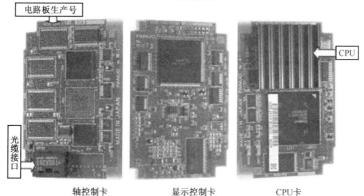

轴控制卡　　　　　显示控制卡　　　　　CPU卡

（b）CNC控制器的轴控制卡、显示控制卡和CPU卡

图 3-6　CNC 单元的基本组件

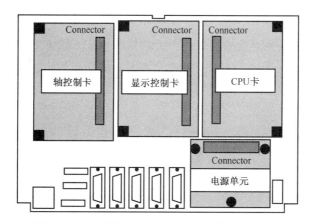

图 3-7　轴控制卡、显示控制卡、CPU 卡在 CNC 模块主板中的安装位置

CNC 单元的接口如图 3-8 所示，其功能如表 3-2 所示。

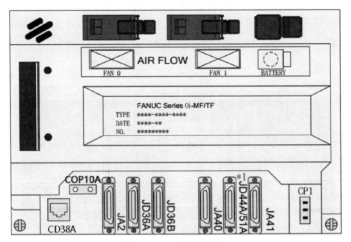

图 3-8　CNC 单元的接口

表 3-2　　　　　　　　　　　　　　　　**CNC 单元接口的功能**

接　口　号	功　　　能
COP10A	伺服放大器（FSSB）系统轴控制卡与伺服放大器之间的数据通信总线接口，此接口为光缆接口
JA2	系统 MDI 面板接口
JD36A	RS-232-C 串行端口通道 1
JD36B	RS-232-C 串行端口通道 2
JA40	模拟主轴信号接口/高速跳转信号接口
JD44A/51A	I/O Link i 接口，系统通过此接口与机床强电柜的 I/O 设备（包括机床操作面板）进行通信，交换 I/O 号
JA41	串行主轴/位置编码器，是串行主轴的接口，如果使用的是 FANUC 的主轴放大器，此接口与主轴放大器上的接口 JA7B 连接
CP1	DC 24V-IN 接口，系统的 DC 24V 电源的输入端，如果机床开机时系统黑屏，首先要查看此处是否有 DC 24V 电源输入，如果 DC 24V 电源输入正常，那么检查系统熔丝。注意，此处 DC 24V 要用 24V 稳压电源
CD38A	以太网接口

（二）伺服驱动单元及其接口的功能

如果 CNC 主控制系统是数控机床的"大脑"和中枢，那么伺服系统和主轴驱动系统就是数控机床的"四肢"，它们是数控机床的执行机构。在 FANUC 的驱动器系列产品中，可以作为 FSSB 从站连接的驱动器有αi 系列和βi 系列两类，如图 3-9 所示。

（a）αi 系列　　　（b）βi 系列单轴型（SVU）　　（c）βi 系列多轴一体型（SVPM）

图 3-9　FANUC 驱动器的外形

图 3-10 所示为 βi-SVPM 一体型伺服驱动单元数控铣床电气系统。机床的伺服放大器采用可靠性强、性价比卓越的 βi 系列伺服驱动单元。该伺服驱动单元是集电源模块、主轴模块、伺服模块于一体的 βi-SVPM 一体型伺服驱动单元。

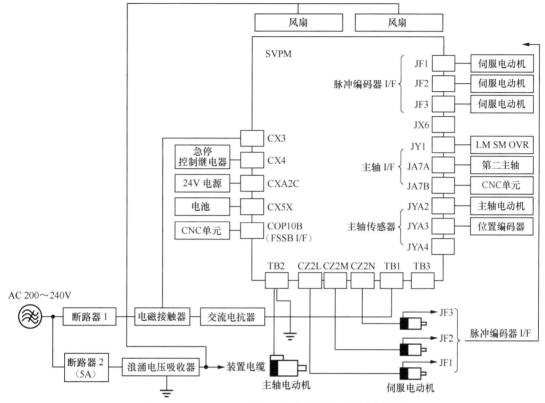

图 3-10 βi-SVPM 一体型伺服驱动单元数控铣床电气系统

Bi-SVPM 一体型伺服驱动单元部分接口的功能如下。

① 24V 电源连接 CXA2C（A1 为 24V，A2 为 0V），必须使用稳压电源，不可与用于电动机制动的 24V 电源共同使用。

② TB3（SVPM 的右下面）不接线。

③ 上面的两个冷却风扇接外部 200V 电源。

④ 3 个（或 2 个）伺服电动机的动力线放大器端的插头盒是有区别的，CZ2L（第一轴）、CZ2M（第二轴）、CZ2N（第三轴）分别对应 XX、XY、YY。

⑤ JF1、JF2、JF3 为伺服电动机位置反馈接口。

⑥ CX4 连接急停控制继电器的动合触点。

⑦ CX5X 连接编码器电池接口。

⑧ COP10B 连接 CNC 单元的 FSSB。

⑨ JX6 为断电后备模块。

⑩ JY1 连接负载表、速度表等。

⑪ JA7B 连接 CNC 单元的 JA41 接口；JA7A 连接第二轴的输出接口。

⑫ JYA2 连接主轴电动机、主轴传感器；JYA3 连接位置编码器；JYA4 未使用。

不要接错图 3-10 中的 TB1 和 TB2，TB1（右端）为三相 200V 输入端，TB2（左侧）连接主轴电动机动力线，TB3 为备用（主回路直流侧端子），一般不接线。如果将 TB1 和 TB2 接错，虽然测量 TB3 电压正常（约为直流 300V），但是系统会出现 401 报警。

（三）主轴驱动装置及接口作用

根据主轴速度控制信号的不同，数控机床的主轴驱动装置可分为模拟量控制的主轴驱动装置和串行数字控制的主轴驱动装置两类。其中模拟量控制的主轴驱动装置采用变频器实现对主轴电动机的控制，有通用变频器控制通用电动机和专用变频器控制专用变频电动机两种形式。FANUC 0i F 系统使用 βi 系列伺服单元时，通常采用变频器控制主轴电动机。CNC 单元的 JA40 为模拟主轴的指令信号输出接口，JA41 连接主轴编码器。如图 3-11 所示，系统向外部提供 0～10V 模拟电压，接线比较简单，注意极性不要接错，否则变频器不能调速。图 3-11 中的 ENB1/ENB2 用于外部控制，一般不用。

主轴编码器一般与主轴采用 1:1 齿轮传动且采用同步带连接，编码器输出为 1024 脉冲/转，经过系统 4 倍频电路得到 4096 个脉冲，具体连接信号如图 3-12 所示。

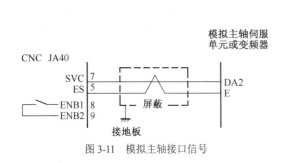

图 3-11　模拟主轴接口信号

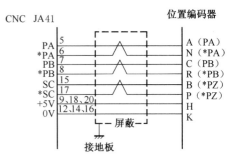

图 3-12　JA41 与主轴位置编码器的连接信号

（四）I/O Link i 模块及接口作用

在 FANUC 0i F 系统中，I/O Link i 从站（Slave Station）是网络控制系统中的名称，它受主站（一般为 PLC）控制，是利用网络通信方式进行数据传输的 I/O 设备。在 CNC 系统中，它就是传统意义上用于连接机床或操作面板中按钮、行程开关、指示灯、电磁阀等开关量 I/O 的连接单元或 PLC（PMC）的 I/O 模块。

I/O Link i 从站连接在总线上，根据不同的使用场合，可以分为操作面板 I/O 单元、机床 I/O 连接单元、分布式 I/O 单元和 βi 系列伺服驱动器 4 类。I/O 单元的外形如图 3-13 所示。

（a）0i F I/O 单元　（b）分布式 I/O 单元

图 3-13　I/O 单元的外形

I/O 模块分为内置 I/O 板和通过 I/O Link i 连接的 I/O 卡或单元，包括机床操作面板用的 I/O 卡、分布式 I/O 单元、手摇脉冲发生器等。

在 FANUC 0i F Plus 系统中，I/O Link i 网络应采用总线型拓扑结构，各 I/O Link i 从站依

次串联，每个 PMC 主站最多可连接的 I/O Link i 从站总数为 24。从站的地址通过 MDI/LCD 面板设定。连接 I/O Link i 总线时必须注意，JD1A 为总线输出端（用于连接下一从站），JD1B 为总线输入端（与上一从站相连），总线的终端不需要终端连接器，如图 3-14 所示。

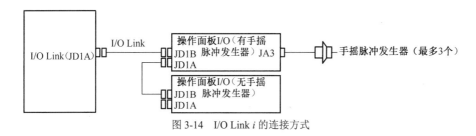

图 3-14 I/O Link i 的连接方式

FANUC I/O Link i 是一个串行接口，将 CNC 单元、单元控制器、分布式 I/O、机床操作面板等连接起来，并在各设备间高速传送 I/O 信号（位数据）。当连接多个设备时，FANUC I/O Link i 将一个设备作为主单元，其他设备作为子单元。子单元的输入信号每隔一定周期被送至主单元，主单元的输出信号也每隔一定周期被送至子单元。

三、任 务 实 施

（一）CNC 系统与伺服系统模块的接口连接

1. 硬件构成

根据硬件结构，FANUC 驱动部分主要有以下 4 个组成部分。

（1）轴控制卡。目前，数控技术广泛采用全数字伺服交流同步电动机控制。全数字伺服控制，包括三菱和西门子数控产品，已经将伺服控制的调节方式、数学模型甚至脉宽调制以软件的形式融入系统软件中（写入 FROM 中），而硬件支撑采用专用的 CPU 或数字信号处理器（Digital Signal Processor，DSP）等，并最终集成在轴控制卡上或轴控制芯片上。其中轴控制卡的主要作用是速度控制和位置控制。

（2）放大器。放大器用于接收轴控制卡输入的脉宽调制信号，经过前级放大驱动绝缘栅双极型晶体管（IGBT）输出电动机电流。

（3）电动机。电动机包括伺服电动机或主轴电动机，放大器输出的驱动电流产生旋转磁场，从而驱动转子旋转。

（4）反馈装置。由电动机轴直连的脉冲编码器作为半闭环反馈装置。早期的 FANUC 产品使用旋转变压器作为半闭环位置反馈装置，测速发电机作为速度反馈装置。

2. 相互连接

FANUC 驱动部分的连接方式如图 3-15 所示。轴控制卡接口①COP10A-1 输出脉宽调制指令，并通过 FSSB 与②伺服放大器接口 COP10B 相连，脉宽调制指令经伺服放大器整形放大后，通过动力线输出驱动电流到伺服电动机③，电动机转动后，同轴的编码器④将速度反馈和位置反馈送到 FSSB 上，最终回到轴控制卡上进行处理。

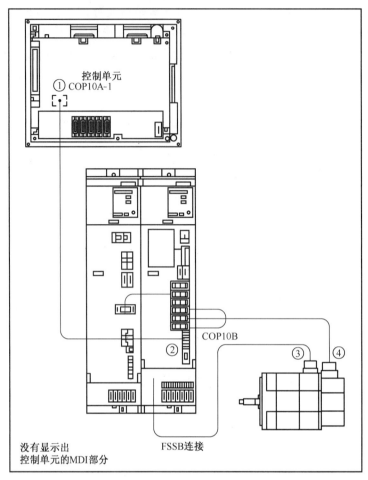

图 3-15 FANUC 驱动部分的连接方式

在 CNC 控制单元和伺服放大器之间只用一根光缆连接，与控制轴数无关。在控制单元侧，COP10A 插头安装在主板的伺服卡上，如图 3-16 所示。

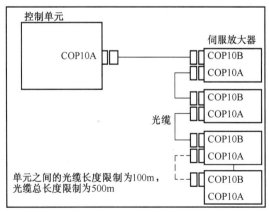

图 3-16 CNC 控制单元和伺服放大器的连接方式

各放大器之间的通信线从 CXA1A 到 CXA1B、从电源到主轴的连接是水平连接（没有交叉），而从主轴到主轴放大器，再到后面的伺服放大器是交叉连接，如果连接错误，电源模块和主轴模块会发出异常报警。图 3-17 所示为 0i MF 伺服/主轴放大器的详细连接，图 3-18 所示为以 0i MF 配αi 放大器（带主轴放大器）的实物连接。

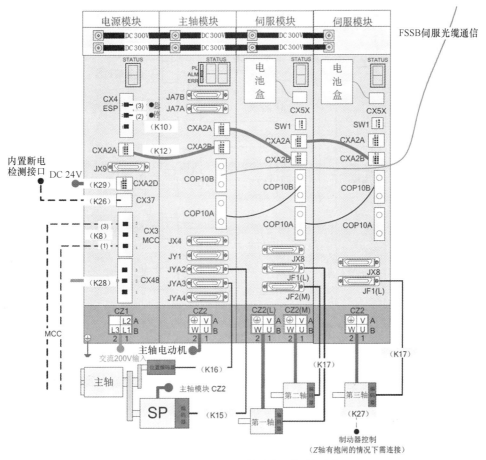

图 3-17 0i MF 伺服/主轴放大器的详细连接

图 3-18 0i MF 配αi 放大器（带主轴放大器）的实物连接

（二）CNC 系统与主轴模块的接口连接

CNC 系统中的主轴模块用于控制主轴电动机。在加工中心上，主轴带动刀具旋转，根据切削速度、工件或刀具的直径来设定相应转速，对所需加工的工件进行各种加工；而在车床上，主轴带动工件旋转，根据切削速度、工件或刀具的直径来设定相应转速，对所需加工的工件进行各种加工。

CNC 系统与主轴模块的连接如图 3-19 所示。

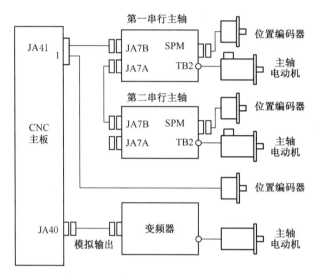

图 3-19　CNC 系统与主轴模块的连接

 注　意

可连接的主轴数量取决于系统类型，详细情况如表 3-3 所示。

表 3-3　　　　　　　　　　　　　　　　系统类型与主轴数量

项目	0i F 系统					
	型号 1		型号 3		型号 5	
	M	T	M	T	M	T
第一串行主轴	○	○	○	○	○	○
第二串行主轴	○	○	—	—	—	—
模拟输出	○	○	○	○	○	○
位置编码器	○	○	○	○	○	○

M：铣床　T：车床　○：标配功能　—：无该功能

（三）CNC 系统与 I/O Link *i* 模块的接口连接

在 0i F 系列和 0i F Plus 系列中，JD51A 插座位于主板上。I/O Link *i* 分为主单元和子单元。作为主单元的 0i F/0i F Plus 系列控制连接单元与作为子单元的分布式 I/O 相连接。子单元分为若干个组，一个 I/O Link *i* 最多可连接 24 组子单元。根据单元类型以及 I/O 点数，I/O Link *i* 有多种连接方式。PMC 程序可以设定 I/O 信号的分配和地址，用来连接 I/O Link *i*。0i F 系统的 I/O 点数最多可达 2048/2048 点。

I/O Link *i* 的两个接口分别称为 JD1A 和 JD1B，它们对所有单元（具有 I/O Link *i* 功能）

都是通用的。电缆总是从一个单元的 JD1A 连接到下一个单元的 JD1B。尽管最后一个单元是空着的，也无须连接终端插头。对于 I/O Link i 中的所有单元来说，JD1A 和 JD1B 的引脚分配都是一致的，不管单元的类型如何，均可按照图 3-20 所示来连接 I/O Link i。

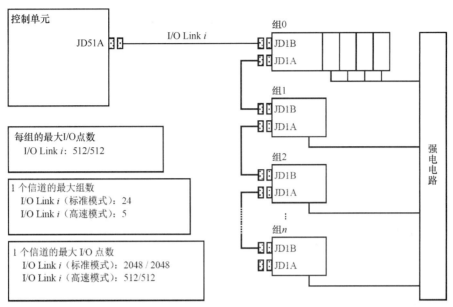

图 3-20　I/O Link i 的连接

0i F 系统的 I/O 连接如图 3-21 所示。

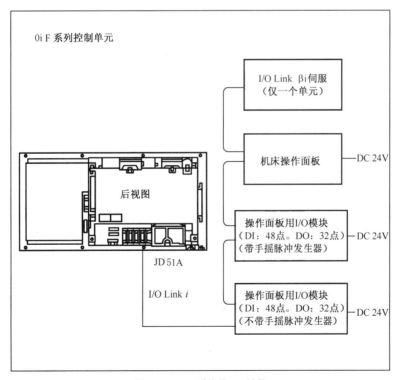

图 3-21　0i F 系统的 I/O 连接

0i F 系统中 I/O 单元的接线如图 3-22 所示。

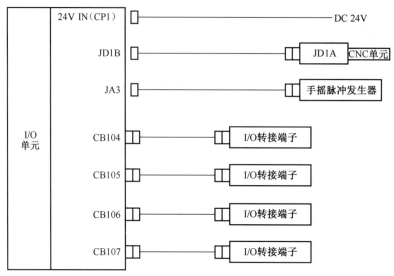

图 3-22　0i F 系统中 I/O 单元的接线

JD1B：I/O 模块上的输入端，从主控装置或上一级 I/O 模块的 JD1A 接口连接过来的电缆就插在 JD1B 接口上。

JD1A：主控装置或上一级模块的输出端，从 JD1A 接口出来的电缆连接到下一级的 I/O 模块上。

JA3：手摇脉冲发生器的脉冲信号输入接口。

CP1：I/O 模块工作电源的输入接口，输入电压是 DC24V。

CB104/CB105/CB106/CB107：输入输出的接口，从机床传来的输入信号或 PMC 给机床发送的输出信号通过这些接口传送。这些接口上有很多引脚，基本上每个引脚对应一个输入或输出地址。

I/O 模块上有电源保险，当输出短路或有异常电流时，保险会起到保护作用。

JD1A 和 JD1B 的引脚分配如图 3-23 所示。

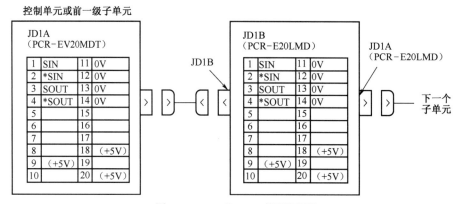

图 3-23　JD1A 和 JD1B 的引脚分配

四、技 能 拓 展

（一）手摇脉冲发生器接口及其连接

手摇脉冲发生器是在手轮进给方式下，用手动方式移动坐标轴的装置，其接口的连接如图 3-24 所示。

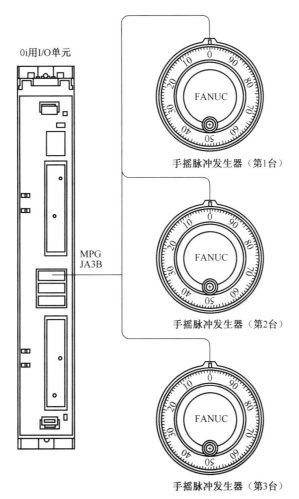

图 3-24 手轮接口的连接

通常当带有手轮接口的两个或更多 I/O 单元连接到同一个 I/O Link i 上时，连接到 I/O Link i 第一个单元上的手轮接口有效。使用此功能可以使第 2 个或以后单元上的手轮接口有效。设定参数 7105#1，并分别在相关参数 No.12305～No.12307 中设定第 1～3 个手轮的 X 地址（脉冲地址），最多可以分配 3 个手轮，而对于 0i Mate TC，最多可以分配 2 个手轮。图 3-25 所示为 I/O Link i 的手轮连接示例。

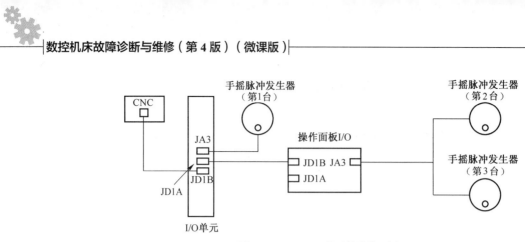

图 3-25 I/O Link *i* 的手轮连接示例

手摇脉冲发生器的接线如图 3-26 所示。

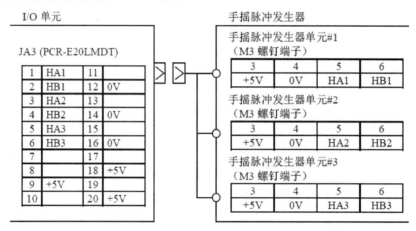

图 3-26 手摇脉冲发生器的接线

（二）CNC 控制单元电源的连接

从外部输入 DC 24V 电源给 0i F/0i F Plus 系统控制单元供电。图 3-27 中绘出了 AC 电源的 ON/OFF 电路 A 和 DC 24V 电源的 ON/OFF 电路 B。建议不采用 DC 24V 电源的 ON/OFF 电路 B。

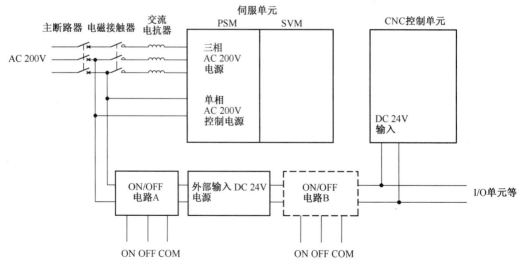

图 3-27 CNC 控制单元电源的连接

通电前，断开所有断路器，先用万用表测量各个电压（交流 200V、直流 24V）正常之后，再依次接通系统控制单元 24V 电源和伺服控制电源（PSM）200V、24V（βi），最后接通伺服主回路三相 200V 电源。

| 小　　结 |

通过对本任务的学习，读者应该能正确陈述 FANUC 0i F/ F Plus 数控系统的组成、系统接口的功能及各硬件之间的连接要求，能正确连接 FANUC 0i F Plus 数控系统与各功能模块之间的硬件。

| 自　测　题 |

1．简答题

（1）列举 FANUC 0i F Plus 数控系统的主要部件，并简述其作用。

（2）FANUC 0i F Plus 数控系统控制单元主要由哪两部分组成？各接口的作用是什么？

（3）FANUC 0i F Plus 数控系统伺服驱动单元的主要作用是什么？主要由哪些接口组成？

（4）典型数控系统的工作过程主要由哪些工作任务组成？

2．实训题

（1）画出 FANUC 0i F Plus 数控系统的连接框图。

（2）连接 FANUC 0i F Plus 数控系统的硬件。

任务四
数控机床的参数设定

【学习目标】

● 能够识记数控系统参数的设置方法以及参数的存储形式，了解参数对数控系统与机床运行的作用及影响。

● 会操作数控系统面板，能够正确设置常见数控机床的参数。

● 会调整和检测数控系统参数、伺服系统参数、PLC 参数，利用参数简单分析、判断和排除数控机床故障。

【素质目标】

● 培养敬业和职业担当精神。

● 培养认真细致的工作作风。

● 培养人际沟通与团队合作的能力。

● 培养发现问题和解决问题的思维能力。

一、任务导入

在确保数控系统参数正确备份的前提下，将数控机床参数上电全清（上电时，同时按 MDI 面板上的 RESET + DEL 键），参数全清后，系统会出现很多报警，需将这些报警都解除，才可以重新正常使用数控机床。正确初始化和设定伺服参数、主轴参数，包括运行速度、到位宽度、加减速时间常数、软限位、运行/停止时的位置偏差、显示等有关参数。判断和排除由参数设置造成的数控机床硬件和系统故障。

微课：系统参数
的备份与恢复

微课：上电全清

二、相关知识

参数通常存放在存储器（如磁泡存储器或由电池保持的 CMOS 随机存储器）中，一旦电池电量不足或受外界某种干扰因素影响，个别参数就会丢失或变化，从而使系统发生混乱，导致机床无法正常工作。此时，通过核对、修正参数，能将故障排除。因此，当机床长期闲置之后启动系统时，无缘无故出现不正常现象或有故障而无报警时，就应根据故障特征，检查和核对有关参数。

（一）数控机床的参数及其作用

1．参数的分类与作用

数控系统的参数是其用来匹配机床结构及数控功能的一系列数据。FANUC 0i 系统中的参数主要分为系统参数和 PMC 参数。按照一定功能，系统参数大致可分为 43 类，这还不包括参数手册中未提到的部分保密参数，如与 "SETTING"、RS-232-C 与 I/O 通信、轴控制、伺服、坐标系、画面显示、刀具补偿、编程等相关的参数，可在选择 MDI 方式→按 键→按 "参数" 软键操作后看到参数类别及对应的数据范围。参数手册中对系统参数有详细解释，可根据实际情况进行适当调节及优化。PMC 参数是数控机床的 PMC 程序中使用的数据，如计时器、计数器、保持继电器等的数据。正确设置这两类参数是数控机床正常启动的前提条件。

2．系统参数的形式

系统参数的形式如表 4-1 所示。

表 4-1　　　　　　　　　　　　　系统参数的形式

数 据 形 式		数 据 范 围	备　　注
位型	位轴型	0 或 1	由 8 位组成，每一位的意义不同，只能是 "0" 或 "1"
字轴型	字节型	−128～127	有些参数中不使用符号，字轴型为每一控制轴设定独立数据
	字节轴型	0～255	
	字型	−32768～32767	
	字轴型	0～65535	
	双字型	−99999999～99999999	
	双字轴型		

（1）位型、位轴型参数如图 4-1 所示。

图 4-1　位型、位轴型参数

"0000#" 参数是位型参数，其中 0000#0=TVC 表示垂直校验（=1 时有效）；0000#1=ISO 表示输出代码格式（=0 为 EIA，=1 为 ISO）；0000#2=INI 表示使用英制单位（=0 为公制，=1 为英制）；0000#5=SEQ 表示程序自动增加序号（=1 表示自动插入）。

（2）字节型、字型参数。整个参数由一个数据来定义，在参数范围内可调节，如图 4-2 所示。

1320		指定各轴的正软极限位
数据号		数 据

图 4-2 字节型、字型参数

"1320#"参数为字型参数，通过输入对应的数据来设定各轴存储行程限位正方向坐标值 LIMIT1+，如 X 轴 2000，表示数控机床回参后，X 轴超过参考点后向正方向走 2mm，机床会发出软极限位 500 号报警。

（3）轴型参数。同一个参数号下包括含义相同的各个轴参数。

（二）数控系统参数的显示与设定

1. 数控系统参数的显示与搜索

可按照以下步骤调用数控系统参数：选择 MDI 方式→按 SYSTEM 键→按"参数"软键→输入参数号（如 0020）→按"搜索号码"软键或按翻页键或移动光标，找到相应参数，数据部分会高亮显示，如图 4-3 所示。

2. 数控系统参数的设定

在 MDI 方式或急停情况下，打开参数写保护：按 SYSTEM 键→按"设定"软键，出现图 4-4 所示的界面。按操作面板上的方向键，移动光标至"写参数"行=后面的"0"位置，输入"1"，按 INPUT 键，数控系统立刻报"100 号参数可写入报警"，按 RESET + CAN 键，取消报警，然后根据需要可以设定和修改参数。

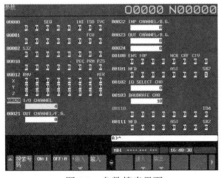

图 4-3 参数搜索界面　　　　图 4-4 参数设定界面

微课：系统参数的
显示与修改

（三）伺服参数的初始化与故障诊断

1. 伺服参数初始化准备

初始化伺服参数之前，先确保已备份参数，有些参数初始化后还需要人为输入，为避免遗忘，要先行备份。根据伺服电动机标记参数（见图 4-5），记录和确认表 4-2 所示的内容。

图 4-5 伺服电动机标记参数

表 4-2　　　　　　　　　　　　　　　　伺服参数初始化备份数据

NC 类型	如 0i B 系列
伺服电动机类型	如 βiS 4/4000
内装编码器类型	增量，如 αA/1000i
是否使用分离型位置编码器	如不用分离型位置编码器
电动机转一圈时工作台的移动距离	如 10mm/r
机床的检测单位	如 0.001mm
NC 指令单位	如 0.001mm

2．伺服参数初始化

在急停状态下接通 NC 的电源，设定写入参数（PWE=1），按 ⌷键→按 ▷键→按 SV 参数键，按照图 4-6 所示的流程初始化伺服参数，出现伺服参数设定界面，如图 4-7 所示。将光标移动到设定项，输入指定值。不显示伺服参数设定界面时，进行图 4-8 所示的设定，并关/开 NC 电源（先将 NC 电源置于 OFF，再将其置于 ON）。

微课：伺服参数
初始化

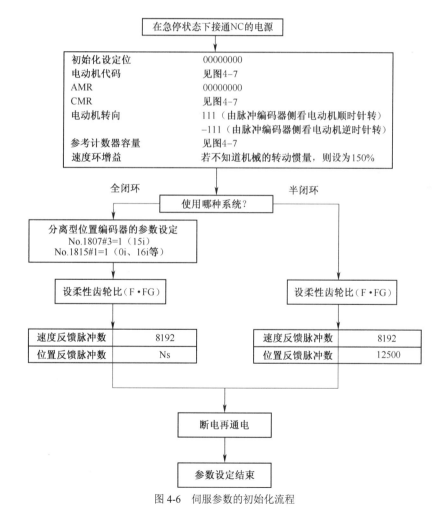

图 4-6　伺服参数的初始化流程

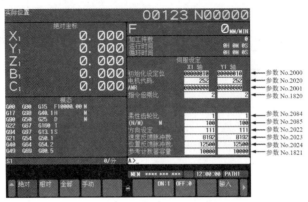

图 4-7　伺服参数设定界面

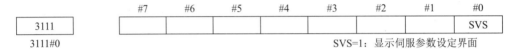

图 4-8　不显示伺服参数设定界面时的设定

3．伺服参数初始化步骤

（1）开始初始化。注意，开始初始化后直至第（8）步不要关闭 NC 的电源。将 2000#1～#7 设为 0，在初始化结束后，DGPR(#1) 和 PRMC(#3) 又被设为 1，如图 4-9 所示。

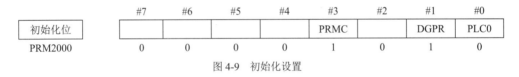

图 4-9　初始化设置

（2）设定电动机的代号（ID）。根据图 4-5 所示电动机类型和规格（A06B–****–B***的中间 4 位数字），找到使用的电动机代号，输入到 PRM2020#中。

（3）设定 AMR（电枢倍增比）。输入到 PRM2001#中。

（4）设定 CMR（指令倍乘比）。CMR 是 CNC 系统指令机床移动距离的一个比例值（设定从 CNC 到伺服系统的移动量的指令倍率），如图 4-10 所示。CMR = 指令单位 1μm/检测单位 0.001mm=1。

图 4-10　设定 CMR

（5）柔性齿轮比（N/M）。输入到 PRM2084/2085 中，指定柔性齿轮比（F·FG）。该功能是用内置编码器或分离型检测器的位置反馈脉冲设定滚珠丝杠不同螺距或不同变速比时的机床移动单位（等于检测单位）。半闭环反馈回路 N/M=电动机每转所需的位置反馈脉冲数/脉冲编码器在电动机转一圈时反馈的 1000000 个脉冲数=1/100。举例如下。

若电动机直接驱动滚珠丝杠，丝杠螺距为 10mm，检测单位为 1μm，则电动机一转工作台移动 10mm，产生的脉冲数为 10/0.001=10000。因为αi 脉冲编码器在电动机转一圈时反馈了 1000000 个脉冲，所以 F·FG=N/M=10000/1000000=1/100。

（6）电动机的转向设定。当移动指令值为正时，设定电动机旋转的方向。从编码器一侧观察，顺时针为 111，逆时针为 -111。判别电动机转向如图 4-11 所示。

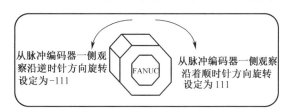

图 4-11　判别电动机转向

（7）指定速度反馈脉冲数和位置反馈脉冲数。将半闭环速度反馈脉冲数设为 8192，反馈回路的位置反馈脉冲数设为 12500。

（8）设定参考计数器的容量。该参数表示返回参考点（零点）的计数器容量。半闭环参考计数器容量=对应电动机转一圈时的位置反馈脉冲数。参考计数器容量可以取整，如表 4-3 所示。若指定了小数，系统则会修正点间隔（计数器容量=0 时）。

表 4-3　　　　　　　　　　　　参考计数器容量

丝杠螺距/（mm·r⁻¹）	位置反馈脉冲数/（脉冲·转⁻¹）	参考计数器容量	栅格宽度/mm
10	10000	10000	10

重新启动 NC，即使 NC 关机，也再开机。这样就结束了伺服参数的初始化。

4. 伺服轴参数的含义

参数 1010：数控系统可控制的轴的最大数量（设定此参数后，系统会发出"000 需切断电源"报警，要切断一次电源，修改后的参数才生效，下同）。

参数 1020：各轴的程序名称，字节轴型，如表 4-4 所示。

表 4-4　　　　　　　　　　　伺服轴参数 1020 的设定值

轴名称	设定值	轴名称	设定值	轴名称	设定值	轴名称	设定值
X	88	U	85	A	65	E	69
Y	89	V	86	B	66		
Z	90	W	87	C	67		

参数 1022：基本坐标系中各轴的顺序，字节轴型，即设定各轴为基本坐标系中的哪个轴，如表 4-5 所示。

表 4-5　　　　　　　　　　　伺服轴参数 1022 的设定值

设　定　值	意　　义
0	旋转轴
1	基本 3 轴中的 X 轴
2	基本 3 轴中的 Y 轴
3	基本 3 轴中的 Z 轴
5	X 轴的平行轴
6	Y 轴的平行轴
7	Z 轴的平行轴

参数 1023：各轴的伺服轴号，字节轴型。此参数设定各控制轴与第几号伺服轴对应。通常将控制轴号与伺服轴号设定为相同值。

参数 1825：各轴的伺服环路增益，字轴型。若是进行直线和圆弧等插补（切削加工）的机械，则为所有轴设定相同的值；若是只要通过定位即可的机械，则可为每个轴设定不同的值。为环路增益设定越大的值，其位置控制的响应就越快，而如果设定值过大，将会影响伺服系统的稳定。其范围为 1～9999。

参数 1826：每个轴的到位宽度，双字轴型，范围为 0～99999999。到位宽度是指机床完成动作后，机械位置与指令位置的偏离，若到位宽度小于此参数的值，则数控系统认为已经达到指令位置。相关故障诊断举例如下。

【例 4-1】 有一台卧式加工机床采用 FANUC 31i 系统，在换刀时不执行 M06 指令，无报警指示。检查时发现 Y 轴原点指示灯不亮，Y 轴未返回换刀参考点，检查位置坐标与换刀点参数设定一致，修改参数 1826 改变 Y 轴到位宽度，由 "250" 改为 "1000"，故障解除，换刀正常。

参数 1827：各轴切削进给的到位宽度，双字轴型。坐标轴移动到这一区域，就认为到位。

参数 1828：各轴移动过程中的最大允许位置偏差量，双字轴型。移动中位置偏差量超过移动中的位置偏差量极限值时，发出伺服报警（SV0411），操作瞬时停止（与紧急停止时相同）。通常情况下，为快速移动时的位置偏差量设定一个具有裕量的值。相关故障诊断举例如下。

【例 4-2】 有一台北京第二机床厂磨床使用 FANUC 0i MB 系统，在自动模式下，以 G00 指令运行 C 轴时，C 轴不移动，程序不执行，无报警信息。改用手轮移动 C 轴，机床正常。使用常规方法检查，打开诊断界面，查看诊断号 000～015，只有 #001：MOTION（正在执行自动运转移动指令）为 "1"，其他为 "0"，一切正常。重新检查，用手轮来回移动 C 轴，发现速度很快时，机床报警 "411"，表示 C 轴移动中的位置偏差量大于设定值。查看诊断号 300（检测轴的位置偏差量）值为 24，再查看参数 1826（各轴的到位宽度）设定值为 20，则实际检测到 C 轴的位置偏差量大于 C 轴设定的位置偏差量。按复位键清除报警，重新快速移动 C 轴，记下几次 411 报警的 300 诊断值为 51、80、22、78，由于几次实际检测 C 轴的位置偏差量相差很大，且无规律，因此确定不是参数 1828 的设定问题，而是硬件故障。故障产生的部位可能有编码器、伺服放大器、编码器信号传输线、伺服电动机、伺服电动机动力线等。从易到难，先检查伺服电动机动力线，无接触不良和发热痕迹；更换伺服放大器，故障依旧存在；当松开伺服电动机编码器插座时，发现内有明显铜锈痕迹，用酒精和钢丝刷清洗，并用电吹风吹干后重新试机，诊断号 300 的值在停止时为 "0"，故障排除。分析原因是编码器插座接触不良，造成位置反馈信号不稳定，从而出现 411 报警。

参数 1829：各轴停止时的最大允许位置偏差量，双字轴型。停止时位置偏差量超过停止时的位置偏差量极限值时，发出伺服报警（SV0410），操作瞬时停止（与紧急停止时相同）。

5．伺服轴故障诊断

（1）伺服相关诊断号的含义。

诊断号 200 如图 4-12 所示。

OVL	LV	OVC	HCA	HVA	DCA	FBA	OFA

图 4-12　诊断号 200

OVL：过载报警（详细内容显示在诊断号 201 上）。

LV：伺服放大器电压不足报警。

OVC：在数字伺服内部，过电流报警。

HCA：伺服放大器电流异常报警。

HVA：伺服放大器过电压报警。

DCA：伺服放大器再生放电电路报警。

FBA：断线报警。

OFA：数字伺服内部溢出报警。

诊断号 201 如图 4-13 所示。

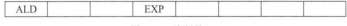

图 4-13 诊断号 201

当诊断号 200 的 OVL 为 1 时，ALD=1 表示电动机过热，ALD=0 表示伺服放大器过热。

当诊断号 200 的 FBA 为 1 时，ALD、EXP 的值及含义如表 4-6 所示。

表 4-6 ALD、EXP 的值及含义

ALD	EXP	报 警 内 容
1	0	内装编码器断线
1	1	分离型编码器断线
0	0	脉冲编码器断线

诊断号 203#3，PRM：数字伺服侧报警，参数设定值不正确。

诊断号 204 如图 4-14 所示。

	OFS	MCC	LDA	PMS			

图 4-14 诊断号 204

OFS：数字伺服电流值的 A/D 转换异常。

MCC：伺服电磁接触器的触点熔断。

LDA：串行编码器异常。

PMS：由反馈电缆异常导致的反馈脉冲错误。

（2）伺服报警号的含义（具体参考系统维修说明书）。

报警号 417：当第 n 轴处在下列状况之一时发生此报警。

① 参数 2020 设定值在特定限制范围以外。

② 参数 2022 设定值不正确。

③ 参数 2023 设定值为非法数据。

④ 参数 2024 设定值为非法数据。

⑤ 没有设定参数 2084 和参数 2085（柔性齿轮比）。

⑥ 参数 1023 设定值为超出范围的值、范围内不连续的值或隔离的值。

⑦ 在 PMC 的轴控制中，转矩控制参数设定值不正确。

报警号 5136：与控制轴的数量比较，FSSB 读取的放大器数量不够。

报警号 5137：FSSB 进入了错误方式。

报警号 5138：在自动设定中，还没有完成轴的设定。

报警号 5139：伺服初始化没有正常结束。

（四）常见数控系统参数的设定

1．与阅读机/穿孔机接口相关的参数

参数 0020：I/O CHANNEL（通道）号，范围为 0～9，如以下通道 0～2 所示。

I/O CHANNEL=0 时：通道 0 有效，使用下面的参数（详见任务五）。

   0101：停止位和其他数据。

   0102：I/O 设备的规格号。

   0103：波特率。

I/O CHANNEL=1 时：通道 1 有效，使用下面的参数。

   0111：停止位和其他数据。

   0112：I/O 设备的规格号。

   0113：波特率。

I/O CHANNEL=2 时：通道 2 有效，使用下面的参数。

   0121：停止位和其他数据。

   0122：I/O 设备的规格号。

   0123：波特率。

微课：CNC 常见
参数的设定

2．与轴控制/设定单位相关的参数

（1）1001#0。INM，直线轴的最小移动单位。0 表示公制单位，1 表示英制单位。

（2）1002#0。JAX，JOG 进给、手动快速移动以及手动返回参考点时同时控制的轴的数量。0 表示 1 轴，1 表示 3 轴。

1002#3。AZR 参考点尚未建立时的 G28 指令。0 表示执行与手动返回参考点相同的、借助减速挡块的参考点返回操作，1 表示显示报警（PS0304）"未建立零点即指令 G28 无效"。

（3）1004#7。设定最小输入单位和最小移动单位的 10 倍。0 表示不设定为 10 倍，1 表示设定为 10 倍。一般设为 0，表示 0.001mm。

（4）1006#3。DIAx，各轴的移动指令半径或直径。0 表示指定半径，1 表示指定直径。

1006#5。ZMIx，手动参考点返回方向。0 表示正方向，1 表示负方向。

3．与坐标系相关的参数

（1）1202#2。G92 带有工件坐标系［参数 NWZ（No.8136#0）为"0"］时，在指令坐标系设定 G 代码（M 系列为 G92，T 系列为 G50，G 代码体系 B、C 时为 G92）的情况下，其 2 号位设置为 0 表示不发出报警就执行，设置为 1 表示发出报警（PS0010）而不予执行。

（2）1221～1226。字轴型，工件坐标系 1（G54）～6（G59）的工件原点偏置量。

（3）1240。第 1 参考点在机械坐标系中的坐标值，字轴型。由此参数能够确定机床坐标系原点位置，设定此参数后，需要断电重启。

（4）1260。字轴型，旋转轴转动一周的移动量，设定此参数后，需要断电重启。

4．与存储行程检测相关的参数

（1）1300#1。NAL，在手动运行中，刀具进入存储行程限位 1 的禁止区域时，0 表示发出报警，使刀具减速后停止；1 表示不发出报警，相对 PMC 输出行程限位到达信号，使刀具减速后停止。

（2）1300#6。LZR，"刚刚通电后的存储行程限位检测"有效［参数 DOT（No.1311#0）="1"］

时，在执行手动参考点返回操作之前，是否检测存储行程。0 表示予以检测，1 表示不予以检测。

（3）1320/1321。各轴的存储行程限位 1 的正/负方向坐标值。此参数为每个轴设定在存储行程限位 1 的正方向以及负方向的机械坐标系中的坐标值。

5. 与进给速度相关的参数

（1）1401#0。RPD，通电后参考点返回完成之前，将手动快速移动设定为 0 时，表示无效，即 JOG 进给；设定为 1 时，表示有效。

1401#1。LRP，定位（G00）为 0，表示非直线插补型定位（刀具在快速移动下，沿各轴独立移动）；定位为 1，表示直线插补型定位（刀具沿着直线移动）。

1401#2。JZR，是否通过 JOG 进给速度进行手动返回参考点操作。0 表示不进行，1 表示进行。

1401#4。RF0，在快速移动中，切削进给速度倍率为 0%时，0 表示刀具不停止移动，1 表示刀具停止移动。

1401#5。TDR，在切削螺纹以及攻丝（攻丝循环 G74、G84，刚性攻丝）操作中，将空运行设定为 0，表示有效；设定为 1，表示无效。

1401#6。RDR，在快速移动指令中空运行。0 表示无效，1 表示有效。

（2）1402#0。NPC，是否使用不带位置编码器的每转进给〔每转进给方式（G95）时，将每转进给 F 变换为每分钟进给 F 的功能〕。0 表示不使用，1 表示使用。在使用位置编码器时，将本参数设定为 0。

1402#1。JOV，将 JOG 倍率设定为 0 时，表示有效；设定为 1 时，表示无效（被固定为 100%）。

1402#4。JRV，JOG 进给和增量进给。0 表示选择每分钟进给，1 表示选择每转进给。

（3）1410。空运行速度。设定 JOG 进给速度在指定刻度盘的 100%位置时的空运行速度。

（4）1420。各轴的快速移动速度。此参数为每个轴设定快速移动倍率为 100%时的快速移动速度。

（5）1423。每个轴的 JOG 进给速度。

（6）1424。每个轴的手动快速移动速度。此参数为每个轴设定快速移动倍率为 100%时的手动快速移动速度。

（7）1425。每个轴的手动返回参考点时的 FL 速度。此参数为每个轴设定参考点返回时减速后的进给速度（FL 速度）。

（8）1426。切削进给时的外部减速速度。

（9）1430。每个轴的最大切削进给速度。

（10）1434。每个轴的手动手轮的最大进给速度。

（11）1466。执行螺纹切削循环 G92、G76 的回退动作时的进给速度。

6. 与显示和编辑相关的参数

（1）3105#0。DPF，是否显示实际速度。0 表示不显示，1 表示显示。

3105#2。DPS，是否显示实际主轴转速。0 表示不显示，1 表示显示。

（2）3106#4。OPH，是否显示操作历史画面。0 表示不显示，1 表示显示。

3106#5。SOV，是否显示主轴倍率。0 表示不显示，1 表示显示。

7. 与程序相关的参数

（1）3402#3。G91，在通电时以及清除状态下，0 表示 G90 方式，1 表示 G91 方式。

3402#4。FPM，在通电时以及清除状态下，0 表示 G99 或 G95 方式，1 表示 G98 或 G94 方式。

3402#5。G70，英制输入和公制输入的指令。0 表示 G20 和 G21，1 表示 G70 和 G71。

（2）3451#0。GQS，在切削螺纹时，将切削的开始角度移位功能参数（Q）设定为 0，表示无效；设定为 1，表示有效。

8．与误差补偿相关的参数

（1）1851。反向间隙补偿参数，字轴型，各轴的反向间隙补偿量。接通电源后，机床向与返回参考点相反的方向移动时，进行第一次反向间隙补偿。

（2）系统螺距误差补偿参数。

3620。输入每个轴参考点的螺距误差补偿的位置号。

3621。输入每个轴螺距误差补偿的最小位置号。

3622。输入每个轴螺距误差补偿的最大位置号。

3623。输入每个轴螺距误差补偿放大率。

3624。输入每个轴螺距误差补偿的位置间隔。

三、任务实施

（一）伺服参数的初始化与设置

 注　意

初始化伺服参数之前，先确保已备份参数，否则可能造成机床不能工作甚至损坏。

1．伺服驱动单元的正常调试过程

（1）检查系统、伺服驱动单元和电动机的连接是否正确（可参考任务二），然后通电。

（2）查看各进给轴其他伺服参数，按[SYSTEM]键→按"参数"（PARAMETER）软键→输入参数号（如 1825）→按"搜索"（SEARCH）软键。记录表 4-7 所示的内容。

表 4-7　　　　　　　　　　　　　　　备份伺服参数

参数号 PRM No.	含　义	设　定　值		
		X 轴	Y 轴	Z 轴
1320				
1321				
1420				
1422				
1826				
1828				
1825				
1622				
1425				

（3）伺服参数的初始化。在显示伺服参数的设定界面上按 SV 参数键，使用光标、翻页键，输入初始设定时必要的参数。

① 初始化参数 2000，设定为 0。

② 电动机 ID 的对应参数 2020，设定为对应的电动机代号。

③ 任意 AMR 功能的对应参数 2001，设定为 00000000。

④ CMR 的对应参数 1820。

微课：伺服参数
的基本设定

⑤ 关闭电源，然后打开电源。

⑥ 柔性齿轮比 N/M（F・FG）。

⑦ 移动方向的对应参数 2022，正方向设定为 111，反方向设定为 −111。

⑧ 速度反馈脉冲数的对应参数 2023，设定为 8192。

⑨ 位置反馈脉冲数的对应参数 2024，设定为 12500。

⑩ 参考计数器的对应参数 1821，设定为各轴的参考计数器的容量。

⑪ 将电源关闭，然后接通。

2．其他有关伺服参数的设置

参数 1010：设置为 2（车床），设置为 3（铣床）。

参数 1020：设置为 88（X 轴），设置为 89（Y 轴），设置为 90（Z 轴）。

参数 1022：设置为 1（X 轴），设置为 2（Y 轴），设置为 3（Z 轴）。

参数 1023：对于车床，设置为 1（X 轴），设置为 2（Z 轴）；对于铣床，设置为 1（X 轴），设置为 2（Y 轴），设置为 3（Z 轴）。

参数 1420：设置各轴的快速运行速度。

参数 1423：设置各轴手动连续进给（JOG 进给）时的进给速度。

参数 1424：设置各轴的手动快速运行速度。

参数 1825：设置为 3000。

参数 1826：设置为 20。

参数 1827：设置为 20。

参数 1828：设置为 1000。

参数 1829：设置为 20。

先以手轮方式运行各轴，观察各轴是否正常工作，然后转换到手动方式，从慢速到快速运行各轴。

（二）软限位参数的诊断与设定

1．软硬限位的定义

为了防止机械故障或电气故障使运动部件超出行程而造成事故，通常要对运动部件进行限位。限位的方法主要有软限位和硬限位。

软限位是指在参数中设置运动部件的移动范围，一般在软限位中设置的移动范围也比机床运动部件正常工作行程大，但软限位范围比挡块间距要小，所以比丝杠允许的移动范围小得多。

硬限位是指在行程的极限位置设置挡块，挡块间距大于运动部件的正常工作行程，同时小于丝杠的工作行程。由此可见，限位可以保护丝杠等机械部件。在正常工作情况下，运动部件不会碰到挡块，在发生故障时，一旦运动部件碰到挡块，就相当于按下急停按钮，系统会切断电源，以对机床进行保护。

软限位是对机械装置（丝杠）的第一层保护，硬限位（挡块）是第二层保护。

2．进给轴行程软限位的设定步骤

（1）各进给轴返回参考点。软限位的测量和设定必须每个轴分别、单独进行。

（2）将数控系统中的软限位参数清零。

（3）将轴沿正方向移动，直到到达可以保证机床机械部件安全的极限位置，并记下正方向极限位置机械坐标值。

（4）将轴沿负方向移动，直到到达可以保证机床机械部件安全的极限位置，并记下负方向极限位置机械坐标值。重复上述步骤，完成对每个轴的测量。

（5）各轴的限位参数=上述测量值－安全裕量（2～5mm）。

（6）输入软限位参数进行设定，如图4-15所示。

| 1320 | 各轴存储行程限位1的正方向边界的坐标值 |
| 1321 | 各轴存储行程限位1的负方向边界的坐标值 |

图4-15　软限位参数

（三）刀架换刀的故障诊断与参数设定

某公司生产的数控车床四工位刀架，电动刀架2号刀换为3号刀时，有时正常，有时不换刀，系统给出T3号换刀信号，刀架在2号刀位时，电动机正转一下，刀架还没有离开2号刀位，电动机马上反转，刀架锁紧，刀架停留在2号刀位，但程序显示已换刀（T3），程序向下执行，导致撞刀。请解决此故障。

1．换刀过程分析

换刀一般过程：选择MDI方式发出换刀指令→中间继电器吸合→刀架电动机得电抬起刀架→NC判断刀架旋转方向→正转→带动刀架转动寻刀位→刀架霍尔元件检测到刀位信号→反馈给CNC系统→CNC系统接收到信号→停止输出正转信号→刀架电动机停转→PLC指令刀架定位销锁紧→CNC系统发出刀架反转锁紧信号→电动机反转→中间继电器断开→电动机断电停止，刀架锁紧，换刀结束。

2．故障诊断分析

（1）通过分析换刀过程，可知刀架强电电路基本没有问题，刀架有动作，只是动作没有完成。若有问题，则可能出在中间继电器上，如延时不到位。

验证方法：换1号刀或4号刀，观察是否正常。若不正常，则检查PLC输出状态，如图4-16所示。观察换刀梯形图中输出时间是否正确，若不正确，则修改PLC参数，调整PLC时间继电器参数13、14、15的设置，如图4-17所示。T26是正转换刀寻刀位时间参数，设置为5500ms，时间基本正确。T28表示反转锁紧时间，设置为1500ms，也没有错误。T24表示正转延时时间，也没有错误。

（2）电动刀架旋转不到位，在选择刀号时，把2号刀认作3号刀而出错，可判断电动刀架的定位检测元件——霍尔开关已换位。拆开电动刀架上端盖，检查发信盘和霍尔元件开关，可能会发现发信盘与霍尔元件错位，霍尔元件松动，重新调整元件对应刀号位置，即将霍尔元件开关位置与感应元件一一对应，锁紧螺母，可以排除故障。

（3）若1号刀和4号刀换刀正确，说明换刀时间继电器参数、梯形图肯定正确，则可判断霍尔元件或传感器损坏，只能用替换法试一试。若霍尔元件已换，位置调整了，还是有错误，则只剩下线路了，说明线路或接口有串电的可能，可用万用表测量刀架信号线对地是否短接、2 号刀和 3 号刀的信号传输过程是否有短路等。

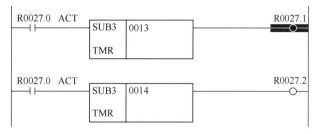

图 4-16　换刀延时继电器梯形图

```
PMC   PRM   （TIMER）   #001                    MONIT  RUN

No.   ADDRESS     DATA    No.   ADDRESS     DATA
01    T00         0       11    T20         0
02    T02         0       12    T22         0
03    T04         0       13    T24         1000
04    T06         0       14    T26         5500
05    T08         0       15    T28         1500
06    T10         0       16    T30         0
07    T12         0       17    T32         0
08    T14         0       18    T34         0
09    T16         0       19    T36         0
10    T18         0       20    T38         0
>
〔 TIMER 〕〔 COUNTR 〕〔 KEEPRL 〕〔 DATA 〕〔 SETING 〕
```

图 4-17　PLC 时间继电器参数设置

四、技能拓展

（一）CNC 系统显示语言参数的设置

根据显示语言参数修改 CNC 系统显示语言，具体设置如图 4-18 所示。

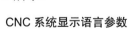

| 3281 | | 显示语言 | |

图 4-18　CNC 系统显示语言参数的设置

微课：CNC 语言设置

注意：设定此参数时，应切断一次电源。

CNC 系统显示语言参数如表 4-8 所示。

表 4-8　　　　　　　　　　　　CNC 系统显示语言参数

设定值	显示语言	设定值	显示语言	设定值	显示语言	设定值	显示语言
0	英语	6	韩语	12	匈牙利语	18	保加利亚语
1	日语	7	西班牙语	13	瑞典语	19	罗马尼亚语
2	德语	8	荷兰语	14	捷克语	20	斯洛文尼亚语
3	法语	9	丹麦语	15	汉语（简体）	21	芬兰语
4	汉语（繁体）	10	葡萄牙语	16	俄语	23	越南语
5	意大利语	11	波兰语	17	土耳其语	24	印尼语
注释	设定为上述设定值以外的值时，显示语言为英语						

（二）参数全清后的报警解除与基本参数设置

1．基本参数的设置

根据本任务相关知识"（四）常见数控系统参数的设定"，设置数控系统基本参数。

2．参数全清后的报警与参数设置

当系统参数第一次上电全清（上电时，同时按 MDI 面板上的 RESET+DEL 键）后，一般会出现如下报警。

（1）100。参数可输入，参数写保护打开（设定界面中第一项 PWE=1）。

（2）506/507。硬超程报警，梯形图中没有处理硬件超程信号，设定 3004#5：OTH，可消除该报警。

（3）417。伺服参数设定不正确，重新设定伺服参数，具体检查诊断号 352 的内容，根据内容查找相应的错误参数（见伺服参数说明书），并重新初始化伺服参数。

（4）5136。FSSB 放大器数目少，放大器没有通电或者 FSSB 没有连接，或者放大器之间连接不正确，FSSB 设定没有完成或根本没有设定（当需要系统不带电动机调试时，把 1023 设定为−1，屏蔽伺服电动机，可消除 5136 报警）。

（5）根据需要，手动输入基本功能参数（8131～8135）。

① 显示参数 8131。

② 修改参数 8131#0，设定为 0（用手轮）或 1（不用手轮）。

③ 显示参数 8133。

④ 修改参数 8133#0：SCC，设定为 0（不使用恒定表面切削速度）或 1（使用恒定表面切削速度）。

⑤ 显示参数 8134。

⑥ 修改参数 8134#0，设定为 0（不使用图形对话编程功能）或 1（使用图形对话编程功能）。

开机重启，若无 5138 报警，则设定完成。

| 小　　结 |

本任务的主要内容是在初始化数控系统参数后设定和修改部分参数，并解决一些由此带来的报警问题。通过相关知识中的常见数控系统参数的详解和设定方法，判断和分析数控机床机械运动的故障。重点是利用常见的数控系统参数解决机床运行故障，难点是伺服参数的初始化设置和修改。

| 自　测　题 |

1．简答题

（1）当伺服系统出现 417 报警时，请分析可能的原因和故障排除方法。

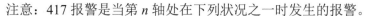

注意：417 报警是当第 n 轴处在下列状况之一时发生的报警。

① 参数 2020 设定值在特定限制范围以外。

② 参数 2022 设定值不正确。

③ 参数 2023 设定值为非法数据。

④ 参数 2024 设定值为非法数据。

⑤ 没有设定参数 2084 和参数 2085（柔性齿轮比）。

⑥ 参数 1023 设定值为超出范围的值、范围内不连续的值，或者隔离的值。

⑦ 在 PMC 的轴控制中，转矩控制参数设定值不正确。

（2）说明系统报警 P/S000 和 P/S001 的含义。

（3）如果机床在切削时使用恒定表面切削速度控制不起作用，应该首先检查哪个参数？

2．实训题

（1）进行伺服参数设置异常实训。

① 将伺服参数 1023 的值改成 4，关机，再开机，观察系统变化，注意报警号。

② 调出诊断号 203、诊断号 280，并记下诊断号的值。

③ 将伺服参数 1023 的值改成原来的值，关机，再开机，系统应该恢复正常。

④ 调出诊断号 203 和 280，观察有什么变化。

⑤ 将其中一个伺服模块 COP10B 插头上的光缆线拔下来，观察系统显示的报警号，并分析原因。

（2）进行伺服参数初始化操作与设置（初始化伺服参数之前，必须确保已备份参数）。

（3）现欲测量某数控铣床直线运动的反向间隙补偿并利用参数进行补偿。

已知初始状态屏幕显示的位置读数清零，在手动方式下选定手轮最小脉冲当量数，利用百分表控制工作台沿 X 轴正方向移动 1mm，然后沿 X 轴负方向移动 1mm，此时观察屏幕显示的读数为 0.012。请计算出直线运动反向误差，说明利用哪个参数进行补偿，并实际操作设置参数。

任务五
数控机床 PMC 的控制与应用

【学习目标】

- 能够识记 PLC 的概念和其在数控机床中的作用，能读懂和编辑数控机床 PMC 梯形图。
- 能运用数控机床 CNC 装置、PLC、MT（机床本体）之间接口地址的信号状态（通"1"，断"0"）判断机床产生的故障，并加以排除。
- 掌握 PLC 编程能力和综合逻辑分析能力。

【素质目标】

- 培养岗位责任意识。
- 培养职业安全意识。
- 培养团队合作意识。
- 培养发现问题和解决问题的思维能力。

一、任务导入

识读图 5-1 所示的数控机床 PLC 梯形图（详见附录 B），要求能够查找和检测数控机床输入输出开关量地址信号与功能指令信号，明确 CNC 装置、PLC、MT 之间的逻辑控制关系，并利用这些开关量信号的状态判断数控机床的故障是在 CNC 装置内部、机床侧，还是在伺服系统、主轴、润滑系统等外围设备上，最终熟知 PLC 弱电控制数控机床强电逻辑顺序的动作过程。

二、相关知识

数控机床除了对各坐标轴的位置进行连续控制，还对主轴正转和反转、换刀及机械手控制、工件夹紧松开、工作台交换、冷却和润滑等辅助动作进行顺序控制。这些都靠 PLC 来完成，PLC 由早期的继电器逻辑控制电路和装置（RLC）发展起来。对于数控机床，PLC 是通过对程序的周期扫描来进行数控机床外围辅助电气部分的逻辑顺序控制的自动控制装置，FANUC 数控系统把这种装置称为 PMC。

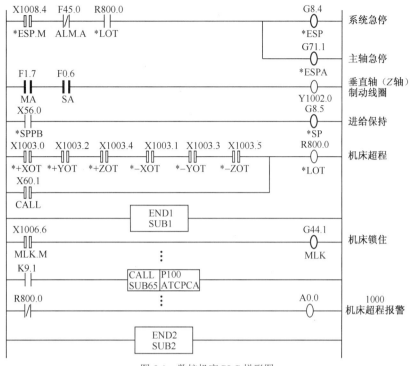

图 5-1 数控机床 PLC 梯形图

（一）PMC 在数控机床中的作用

PMC 不仅是 CNC 系统对机床及其外围部件进行逻辑控制的重要通道，也是外部逻辑信号对数控系统进行反馈的必由之路。通俗地说，PMC 是连接机床与数控系统的桥梁，其主要作用如下。

（1）输入数控机床操作面板信号。将机床操作面板上的控制信号直接输入 PMC，以控制数控机床的运行。

（2）控制外部开关量输入信号。将机床侧的开关量信号传送到 PMC，经逻辑运算后，输入控制对象。控制开关包括各类控制开关、行程开关、接近开关、压力开关和温控开关等。

（3）控制输出信号。PMC 输出的信号经强电柜中的继电器、接触器、中间继电器、机床侧的液压或气动电磁阀等控制机床侧的动作，如机械手换刀、工作台回转、冷却泵动作、润滑泵动作等。

（4）控制伺服和变频使能信号。控制主轴和伺服进给驱动装置的使能信号，以满足伺服驱动的条件，通过驱动装置，驱动主轴电动机、伺服进给电动机和刀架电动机等。

（5）处理故障诊断。PMC 通过从 CNC 装置或机床侧各检测装置反馈回来的信号进行自诊断，将报警标志区中的相应报警标志 A 置 1，数控系统便显示报警号信息。

（二）PMC 与 CNC 装置、MT 之间的接口地址

接口是 PMC 与 CNC 装置、MT 之间传递信号和控制信息的连接通道，其信息状态表示为："1" 为通，"0" 为断。地址用来区分信号，即给信号命名加以区别，分别对应机床侧的输入输出信号、CNC 装置侧的输入输出信号、内部继电器、计数器、保持继电器和数据表等。

在编写 PMC 程序时所需的接口地址类型如图 5-2 所示。

（1）MT 至 PMC 信号接口。机床侧的开关量信号通过 I/O 端子板输入 PMC 中，所用地址是"X"，如操作面板按钮、接近开关、极限开关、压力开关等。此类接口的地址多数可由 PMC 程序设计者自行定义使用。

（2）PMC 至 MT 信号接口。PMC 控制机床的信号通过 PMC 的输出接口送到机床侧，所用地址是"Y"。此类所有开关量输出信号的含义及所占用 PMC 的地址均可由 PMC 程序设计者自行定义。

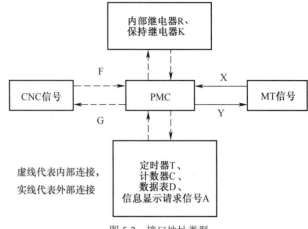

图 5-2　接口地址类型

（3）CNC 装置至 PMC 信号接口。CNC 装置可以直接将控制信息传送至 PMC 的寄存器中，所用地址是"F"，均由数控系统生产厂家确定，PMC 编程人员可以使用，但不允许对其进行删改。例如，FANUC 0i 数控系统中的 M05 指令经译码后，被传送至寄存器 G029 #6。在"PMCDGN"→"STATUS"界面中，地址 G029 #6 若是"1"，则说明该指令已输入 PMC；若是"0"，则说明该指令没输入 PMC，此时可从 CNC 装置内部寻找"M05"指令信号没输入 PMC 的故障原因。

（4）PMC 至 CNC 装置信号接口。PMC 传送至 CNC 装置的信息是先将开关量信号传送至 PMC 的寄存器，再传送至 CNC 装置，所用地址是"G"，此地址也是由 CNC 装置生产厂家确定的，编程人员只可使用，不可删改。例如，在 FANUC 0i 数控系统中，在操作面板上由按钮发出要求机床单段运行的信号"MSBK"，该信号先由 MT 传送至 PMC，再由 PMC 传送至 CNC 装置，其地址为"F004 #3"。在"PMCDGN"→"STATUS"界面中，地址"F004 #3"的状态若是"1"，则说明指令信号已进入 CNC 装置；若是"0"，则说明指令信号没有到达 CNC 装置，可能操作面板与 CNC 装置之间有故障。

（5）PMC 程序中的其他地址。在 PMC 程序中，除了上面介绍的 X、Y、F、G 地址，还有内部继电器 R、信息显示请求信号 A、计数器 C、保持继电器 K、数据表 D、定时器 T 等地址信息，具体如表 5-1 所示。

表 5-1　　　　　　　　　　　　　　PMC 地址一览

地址类型	含义	字节数	地址范围	备注
X	机床给 PMC 的输入信号（MT→PMC）	128	X0～X127	使用 I/O Link i 时
			X1000～X1011	使用内装 I/O 卡时
Y	PMC 输出给机床的信号（PMC→MT）	128	Y0～Y127	使用 I/O Link i 时
			Y1000～Y1008	使用内装 I/O 卡时
F	CNC 装置给 PMC 的输入信号（CNC 装置→PMC）	256	F0～F255	伺服、主轴及请求信息
G	PMC 输出给 CNC 装置的信号（PMC→CNC 装置）	256	G0～G255	伺服、主轴及反馈信息

续表

地址类型	含义	字节数	地址范围	备注
R	内部继电器	1100	R0～R999 R9000～R9099	运算结果、中间继电器
		1118	R0～R999 R9000～R9117	运算结果、系统备用区
A	信息显示请求信号	25	A0～A24	与报警信息有关
C	计数器（CTR）	80	C0～C79	设定计数值
K	保持继电器	20	K0～K16	保存断电前的状态
			K17～K19	PMC 参数设定区域
D	数据表	1860	D0～D1859	用于读写大量数据
T	定时器（TMR）	80	T0～T79	存储定时时间

（三）PMC 语言及编程

1. PMC 语言

PMC 语言是指梯形图，又称 LADDER 图。程序执行过程是：从梯形图的开头从左至右、自上而下，到结尾后，再返回程序头继续循环执行，如此周期性地往复扫描 CNC 装置、MT接口地址信息，如图 5-3 所示。

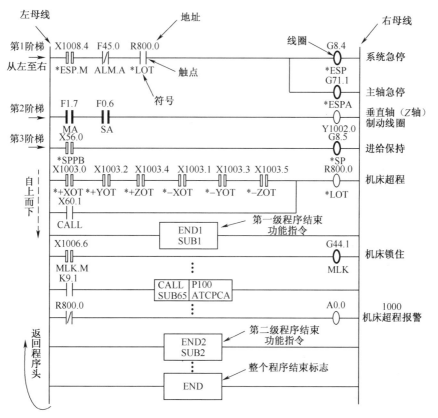

图 5-3 梯形图及执行过程

程序分为第一级和第二级两个部分，执行时先执行程序头的第一级程序，至 END1 结束，再执行第二级程序。第一级程序处理短脉冲信号的通断，每 8ms 执行一次，对应如急停、超程、进给保持等操作，主要处理和操作紧急、危险、重要的元件，要求响应速度快。因此，第一级程序应尽可能短。

梯形图主要由触点、线圈和用方框表示的功能块等组成，功能块有不同的地址和符号，如表 5-2 所示。触点代表逻辑"输入"条件，如行程开关、面板按钮等；线圈通常代表逻辑"输出"结果，用来控制外部的指示灯、交流接触器、中间继电器和内部的输出条件等。若输出处于"1"状态，则表示梯形图中对应软继电器的线圈"通电"；若该存储单元处于"0"状态，则其常开触点断开，常闭触点接通，表示线路"不通"。

表 5-2　　　　　　　　　　　　　　　　梯形图符号

符　　号	说　　明
——┤├——A 型触点 ——┤╱├——B 型触点	表示 PMC 内部继电器触点，来自机床和 CNC 装置的输入都使用该符号
——╂╂—— ——╂╱╂——	表示来自 CNC 装置的输入信号
——╫╫—— ——╫╱╫——	表示机床侧（含内置手动面板）的输入信号
——○—○—— ——○—○——	表示 PMC 内部的定时器触点
——（）——	表示其触点是 PMC 内部使用的继电器线圈
——（）——	表示其触点是输入 CNC 装置的继电器线圈
——（）——	表示其触点是输入机床的继电器线圈
——▭——	表示 PMC 内部的定时器线圈
——▯▯▯——	表示 PMC 的功能指令，各功能指令不同，符号的形式也不同

注：细实线符号表示 PMC 内部符号；粗实线符号表示与 CNC 装置有关的符号；双实线符号表示 MT 侧符号。

梯形图按从左至右、自上而下的顺序排列，每一逻辑行起始于左母线，然后是触点的串联、并联，最后是线圈与右母线的连接。如图 5-3 所示，先执行第 1 阶梯，然后执行第 2 阶梯、第 3 阶梯……最后返回程序头。

 注　意

梯形图中每个阶梯中流过的不是物理电流，而是"概念电流"，其两端没有电源。可以想象成左右两侧垂直母线之间有一个左正右负的直流电源电压，母线之间有"能流"（Power Flow）从左向右流动。

2．PMC 编程指令

编写 PMC 程序时通常有两种方法：一种是使用梯形图符号编程；另一种是使用助记符

（RD、RD NOT、WRT、AND、OR 等）写成语句表来编程。其中使用梯形图符号编程时不需要理解 PMC 指令，可以直接编写程序，简单易行，方便快捷。图 5-4 所示为梯形图和语句表两种编程方法实例，该实例的基本指令运算过程如表 5-3 所示。

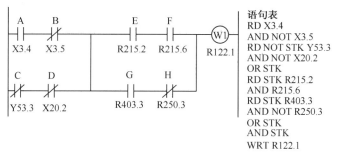

图 5-4　梯形图和语句表两种编程方法实例

表 5-3　　　　　　　　　　　　　基本指令运算过程

步号	指令	地址号	注释	运算结果状态		
				ST2	ST1	ST0
1	RD	X3.4	A			A
2	AND NOT	X3.5	B			$A \cdot \overline{B}$
3	RD NOT STK	Y53.3	C		$A \cdot \overline{B}$	$\overline{C}$
4	AND NOT	X20.2	D		$A \cdot \overline{B}$	$\overline{C} \cdot \overline{D}$
5	OR STK					$A \cdot \overline{B} + \overline{C} \cdot \overline{D}$
6	RD STK	R215.2	E		$A \cdot \overline{B} + \overline{C} \cdot \overline{D}$	E
7	AND	R215.6	F		$A \cdot \overline{B} + \overline{C} \cdot \overline{D}$	$E \cdot F$
8	RD STK	R403.3	G	$A \cdot \overline{B} + \overline{C} \cdot \overline{D}$	$E \cdot F$	G
9	AND NOT	R250.3	H	$A \cdot \overline{B} + \overline{C} \cdot \overline{D}$	$E \cdot F$	$G \cdot \overline{H}$
10	OR STK				$A \cdot \overline{B} + \overline{C} \cdot \overline{D}$	$E \cdot F + G \cdot \overline{H}$
11	AND STK					$(A \cdot \overline{B} + \overline{C} \cdot \overline{D})(E \cdot F + G \cdot \overline{H})$
12	WRT	R122.1	输出			$(A \cdot \overline{B} + \overline{C} \cdot \overline{D})(E \cdot F + G \cdot \overline{H})$

　　PMC 的基本指令只能实现简单的逻辑控制，有些功能如 M 指令读取、定时（刀架换刀延时或液压系统动作延时）、计数（加工零件计数）、最短路径选择（使刀库沿最短路径旋转）、比较、检索、转移、代码转换、数据四则运算、信息显示等操作很难靠基本指令完成，PMC的功能指令刚好可以弥补基本指令的不足，满足数控机床信息处理和动作控制的特殊要求。常用的 PMC 功能指令如表 5-4 所示。

表 5-4　　　　　　　　　　　　　常用的 PMC 功能指令

编号	功能指令	符　　号	处　理　内　容
1	END1	SUB 1 / END 1	第一级程序结束
2	END2	SUB 2 / END 2	第二级程序结束

续表

编号	功能指令	符号	处理内容
3	TMR	ACT　SUB 3　0000 　　　TMR　（定时器号）	可变定时器，其设定的时间在屏幕的定时器界面中显示和设定。 ACT=启动信号
4	TMRB	ACT　SUB24　0000（定时器号） 　　　TMRB　0000（设定时间）	固定定时器，设定时间在编程时确定，不能通过定时器界面修改
5	DEC	ACT　SUB 4　0000（译码地址） 　　　DEC　0000（译码指令）	译码，对比从译码地址读取的BCD（二进制编码的十进制）码与译码指令中的设定值，一致时输出"1"，不一致时输出"0"，主要用于M或T功能译码
6	DECB	BYT　SUB25　0000（数据格式指定） 　　　DECB　0000（代码数据地址） 　　　　　　0000（译码指定数） 　　　　　　0000（结果输出地址）	二进制译码，可对1、2或4字节的二进制代码进行译码。指定的8位连续数据之一与代码数据相同时，对应的输出数据位为1
7	CTR	CN0　SUB 5　0000 UPDOWN　CTR　（计数器值） RST ACT	选择计数器，可选择预置型计数器、环形计数器、加/减计数器，并且可选择1或0作为初始值。 CN0=初始值选择； UPDOWN=加/减计数器选择； RST=复位
8	ROT	RN0　SUB 6　0000（转台定位地址） BYT　ROT　0000（当前位置地址） DIR　　　0000（目标位置地址） POS　　　0000（计算结果输出地址） INC ACT	用于回转控制，如刀架、旋转工作台等的回转控制。 RN0=转台的起始号1或0； BYT=位置数据的位数； DIR=是否执行旋转方向短路径选择； POS=选择操作条件； INC=选择位置数或步数
9	ROTB	RN0　SUB 26　0000（数据格式指定） DIR　ROTB　0000（转台定位地址） POS　　　0000（当前位置地址） INC　　　0000（目标位置地址） ACT　　　0000（计算结果输出地址）	二进制旋转控制，其处理的数据为二进制格式，除此之外，ROTB的编码与ROT相同，数据格式指定=1、2或4字节
10	COD	BYT　SUB 7　0000（数据表容量） RST　COD　0000（输入数据地址） ACT　　　0000（输出数据地址）	代码转换，将BCD码转换为2位或4位BCD数字
11	CODB	RST　SUB27　0000（数据格式指定） 　　　CODB　0000（数据表容量） ACT　　　0000（输入数据地址） 　　　　　0000（输出数据地址）	二进制代码转换，其处理的数据为二进制格式，CODB的功能与COD基本一致
12	MOVE	ACT　SUB 8　0000（高4位逻辑乘数） 　　　MOVE　0000（低4位逻辑乘数） 　　　　　　0000（输入数据地址） 　　　　　　0000（输出数据地址）	逻辑乘数数据传送，将逻辑乘数与输入数据进行逻辑乘，结果输入指定地址，也可从输入地址8位信号中排除不要的位数
13	COM	ACT　SUB 9　0000 　　　COM　（线圈数）	公共线控制，控制从COM指令到COME指令之间的线圈工作

续表

编号	功能指令	符 号	处 理 内 容
14	COME	SUB 29 COME	公共线控制结束，指定公共线控制指令（COM）的控制范围，必须与 COM 合用
15	JMP	ACT ─ SUB10 JMP ─ 0000（线圈数）	跳转，用于转移梯形图程序。当执行时，跳至跳转结束指令（JMPE）而不执行与 JMP 指令之间的梯形图
16	JMPE	SUB 30 JMPE	跳转结束，用于表示跳转指令（JMP）区域指定时的区域终点，必须与 JMP 合用
17	PARI	O.E RST ACT ─ SUB11 PARI ─ 0000（校验数据地址）	奇偶校验，对数据进行奇偶校验，检测到异常时输出报警。 O.E=0 时，偶数校验；O.E=1 时，奇数校验
18	DCNV	BYT CNV RST ACT ─ SUB14 DCNV ─ 0000（数据输入地址） 0000（结果输出地址）	数据转换，将二进制代码转换为 BCD 码，或者将 BCD 码转换为二进制代码。 CNV=0 时，将二进制代码转换为 BCD 码； CNV=1 时，将 BCD 码转换为二进制代码
19	DCNVB	SIN CNV RST ACT ─ SUB31 DCNVB ─ 0000（数据格式指定） 0000（输入数据地址） 0000（结果输出地址）	扩展数据转换，将二进制代码转换为 BCD 码，或者将 BCD 码转换为二进制代码。 SIN=0 时，输入数据为正； SIN=1 时，输入数据为负
20	COMP	BYT ACT ─ SUB15 COMP ─ 0000（输入数据格式） 0000（输入值） 0000（比较值）	判别数值大小，将输入值与比较值进行比较来判别大小。输入值小于或等于比较值时，输出为 1。 BYT=0 时，处理数据为 2 位 BCD 码； BYT=1 时，处理数据为 4 位 BCD 码
21	COMPB	ACT ─ SUB32 COMPB ─ 0000（数据格式指定） 0000（输入数据地址） 0000（输出数据地址）	判别二进制数据大小，比较 1、2 和 4 字节的二进制数据之间的大小，将比较结果存放在寄存器 R9000 中
22	COIN	BYT ACT ─ SUB16 COIN ─ 0000（输入数据格式） 0000（输入值） 0000（比较值地址）	判断一致性，检测输入值与比较值是否一致。此指令只适用于 BCD 数据
23	DSCH	BYT RST ACT ─ SUB17 DSCH ─ 0000（数据表数据数目） 0000（数据表头地址） 0000（检索数据地址） 0000（结果输出地址）	数据检索，在数据表（D）中搜索指定数据。若未找到指定数据，则输出为 1
24	DSCHB	RST ACT ─ SUB34 DSCHB ─ 0000（数据格式指定） 0000（数据表数据数目） 0000（数据表头地址） 0000（检索数据地址） 0000（结果输出地址）	二进制数据检索，与 DSCH 的差别在于，数据全部为二进制数据，数据表中的数据数目可以用地址指定，在程序写入 ROM（只读存储器）后，依然可以改变表容量
25	XMOV	BYT RW RST ACT ─ SUB18 XMOV ─ 0000（数据表数据数目） 0000（数据表头地址） 0000（输入输出数据存储地址） 0000（表内号存储地址）	变址数据传送，读取或改写数据表（D）中的内容。 RW=0 时，读出；RW=1 时，写入

续表

编号	功能指令	符　号	处 理 内 容
26	XMOVB	RW RST ACT　SUB35 XMOVB 0000（数据指定格式） 0000（数据表数据数目） 0000（数据表头地址） 0000（输入输出数据存储地址） 0000（表内号存储地址）	二进制变址数据传送，与 XMOV 的差别在于，数据全部为二进制数据，数据表中的数据数目可以用地址指定，在程序写入 ROM 后，依然可以改变表容量
27	ADD	BYT RST ACT　SUB19 ADD 0000（加数指定格式） 0000（被加数存储地址） 0000（加数常数或地址） 0000（结果输出地址）	加法运算，BCD 码 2 位或 4 位数据相加。运算结果超过加数指定格式，输出置 1
28	SUB	BYT RST ACT　SUB20 SUB 0000（减数指定格式） 0000（被减数存储地址） 0000（减数常数或地址） 0000（结果输出地址）	减法运算，BCD 码 2 位或 4 位数据相减。运算结果为负，输出置 1
29	MUL	BYT RST ACT　SUB21 MUL 0000（乘数指定格式） 0000（被乘数存储地址） 0000（乘数常数或地址） 0000（结果输出地址）	乘法运算，BCD 码 2 位或 4 位数据相乘。运算结果超过乘数指定格式，输出置 1
30	DIV	BYT RST ACT　SUB22 DIV 0000（除数指定格式） 0000（被除数存储地址） 0000（除数常数或地址） 0000（结果输出地址）	除法运算，BCD 码 2 位或 4 位数据相除。除数为 0，输出置 1
31	ADDB	RST ACT　SUB36 ADDB 0000（数据格式指定） 0000（被加数地址） 0000（加数常数或地址） 0000（结果输出地址）	二进制加法运算，用于 1、2 和 4 字节二进制加法运算，运算信息可保存在运算结果寄存器（R9000）中。 运算结果超过数据指定格式，输出置 1
32	SUBB	RST ACT　SUB37 SUBB 0000（数据格式指定） 0000（被减数地址） 0000（减数常数或地址） 0000（结果输出地址）	二进制减法运算，用于 1、2 和 4 字节二进制减法运算，运算信息可保存在运算结果寄存器（R9000）中。 运算结果异常，输出置 1
33	MULB	RST ACT　SUB38 MULB 0000（数据格式指定） 0000（被乘数地址） 0000（乘数常数或地址） 0000（结果输出地址）	二进制乘法运算，用于 1、2 和 4 字节二进制乘法运算，运算信息可保存在运算结果寄存器（R9000）中。 运算结果超过数据指定格式，输出置 1
34	DIVB	RST ACT　SUB39 DIVB 0000（数据格式指定） 0000（被除数地址） 0000（除数常数或地址） 0000（结果输出地址）	二进制除法运算，用于 1、2 和 4 字节二进制除法运算，运算信息可保存在运算结果寄存器（R9000）中。 若除数为 0，输出置 1
35	NUME	BYT ACT　SUB23 NUME 0000（常数） 0000（常数输出地址）	常数定义，用于指定常数
36	NUMEB	ACT　SUB40 NUMEB 0000（数据格式指定） 0000（常数） 0000（常数输出地址）	定义二进制常数，用于定义 1、2 和 4 字节二进制常数。将常数转换为二进制数据，存放在常数输出地址
37	DISPB	ACT　SUB41 DISPB 0000（总的信息数）	扩展信息显示，用于在屏幕上显示外部信息，如报警信息、操作提示等
38	DIFU	ACT　SUB57 DIFU 0000（上升沿号）	上升沿检测，在输入信号上升沿的扫描周期中，将输出信号设置为 1

续表

编号	功能指令	符　号	处理内容
39	DIFD	ACT — SUB58 DIFD　0000（下降沿号）	下降沿检测，在输入信号下降沿的扫描周期中，将输出信号设置为1
40	EOR	ACT — SUB59 EOR　0000（数据格式指定）0000（地址1）0000（常数或地址2）0000（地址3）	异或，将地址1中的内容与常数（或地址2中的内容）相异或，将结果存到地址3中
41	AND	ACT — SUB60 AND　0000（数据格式指定）0000（地址1）0000（常数或地址2）0000（地址3）	逻辑与，将地址1中的内容与常数（或地址2中的内容）相与，将结果存到地址3中
42	OR	ACT — SUB61 OR　0000（数据格式指定）0000（地址1）0000（常数或地址2）0000（地址3）	逻辑或，将地址1中的内容与常数（或地址2中的内容）相或，将结果存到地址3中
43	NOT	ACT — SUB62 NOT　0000（数据格式指定）0000（地址1）0000（地址2）	逻辑非，将地址1中内容的第一位取反，将结果存到地址2中
44	SP	ACT — SUB71 SP　0000（子程序号）	子程序，用于生成一个子程序
45	SPE	SUB 72 SPE	子程序结束，与功能指令 SP 一起使用。当此功能指令被执行后，返回调用子程序的功能指令
46	END	SUB 64 END	表明梯形图程序结束。此指令放在梯形图的最后

（四）PMC 的显示操作与故障诊断方法

FANUC 数控系统不仅可以通过屏幕对 PMC 实施操作，动态显示 PMC 梯形图，监控与诊断 PMC 的各种输入输出信号状态，也可以设定和显示定时器、计数器、保持继电器、数据表等，还可以对梯形图进行编辑，由此判断和查找数控机床故障位置。图 5-5 所示为 PMC 的基本界面。

1. PMC 的显示和查找操作

选择 MDI 方式→按 键→连续按右扩展"+"软键菜单 3 次，在屏幕上显示 PMC 的基本界面，如图 5-5 所示。

（1）动态显示梯形图。PMC 提供直观梯形图显示，可执行梯形图中任意触点和线圈的搜索和显示，如梯形图的动态显示、屏幕分割显示、信号状态监控等功能。

在 PMC 的基本界面（见图 5-5）中按"PMC 梯图"（PMCLAD）软键，即可显示出梯形图。执行梯形图程序时，电路接通，即逻辑"1"状态用高亮度线条表现出来，如图 5-6 所示，以此确认系统动作的控制状态，有效发现故障原因。

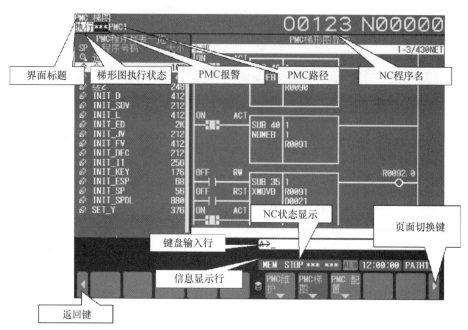

图 5-5　PMC 的基本界面

（2）梯形图的查找。在梯形图显示界面中，按"搜索"软键，显示图 5-7 所示的界面，可以进行以下操作。

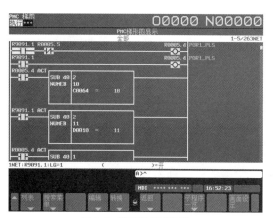

图 5-6　梯形图显示界面

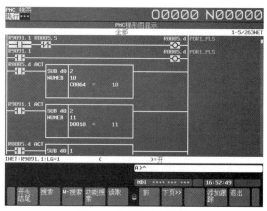

图 5-7　梯形图搜索界面

① 用光标和翻页键变更显示位置。

② "开头结尾"软键用于查找梯形图的开头和结尾。

③ 输入线圈或触点的"地址和位"，按"搜索"软键。

④ 输入"功能指令号"→按"功能搜索"软键，或者输入"线圈指令名"→按"W-搜索"软键。

2．PMC 的维护界面（PMCMNT 界面）

在 PMC 的基本界面（见图 5-5）中按"PMC 维护"（PMCMNT）软键，显示 PMC 的维护界面，如图 5-8 所示。在该界面中可以分别显示信号状态、I/O 设备、PMC 报警和 I/O 等界面。

在 PMC 的维护界面中可以执行监控
PMC 的信号状态、确认 PMC 的报警、设
定和显示可变定时器、显示和设定计数器、
设定和显示保持继电器、设定和显示数据
表、输入输出数据、显示 I/O Link i 连接状
态、信号跟踪等功能。

（1）信号状态界面。信号状态界面用
于显示输入输出的信号，以及内部继电器
等的开、关状态。程序中使用的地址（X、
Y、F、G、R、A、C、K、D、T）内容可
在 CRT 屏幕上显示。这对于查找数控机床
故障点非常重要，据此可判断故障是出现

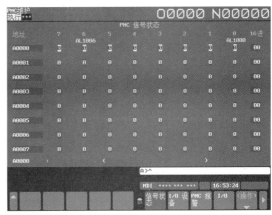

图 5-8　PMC 的维护界面

在 CNC 装置侧还是 MT 侧等。其操作步骤如下。

① 在图 5-8 所示界面上按"信号状态"软键，屏幕显示如图 5-9 所示。

② 输入要显示的地址后，按"搜索"软键或翻页键来显示另一地址。

（2）I/O 设备界面。I/O 设备界面如图 5-10 所示，按照组的顺序显示 I/O Link i 上所连接
I/O 单元的种类和 ID，按"（操作）"软键进行相应操作。按"前通道"软键显示上一个通道
的连接状态，按"次通道"软键显示下一个通道的连接状态。

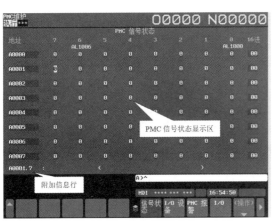

图 5-9　信号状态界面

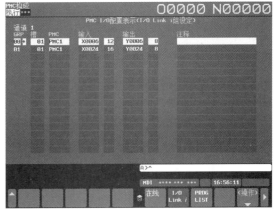

图 5-10　I/O 设备界面

（3）PMC 报警界面。PMC 报警界面，如图 5-11 所示，用于显示 PMC 中发生的报警。
若 PMC 发生报警，则按 ALARM 软键，可以显示报警信息，ALM 在屏幕右上角闪烁。若
发生了一个致命错误，则顺序程序不能启动。对于界面上显示的报警号的含义，可查看机
床说明书中的"报警信息列表"。当报警信息较多时，会显示多页，这时需要用翻页键来翻
到下一页。

（4）I/O 界面。I/O 界面如图 5-12 所示。在此界面上，可将顺序程序、PMC 参数以及各
种语言信息写入指定装置，并从装置中读取和核对。该界面显示两种光标：上下移动各选项
的选择光标、左右移动各选项内容的内容选择光标。

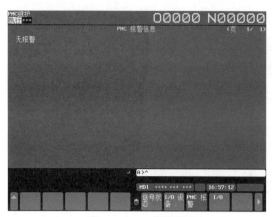
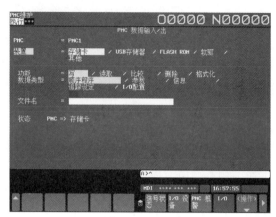

图 5-11 PMC 报警界面　　图 5-12 I/O 界面

为了进行 PMC 信号跟踪，查看信号的历史信息，必须设定允许读取信号的参数，即设定跟踪参数，这需要在跟踪参数设定界面中完成。在"PMC 维护"界面中，按"+"软键，显示跟踪参数设定界面，设定采样条件，如图 5-13 所示。此界面由两页构成，可通过翻页键切换页面。在跟踪参数设定界面的第二页上，设定将要采样的信号地址。

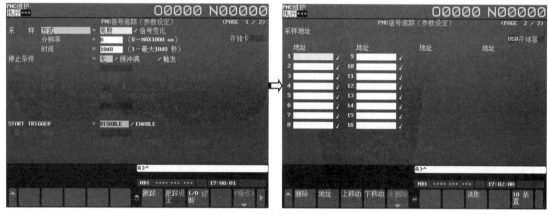

图 5-13 跟踪参数设定界面

3. PMC 的参数界面（PMCPRM 界面）

在 PMC 的基本界面（见图 5-5）上按"PMC 维护"软键，再按扩展"+"软键，可以显示 PMC 的参数界面，如图 5-14 所示，可以分别打开定时（TIMER）、计数器（COUNTER）、K 参数（保持继电器）、数据（DATA）等界面。把光标移动到希望修改的地址号码上，输入数值，然后按"INPUT"键，完成数据输入。

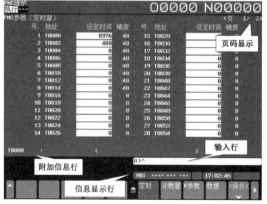

图 5-14 PMC 的参数界面

注 意

（1）可变定时器的最小单位为 8ms，所设定的时间值必须是 8 的整数倍，余数将被忽略。

（2）保持继电器 K16、K17、K18、K19 有特殊用途，其中 K17 不用的位必须置 0，K18、K19 不能改写。

	#7	#6	#5	#4	#3	#2	#1	#0
K16								

K16#6=1：保持非易失性存储器的写入状态。

K16#7=1：确认保持非易失性存储器的写入状态。

	#7	#6	#5	#4	#3	#2	#1	#0
K17								

K17#0=0，动态显示梯形图；K17#0=1，不动态显示梯形图。

K17#1=0，内装式编程功能无效（如果有）；K17#1=1，内装式编程功能有效（如果有）。

K17#2=0，通电后 PMC 程序自动执行；K17#2=1，通电后 PMC 程序手动执行。

K17#4=0，在 PMC 的参数界面中，不可以输入数据；K17#4=1，在 PMC 的参数界面中，可以输入数据。

K17#5=0，在信号跟踪功能中，使用"（操作）"软键启动跟踪功能；K17#5=1，通电后自动启动信号跟踪功能。

K17#6=0，在波形信号显示功能中，使用"（操作）"软键启动跟踪功能；K17#6=1，通电后自动启动波形信号跟踪功能。

K17#7=0，显示 PMC 数据表控制画面；K17#7=1，不显示 PMC 数据表控制画面。

4. 常见 PMC 故障诊断方法

（1）观察 PMC 状态，判断开关量是否已输入。在 MDI 方式→PMC 的基本界面（见图 5-5）→STATUS→PMCDGN 界面输入开关量或直接观察梯形图相应开关量的通断，若逻辑为"1"或通，表示 MT、CNC 装置侧连接没有问题；若逻辑为"0"或不通，则检查外部电路。对于 M、S、T 指令，可以在 MDI 方式下写一段程序进行验证，在程序执行过程中观察相应的地址位。

（2）观察 PMC 状态，判断开关量是否已输出。观察所输出开关量或系统变量是否正确输出，若没有，则检查 CNC 装置侧，分析是否有故障。

（3）检查相关电气元件的状态。检查由输出开关量直接控制的电气开关或继电器是否动作，若没有动作，则检查连线或元件。检查由继电器控制的接触器等开关是否动作，若没有动作，则检查连线或元件。

（4）检查执行单元状态。检查执行单元，包括主轴电动机、步进电动机、伺服电动机等。

（5）结合工作原理，查找故障点。观察 PMC 动态梯形图，结合系统的工作原理，查找故障点。

【例 5-1】 某数控机床的换刀系统在执行换刀指令时没有动作，机械臂停在行程中间位置，CRT 显示报警号，查手册得知该报警号表示换刀系统机械臂位置检测开关信号为 "0" 和 "刀库换刀位置错误"。

故障分析：根据报警内容，可以诊断故障发生在换刀系统和刀库两部分中，由于相应的位置检测开关无信号传送至 PMC 的输入接口，因此导致机床中断换刀。造成开关无信号输出的原因有两个：一是由液压或机械方面的原因造成动作不到位而使开关得不到感应；二是电感式接近开关失灵。

首先检查刀库中的接近开关，用一块薄铁片去感应开关，检测刀库部分接近开关是否失灵；然后检查换刀系统机械臂中的两个接近开关，一个是 "臂移出" 开关 SQ21，另一个是 "臂缩回" 开关 SQ22，由于机械臂停在行程中间位置，因此这两个开关输出的信号均为 "0"，经测试，两个开关均正常。

机械装置检查："臂缩回" 的动作由电磁阀 YV21 控制，手动控制电磁阀 YV21，把机械臂退回至 "臂缩回" 位置，机床恢复正常，这说明手动控制电磁阀能使换刀系统定位，从而排除液压或机械上阻滞造成换刀系统不到位的可能。

故障处理：由以上分析可知，PMC 的输入信号正常，输出动作执行无误，问题出在 PMC 内部或操作不当。经观察，两次换刀的间隔时间小于 PMC 规定的要求，从而造成 PMC 程序执行错误引起故障。

【例 5-2】 结合梯形图，分析故障原因。

有一 XH754 卧式加工中心采用 FANUC 6M 系统，运行时，其 X 轴无反应，无报警信息。

故障分析：采用手动、自动方式时，X 轴均不起作用且无报警信息，其他显示均正常。当使用 MDI 方式时，操作面板上的循环启动（CYCLE START）的 START 灯亮。检查 PMC 梯形图和参数，均正常，说明 CNC 装置信号已发出，X 轴启动条件已满足，但伺服不执行。因此将故障范围缩小到 X 轴伺服单元上。

故障处理：将伺服单元对调，即将 X 轴和 Y 轴伺服驱动器接口对换，重新开机，试运行 Y 轴，观察 Y 轴伺服电动机是否有动作。若无，则说明 X 轴伺服驱动器有故障。返厂或进一步拆卸，查看伺服驱动器内部芯片和引脚，观察其是否蚀断，若发现蚀断，则用不带电的电烙铁将元件拆卸并更换。

三、任 务 实 施

（一）PMC 的基本操作与调试

在数控机床中，PLC 负责完成对各种辅助动作的控制，以及数控系统与机床之间信号的处理任务。第一级程序需要快速处理信号，每 8ms 执行一次，处理的信号有急停、机床互锁、硬件超程、进给保持、计数等。第二级程序是数控机床 PMC 程序的主要部分，数控机床的绝大多数功能在这级程序中实现，如操作方式选择、进给轴控制、主轴控制、辅助功能处理、手动操作、自动换刀、冷却液控制、润滑控制等。根据图 5-15 和表 5-5 所示，查阅 PMC 各模块的数据和信号，熟悉操作过程和步骤，能够更改参数和梯形图。在 PMC 的基本界面上进行操作以进入开关量显示状态，对照机床电气原理图，检查 PLC 输入输出点的连接和逻辑关系是否正确。手动检查机床超程限位开关、减速开关等开关量是否有效，报警显示是否正确。

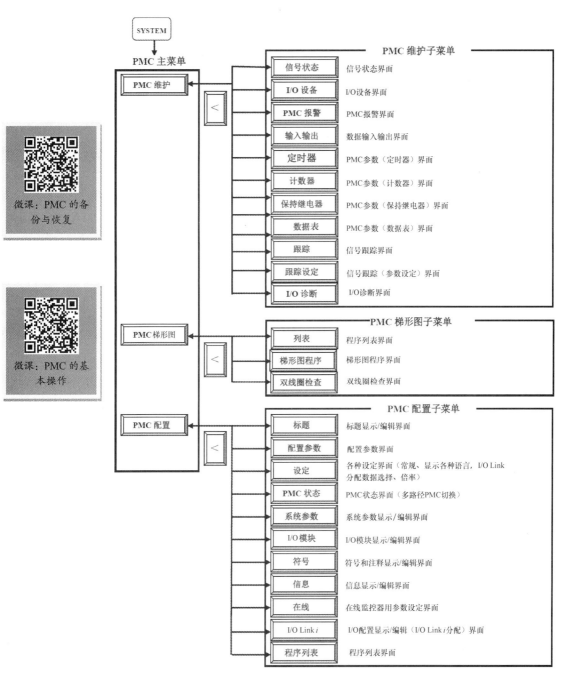

图 5-15　PMC 操作流程

表 5-5　　　　　　　　　　　　　FANUC 0i 系统输入输出地址

	7	6	5	4	3	2	1	0
	152	153	154	258		203	202	201
X8	Z−限位	Z+限位车床	X−限位车床	急停	X+限位	超程铣床	空开	变频器报警
	CE56：B05	CE56：A05	CE56：B04	CE56：A04	CE56：B03	CE56：A03	CE56：B02	CE56：A02

	7	6	5	4	3	2	1	0
X9 铣	CE56：B09	CE56：A09	CE56：B08	CE56：A08	CE56：B07	213 Z轴减速 CE56：A07	212 Y轴减速 CE56：B06	211 X轴减速 CE56：A06
X9 车	CE56：B09	CE56：A09	CE56：B08	CE56：A08	CE56：B07	CE56：A07	213 Z轴减速 CE56：B06	211 X轴减速 CE56：A06
X10	238 −Y CE56：B13	239 +Y CE56：A13	CE56：B12	CE56：A12	224 T4 CE56：B11	223 T3 CE56：A11	222 T2 CE56：B10	221 T1 CE56：A10
X11	257 手轮Z CE57：B05	256 手轮X CE57：A05	250 机床锁住 CE57：B04	251 空运行 CE57：A04	252 M01有效 CE57：B03	255 单段 CE57：A03	231 进给保持 CE57：B02	232 循环启动 CE57：A02
X12	230 超程复位 CE57：B09	233 RT快移 CE57：A09	234 −Z CE57：B08	235 +Z CE57：A08	236 −X CE57：B07	237 +X CE57：A07	253 ROV2/MP2 CE57：B06	254 ROV1/MP1 CE57：A06
X13	240 KEY存储器开关 CE57：B13	274 MD4 CE57：A13	275 MD2 CE57：B12	276 MD1 CE57：A12	270 *OV8 CE57：B11	271 *OV4 CE57：A11	272 *OV2 CE57：B10	273 *OV1 CE57：A10
Y0	421 进给保持灯 CE56：B19	422 循环启动灯 CE56：A19	423 机床锁住灯 CE56：B18	424 空运行灯 CE56：A18	425 M01有效灯 CE56：B17	426 单段灯 CE56：A17	427 系统正常灯 CE56：B16	428 系统故障灯 CE56：A16
Y1	403 变频器电源 CE56：B23	CE56：A23	CE56：B22	CE56：A22	402 刀架反转 CE56：B21	401 刀架正转 CE56：A21	405 主轴反转 CE56：B20	406 主轴正转 CE56：A20
Y2	CE57：B19	CE57：A19	CE57：B18	CE57：A18	CE57：B17	CE57：A17	CE57：B16	CE57：A16
Y3	CE56：B23	CE56：A23	CE56：B22	CE56：A22	CE56：B21	CE56：A21	CE56：B20	CE56：A20

注：1. X8.3～X8.7、X9.0～X9.2、X10.0～X10.3、X11.1、X11.5 为常闭状态，其他为常开状态。

2. ROV1/MP1、ROV2/MP2 表示手轮/快速进给倍率，0.001mm=F0=00，0.01=25%=01，0.1=50%=10，100%=11。

3. *OV1、*OV2、*OV4、*OV8 等表示点动进给倍率 0～150%，0=0000，10%=1000，20%=0100……

4. MD1、MD2、MD4 表示工作方式选择开关，存储为 110，自动为 100，MDI 为 000，手轮为 001，JOG 为 101，回参为 111。

（二）通过 PMC 控制主轴正反转

以 FANUC 0i 数控车床为例，要求用 PLC 和变频器控制主轴电动机按一定的转速工作，且主轴电动机可以控制正反转互换，诊断主轴电动机不转的故障。其操作步骤如下。

1. 变频器选用和参数设定

选用三菱系列变频器，变频器采用外部端子控制，通过设置变频器参数控制电动机转速的高低。变频器的基本参数设置参见任务九。电动机的正反转运行通过变频器的 STR（正转）、STF（反转）与 PLC 程序实现控制。

2．分析主轴正反转梯形图

主轴正反转梯形图如图 5-16 所示，变频器及控制主轴正反转的电气原理图如图 5-17 所示。PMC 负责主轴箱换向逻辑和外部数据输入时的转速设定值及工作状态信号的传递。一般是变频器向 PMC 发出"主轴使能"信号 F1.4，PMC 接收到该信号后，即向 CNC 发出 G70.5 主轴正转信号，同时接收来自 CNC 的转速设定值，无论 CNC、PMC、变频器三者哪一部分有问题，都会导致主轴不转或转动不正常。当发生故障时，一般应按主轴变频器→PMC→CNC 的检修顺序来检查。首先保证 F1.4 无误，再检查 PMC 发出的 Y1.7。变频器准备好上电信号，若两者信号正常，则查看 CNC 输出的转速给定电压，如图 5-17 中的 4、5 引脚处的电压。如果没有电压，就可认定故障在 CNC，即主轴速度指令不正常或无输出。

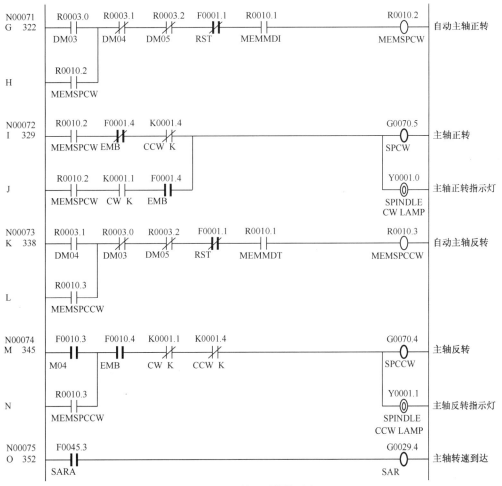

图 5-16　主轴正反转梯形图

如果主轴转动指令发出后，主轴转动指示灯亮，就说明 PMC 给 CNC 的 G70.4 或 G70.5 为通路，CNC 和 PMC 信号均到达，两者没有问题。若有故障，则可能是电动机动力线断开、主轴控制单元与电动机间电缆连接不良、STF 或 STR 正反转信号未给等。当然，如果主轴编码器有故障，也可能导致转速不稳或失控，并且报警。

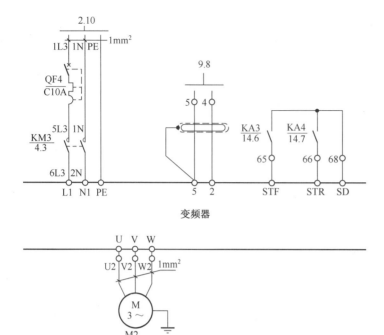

微课：主轴 PMC 控制

图 5-17　变频器及控制主轴正反转的电气原理图

3．正反转任务实施

通过更改 PMC 梯形图，实现主轴正反转互换。另外，采用改变电气线路中的 KA3 或 KA4 接线位置、改变变频器的 STF 和 STR 引脚接线位置、改变主轴电动机输出相序（如 U2、V2、W2）等方法均可实现主轴正反转互换。

（三）通过 PMC 实现刀架换刀故障诊断

普通数控车床使用的四工位刀架能够正常工作，是由 PMC 控制完成的。在换刀过程中，为了保护刀架，设置了一个换刀超时时间，如果换刀过程在规定时间内不能正常完成，系统就会报警。为了让刀架正确选择刀具，设置了一个刀架正转延时时间。选择刀具后，要对其进行锁紧，在 PMC 参数中又设置了一个刀架反转延时时间。这 3 个时间分别由 13、14、15 号 TMR 时间定时器指定。在 PMC 参数中，可看到 13 号时间继电器用于设定刀架正转延时时间，系统将其设定为 300ms；14 号用于设定换刀超时时间，系统将其设定为 5500ms；15 号用于设定刀具锁紧时间，系统将其设定为 1000ms。

微课：刀架 PMC 控制

可以根据上述参数定义，人为修改这些参数，以便认识这些参数的功能，具体做法如下。

（1）确认刀架电动机运转正常，换刀、锁紧等动作都准确无误。

（2）进入系统参数编辑状态，选择 PMC 系统参数，更改刀架反转延时时间、换刀超时时间、刀架正转延时时间等参数，观察刀架换刀动作是否正常，并用手扳动刀架，判断刀架是否锁紧，观察选择刀具是否到位等，然后把观察到的现象填入表 5-6 中。

表 5-6　　　　　　　　　　　　　通过 PMC 实现刀架换刀故障诊断记录

序号	故障设置方法	故障现象	PMC 状态监控（通、断）		结论
1	将换刀超时时间更改为 10s，将刀架反转延时时间更改为 0.1s，观察换刀时有什么故障现象，并用手扳动刀架，判断刀架是否锁紧，观察选择刀具是否到位		R27.1		
			R27.2		
			R28.6		
			R30.4		
			R30.5		
2	将换刀超时时间更改为 10s，将刀架反转延时时间更改为 1s，将刀架正转延时时间更改为 0 或 2s，观察运行刀架时有什么故障现象，并用手扳动刀架，判断刀架是否锁紧，观察选择刀具是否到位		R27.1		
			R27.2		
			R28.6		
			R30.4		
			R30.5		

（3）测试完毕后，将参数恢复到正常工作时的设置。

四、技 能 拓 展

数控机床中出现的大部分故障通过监控 PLC 梯形图的输入输出点的状态查出。如果有些故障在屏幕上不产生报警信息，只是有些动作不执行，就可以跟踪 PLC 梯形图的运行来确诊这些故障。但有些故障 PLC 变化过程快，监视 I/O 状态无法跟踪，就需要通过 PLC 动态跟踪，观察 I/O 的瞬时变化，根据 PLC 的动作和数控工作原理进行诊断，具体操作如下。

（一）设定跟踪参数

在 PMC 的基本界面（见图 5-5）上按"PMC 维护"→"跟踪设定"软键，进入跟踪参数设定界面，如图 5-18 所示。

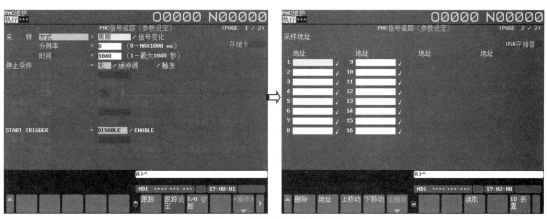

图 5-18　跟踪参数设定界面

（1）采样。设定采样方式。

周期：以设定的周期进行信号采样。

信号变化：以设定的周期监视信号，在信号发生变化时采样。

分辨率：默认值为最小采样分辨率（单位为 ms），但是，此值随 CNC 型号规格而不同。

时间：在采样方式中选择"周期"时显示，设定将要采样的时间。

（2）停止条件。设定跟踪的停止条件。"无"表示跟踪不会自动停止；"缓冲满"表示采样缓冲满时跟踪自动停止；"触发"表示通过触发跟踪自动停止。

（3）采样条件。采样方式为"信号变化"时可设定，用于设定采样条件。

（4）采样地址。在跟踪参数设定界面的第二页（通过翻页键切换）设定将要采样的信号地址。信号地址设定在位地址中。若输入的是字节地址，则需输入该地址的0～7位。最多可设定32个信号地址。

（二）跟踪参数界面操作

设定跟踪参数后，在跟踪参数设定界面按"（操作）"软键，并按"启动"软键，开始跟踪。图5-19所示为以"周期"方式进行信号跟踪的执行中界面。在执行跟踪过程中，实时显示跟踪结果。跟踪参数设定界面中设定的跟踪停止条件成立时，结束跟踪的执行。此外，按"停止"软键也将中断跟踪的执行。

跟踪的执行结束后，可确认跟踪结果。采用"周期"方式的执行结果如图5-20所示，指示当前位置的光标最初显示在原点（0点）。光标的当前位置显示在画面上部的"光标位置"项目，可用系统MDI面板上的"←"/"→"键移动光标。

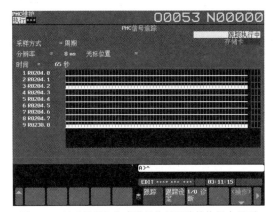

图5-19 以"周期"方式进行信号跟踪的执行中界面

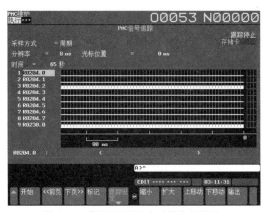

图5-20 采用"周期"方式的执行结果

在跟踪结果画面按"标记"软键，标记出此时的光标位置，显示标记光标。标记光标与当前位置光标重合时，当前位置优先。表示标记光标位置的"标志位置"和表示从标记光标位置到当前位置光标范围的"范围"显示在画面上部，这些数值将随着当前位置光标的移动而变化。当解除范围选择时，可再次按"标记"软键。

设定PMC的系统管理软件数据，可在接通电源后，自动开始跟踪。当参数K017的#5位设定为0时，按"（操作）"软键开始跟踪；当设定为1时，电源接通后，自动开始跟踪。

小 结

本任务介绍了PLC的定义和作用，讲解了数控机床中的PLC专用于数控机床外围辅助电气部分的自动控制，是控制伺服电动机、主轴电动机以及机床侧辅助电气部分的装置，因此称为PMC。要求掌握FANUC 0i系统PMC与外部信息的交换，PMC的操作方法、编程方

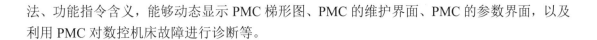

法、功能指令含义，能够动态显示 PMC 梯形图、PMC 的维护界面、PMC 的参数界面，以及利用 PMC 对数控机床故障进行诊断等。

| 自 测 题 |

1. 简答题

（1）PLC 与 PMC 的定义是什么，PMC 在 CNC 中的作用有哪些？

（2）为什么 PMC 第一级程序应尽可能短？

（3）解释 PMC 地址 X、Y、F、G、R、T、C、K 的含义。

（4）PLC 控制与继电器控制相比有什么优点？

（5）举例说明怎样利用 PMC 查找数控系统故障。

2. 实训题

（1）利用 PMC 功能指令设计一个程序，要求如下。

能实现按下 SB1（X1.0）键，灯 H1（Y1.0）亮，5s 后灯 H1 灭。

（2）编写一个用于润滑控制的 PMC 程序，要求如下。

① 启动机床，开始 15s 润滑。

② 润滑 15s 后停止 25min。

③ 润滑 15s 后未达到压力，报警；1.25min 后压力未下降，报警。

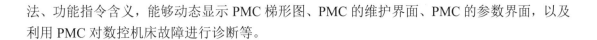任务五　数控机床 PMC 的控制与应用

任务五　数控机床 PMC 的控制与应用

任务五　数控机床 PMC 的控制与应用

任务五　数控机床 PMC 的控制与应用

任务五

任务六
数控机床数据的传输与备份

【学习目标】

知识点滴

中国机床工业发展
大规模建设阶段

- 能够识记数控机床数据传输的方式、方法。
- 了解数据备份的重要性。
- 掌握数据传输参数的设置与操作。
- 熟练利用存储卡与使用计算机及通信电缆两种方法备份和恢复数据。
- 能手动焊接 RS-232-C 通信电缆，保证通信的可靠性。
- 能根据系统报警判断出常见传输报警的原因，排除传输信号异常故障。

【素质目标】

- 培养求真务实的工作作风。
- 培养职业安全意识。
- 培养认真细致与团队合作的意识。
- 培养发现问题和解决问题的思维能力。

一、任务导入

本任务的主要内容是利用存储卡在引导系统屏幕界面与使用计算机及通信电缆进行数据备份和恢复，讲解 CNC 侧通信参数的设置和操作。数控机床与计算机之间的数据传输如图 6-1 所示，能针对不同数控系统焊接机床侧、计算机侧的通信电缆接口引脚，重点实现 PROGRAM（零件程序）、PARAMETER（PMC 参数）、PITCH（螺距误差补偿表）、MACRO（宏参数）、OFFSET（刀具偏置表）、PMC PARAMETER（PMC 数据）的传输。机床参数、螺距误差补偿表、宏参数、工件坐标系数据传输的协议设定只需在各自的菜单下设置，进行 PMC 数据的传送需更改两端的协议。PMC 程序的传送必须使用 FANUC 专用编程软件 LADDER-Ⅲ实现。读者需根据传输时系统的报警号，正确分析传输报警的原因，能够解决简单的传输故障。

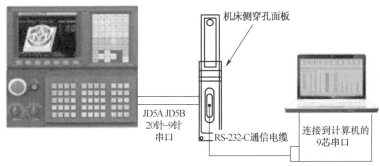

图 6-1　数控机床与计算机之间的数据传输

二、相关知识

随着自动编程软件在数控机床加工，特别是模具加工领域的普遍应用，以及数控机床现代维修技术的需要，数控系统需要具有高可靠性、高速度的数据传输功能，这样才能保证 DNC 在线加工程序的正确性和效率。FANUC 16/18/21/0i 系统的 RS-232-C 串口的比特率可达到 19200bit/s，远程通信的比特率可达到 86400bit/s，高速串行总线（HSSB）通信的比特率可达到 256000bit/s。另外，在机床所有参数调整完成后，需要对出厂参数等数据进行备份并存档，便于机床发生故障时恢复数据。

（一）使用存储卡进行数据备份和恢复

存储卡（Compact Flash，CF）在笔记本电脑和数码相机中都可使用。存储卡可以在市面上购买，一般使用存储卡+PCMCIA 适配器。如果在市面上购买，就需要挑选兼容性好的存储卡和适配器，因为市面上一些质量不好的存储卡在 FANUC CNC 上不能使用。

目前，FANUC 的 i 系列系统 0i C/D、0i Mate C/D、16i/18i/21i、0i F/F Plus 上都有 PCMCIA 插槽，这样就可以方便地使用存储卡传输备份数据了。对于主板和显示器一体型系统，插槽位置在显示器左侧，如图 6-2 所示。在插入存储卡时，要注意方向，对于一体型系统，存储卡商标向右，注意插入时不要用力过大，以免损坏插针；对于分体型系统，存储卡插在主板上，要到电气柜里插拔，插入时要注意方向，不要插反。

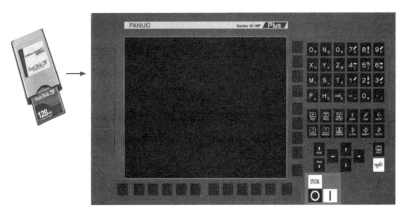

图 6-2　主板和显示器一体型系统存储卡插槽位置

1．系统存储区域

CNC 的存储区分为 FROM、SRAM 和 DRAM。其中，FROM 为非易失型存储区，系统断电后数据不丢失；SRAM 为易失型存储区，系统断电后数据丢失，因此需要用系统主板上的电池来保存其数据；DRAM 为动态存储区，是软件运行的区域，系统断电后数据丢失。CNC中必须备份保存的数据类型和保存方式如表 6-1 所示。

表 6-1　　　　　　　　　CNC 中必须备份保存的数据类型和保存方式

数据类型	存储区	来源	备注
CNC 参数	SRAM	机床厂家提供	必须保存
PMC 参数	SRAM	机床厂家提供	必须保存
梯形图程序	FROM	机床厂家提供	必须保存
螺距误差补偿	SRAM	机床厂家提供	必须保存
宏程序	SRAM	机床厂家提供	必须保存
加工程序	SRAM	用户	根据需要，可以保存
系统文件	FROM	FANUC 提供	不需要保存

 注　意

FANUC 系统文件不需要备份，但也不能轻易删除，因为有些系统文件一旦被删除，即使原样恢复，还是会发生系统报警而导致系统不能使用，即使同类型系统之间相互复制，也可能出现系统运行不正常，所以不要随意操作这些系统文件。

2．数据输入输出操作的方法

用存储卡进行数据输入输出操作的方法可以分为 3 种，每种方法各有特点。

（1）通过 BOOT 界面备份。用这种方法备份数据，备份的是 SRAM 整体，数据为二进制形式，在计算机上打不开。但此方法的优点是恢复或调试其他同类型机床时可以迅速完成。

（2）通过各个操作界面分别备份 SRAM 中的数据。这种方法在系统的正常操作界面操作，在编辑（EDIT）状态下或急停状态下均可操作，输出的是 SRAM 中的数据，并且是文本格式，在计算机上可以打开，但缺点是输出的文件名是固定的。

（3）通过 ALL I/O 界面分别备份 SRAM 中的数据。这种方法有一个专门的操作界面，即 ALL I/O 界面，但必须在编辑状态下才能操作，在急停状态下不能操作。SRAM 中的所有数据可以分别备份和恢复。和第（2）种方法一样，输出文件的格式是文本格式，在计算机上可以打开。这种方法和第（2）种方法不同的地方是可以自定义输出的文件名，这样，一张存储卡可以备份多个系统（机床）的数据，以不同的文件名保存。

3．用存储卡通过 BOOT 界面进行的备份操作

（1）BOOT 界面。BOOT 是在启动系统时执行 CNC 软件建立的引导系统，作用是从 FROM 中调用软件到 DRAM 中。BOOT 界面的进入方法是：首先插上存储卡，按住显示器下面最右边的两个软键，然后系统上电。如果是触摸屏系统，就用数字键对 BOOT 界面进行操作，按 MDI 键盘上的数字键 ⑥ 和 ⑦，如图 6-3 所示。此时，系统进入 BOOT 界面，如图 6-4 所示。

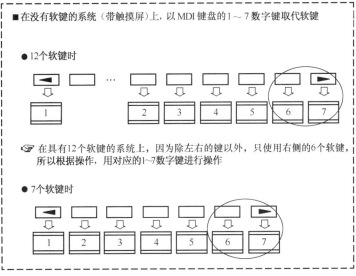

图 6-3　触摸屏系统进入 BOOT 界面

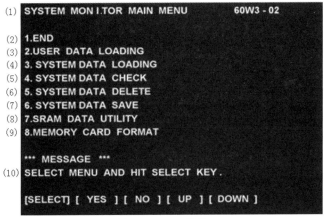

图 6-4　BOOT 界面

BOOT 界面各选项的含义如表 6-2 所示。

表 6-2　　　　　　　　　　　　　BOOT 界面各选项的含义

选　项	含　义
（1）	显示标题。右端显示 BOOT SYSTEM 的版本
（2）	结束，退出 BOOT 界面。进行此操作，系统自检后进入正常界面
（3）	用户数据装载（存储卡→CNC 的 FROM）
（4）	系统数据载入
（5）	系统数据检查
（6）	系统数据删除。用于删除 FROM 中的软件，但是对于系统软件，一般不允许删除，因此在此操作下可删除系统梯形图，所以操作时需注意
（7）	向存储卡备份数据
（8）	备份/恢复 SRAM 区
（9）	存储卡格式化
（10）	显示简单的操作方法和错误信息

根据屏幕下的软键进行操作，如果使用 MDI 键盘数字键，就用数字键进行操作。

（2）SRAM 数据的备份。在图 6-4 所示的 BOOT 界面中，（1）～（6）项针对存储卡和 FROM 的数据交换，（7）项用于保存 SRAM 中的数据，因为 SRAM 中保存的系统参数、加工程序等在系统出厂时都是没有的，所以要注意保存，做好备份。操作步骤如下。

① 在 BOOT 界面中按 UP 或 DOWN 软键把光标移动至 SRAM DATA UTILITY 上。

② 按 SELECT 软键，显示 SRAM 数据备份界面，如图 6-5 所示。

这时，注意 MESSAGE 下的信息提示，按照提示进行操作。进入 SRAM 备份界面后，可以看到有两个选项：一个选项是 SRAM 数据备份，作用是把 SRAM 中的内容保存到存储卡中（SRAM→存储卡）；另一个选项正好相反，是恢复 SRAM 数据，作用是把存储卡里的内容恢复到系统中（存储卡→SRAM）。

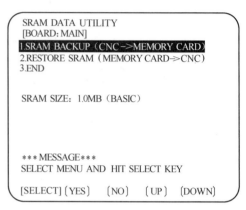

图 6-5　SRAM 数据备份界面

 注　意

备份时需注意数据传输的方向，若不是同一个系统，则参数等内容不相同，如果选择错误，就会造成系统数据被覆盖，CNC 不能正常运行，所以选择第二个选项时要慎重。

③ 在备份 SRAM 内容时，通过 UP 或 DOWN 软键将光标移动至 SRAM BACKUP 上，按 SELECT 软键，系统显示图 6-6 所示的界面。

④ 在进行数据保存操作时，按 YES 软键，SRAM 开始写入存储卡，显示的信息如图 6-7 所示。

图 6-6　备份 SRAM 内容

```
*** MESSAGE ***
SRAM BACKUP WRITING TO MEMORY CARD
```

图 6-7　数据保存操作

⑤ 写入结束后，显示图 6-8 所示的信息。

⑥ 保存结束后，按 SELECT 软键。

⑦ 把光标移动至 END 上，如图 6-9 所示，然后按 SELECT 软键，系统即返回 BOOT 的初始界面。

```
*** MESSAGE ***
SRAM BACKUP COMPLETE. HIT SELECT KEY.
```

图 6-8　写入结束时显示的信息

```
1. SRAM BACKUP (CNC -> MEMORY CARD)
2. RESTORE SRAM (MEMORY CARD -> CNC)
3. END
```

图 6-9　结束操作

注　意

　　因为在此状态下备份的数据是以机器内码打包形式的，所以作为备份，可迅速恢复系统，但不能在计算机上查看其详细内容。

　　（3）从 BOOT 界面备份梯形图。

　　① 完整的梯形图分为 PMC 程序和 PMC 参数两部分。其中，PMC 程序在 FROM 中，PMC 参数在 SRAM 中。在图 6-4 所示的 BOOT 界面中选择 SYSTEM DATA SAVE。

　　② 按 SELECT 软键，按 PAGE↓键翻页至 PMC1 上（根据 PMC 版本不同，名称有所差别）。

　　③ 按 SELECT 软键后，显示是否保存询问信息。

　　④ 确认后，按 YES 软键，就把梯形图文件保存到存储卡中了。要取消时，按 NO 软键。

　　⑤ 结束时，显示结束信息，确认后，按 SELECT 软键。

　　⑥ 输出结束后，把光标移动至 END 上，按 SELECT 软键，即返回 BOOT 的初始界面。

　　如果菜单上没有显示 END，就按▶按钮，以显示下页菜单。注意，有些文件是系统文件，是受保护的，不能复制。

4．分别备份和恢复 SRAM 中的数据

　　（1）备份参数。在系统的正常操作界面下可备份参数，但需要两个基本条件：一是系统在编辑状态或急停状态下；二是设定参数 20#=4，使用存储卡作为 I/O CHANNEL 设备。操作步骤如下。

　　① 在 MDI 键盘上按 键，再按"参数"软键，显示参数界面。

　　② 按 OPR 或"（操作）"软键，对数据进行操作。

```
EDIT **** *** ***      17:13:51
〔 参数 〕〔 诊断 〕〔 PMC 〕〔 系统 〕〔（操作）〕
```

　　③ 按右侧的▶扩展键，再按 PUNCH 软键输出。

```
EDIT **** *** ***      17:22:24
（        ）〔 READ 〕〔PUNCH 〕（        ）（        ）
```

　　④ 按 NON–0 软键选择不为零的参数，若按 ALL 软键，则选择全部参数。

```
EDIT **** *** ***      17:22:39
（        ）（        ）〔 ALL 〕（        ）〔NON–0 〕
```

　　⑤ 按 EXEC 软键执行，选择输出。

```
EDIT **** *** ***      17:22:53
（        ）（        ）（        ）〔 CAN 〕〔 EXEC 〕
```

　　操作完成后，参数以默认名 CNCPARAM 保存到存储卡中。如果把 100#3 NCR 设定为 1，可让传出的参数紧凑排列。以此种方法备份的参数可以在计算机上用写字板或记事本直接打开，但是其输出的参数文件名不可更改。如果存储卡中有一套名为 CNCPARAM 的系统参数，再备份另一台系统的参数时，原来的数据将会被覆盖。如果要回传参数，在步骤（1）的③中按 READ 软键，再按 EXEC 软键执行，即可把备份的参数回传到系统中。

　　（2）保存 PMC 程序（梯形图）。在 MDI 键盘上按 SYSTEM（系统）键，再按扩展键▶，按 PMCMNT 软键，再按 I/O 软键，选择"装置=存储卡""功能=写""数据类型=顺序程序"

"文件名=PMC1.001"，此时显示器上显示的状态为"PMC⇒存储卡"，如图 6-10 所示。

按照上述每项设定，按"执行"软键，PMC 梯形图按照 PMC.001 名称保存到存储卡中。

（3）保存 PMC 参数。进入 PMC 界面以后，按 I/O 软键，与图 6-10 设定不同的地方是设定"数据类型=参数"，其他按照图 6-10 设定，按"执行"软键，则 PMC 参数按照 PMC_PRM.001 名称保存到存储卡中。

（4）加工程序的输入输出。与备份参数一样，加工程序的输入输出也要满足 20 号参数值为 4 的条件，并且在编辑状态下进行操作。操作步骤如下。

① 在 MDI 键盘上按 EDIT（编辑）键，再按 键，显示系统程序界面，如图 6-11 所示。

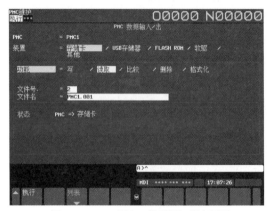
图 6-10　PMC 程序（梯形图）保存界面

图 6-11　系统程序界面

② 按"（操作）"软键，如图 6-12 所示。

图 6-12　按"（操作）"软键

③ 按▶扩展键，如图 6-13 所示。

图 6-13　按▶扩展键

④ 按"输出"软键输出程序，如图 6-14 所示。

图 6-14　按"输出"软键

⑤ 按"执行"软键，如图 6-15 所示。

图 6-15　按"执行"软键

当系统内程序很多时，一次传输一个比较麻烦，费时、费力。于是，系统提供了一种方法能够一次性传输所有程序。在系统程序界面备份全部程序时，要先设定参数 3201#6 NPE=1，输入 0～9999，按"输出"和"执行"软键，可一次性把全部程序传入存储卡中，文件名默认为

PROGRAM.ALL。

相反，从存储卡向系统传输加工程序时，在第④步中按"读入"软键，在图 6-16 所示的界面中输入要读入的程序号 O0789，先按"F 设定"软键，然后按"执行"软键，操作完成后，所选程序即被读入系统。

图 6-16　输入要读入的程序号 O0789

注　意

当系统中有一个程序和从存储卡中读入的程序号相同时，不可传输。这时系统会发出 73 号报警。

（5）螺距误差补偿量的保存。

① 依次按 SYSTEM 键、▶扩展键，按"螺补"软键，显示螺距误差补偿量界面。

② 依次按"（操作）"软键→▶扩展键→"输出"软键→"执行"软键，输出螺距误差补偿量。

其他如用户宏程序（用于换刀等）、宏变量等也需要保存，操作步骤基本和上述相同，都是在相应界面的编辑状态下，按"（操作）"软键→"输出"软键→"执行"软键即可。

5. 使用 ALL I/O 界面输入输出 SRAM 中的数据

系统还提供了专门用于输入输出数据的 ALL I/O 界面。在上面介绍的参数备份中，同名文件将被覆盖，而 ALL I/O 界面的自定义名称可以解决这个问题。

（1）ALL I/O 界面的显示。在编辑状态下，按 MDI 面板上的 SYSTEM 键，然后按显示器下面的▶扩展键数次，调出 ALL I/O 界面，如图 6-17 所示。

（2）按▶扩展键，出现可备份的数据类型，以备份参数为例，操作步骤如下。

① 按"参数"软键，如图 6-18 所示。

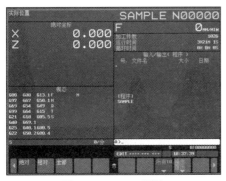

图 6-17　ALL I/O 界面

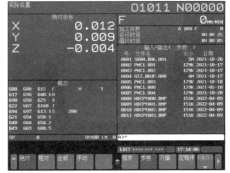

图 6-18　按"参数"软键

② 按"（操作）"软键，出现可备份的操作类型，如图 6-19 所示。

"F 查找"表示在读取参数时，按文件名读取存储卡中的数据；"N 读取"表示在读取参数时，按文件号读取存储卡中的数据；"F 读取"表示输出参数；"删除"表示删除存储卡中的数据。

③ 在向存储卡中备份数据时，按"F 读取"软键，打开图 6-20 所示的界面。

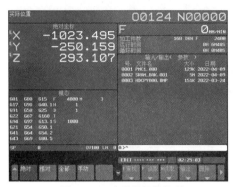

图 6-19 可备份的操作类型

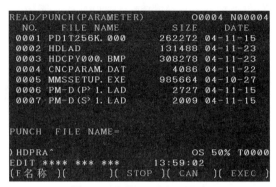

图 6-20 参数"F 读取"界面

输入要输出的参数名称，如 HDPRA，按"F 名称"软键，之后文件名会显示在 FILE NAME= 后面，这时即可给输出的文件定义名称，执行即可。

通过这种方法备份参数可以自定义参数名称，这样可以用一张存储卡备份不同机床的多个数据。

（3）加工程序的输入输出。

① 在"所有 I/O"界面中按"程序"软键，可以看到程序界面。上半部分为存储卡中的程序，下半部分为系统中的程序。

② 依次按"程序"软键→"操作"软键→"输出"软键，显示图 6-21 所示的程序"输出"界面。在此界面中可以给程序命名。例如，这里将程序命名为"PRO20"，按"F 名称"软键，然后选择要输出的程序 O1020，按"P 设定"软键。

③ 按"执行"软键，此时选中的程序 O1020 以文件名 PRO20 保存在存储卡中，如图 6-22 所示的 0002 号文件。

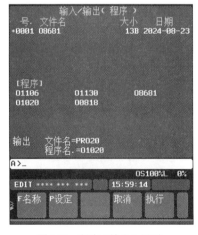

图 6-21 程序"输出"界面

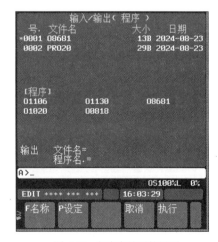

图 6-22 程序存储后的界面

④ 程序的读入是在程序的输出步骤②中选择"F 输入"或"N 输入"，在文件号后面输入选择读入的文件序号，按"F 读取"软键。例如，这里要导入 O8681，输入文件号 1，按"F 设定"软键，最后按"执行"软键，此时程序被读入存储卡中，如图 6-23 所示。

图 6-23 程序的读入界面

 注 意

> 如果在第②步中选择"N 输入",就按照文件名选择,操作基本相同。

这里需要注意,从存储卡中读入的程序号不能与系统中原有的程序号相同。

(4)在程序界面中备份系统的全部程序。前面讲过从程序界面可以一次传输所有程序,默认文件名为 PROGRAM.ALL。在 ALL I/O 界面下也可实现,并且可以给输出的文件命名。首先要设定参数 3201#6=1,在 ALL I/O 界面,按"程序"软键→PUNCH 软键,输入要读入的文件名,如 0ALL,按"F 名称"软键,输入程序号–9999,按"O 设定"软键,然后按"执行"软键,就可以把全部程序输出到存储卡中(默认文件名为 PROGRAM.ALL)。

回传所有程序的方法和单个程序的类似。在 ALL I/O 界面中按"程序"软键→"F 设定"软键,选择程序号,按"F 设定"软键,输入–9999,不要按"O 设定"软键,直接按"执行"软键,此时所有程序被回传到系统中。

回传时要保证程序号不重复,否则系统同样会发出 73 号报警。

6．用存储卡进行 DNC 加工

DNC 运行方式(RMT)是自动运行方式的一种,是指在读入存储卡中程序的同时执行自动加工(DNC 运行)。前提是需要预先设定参数,20 号参数值为 4,138#7=1。

(1)选择 DNC 方式,按 MDI 面板上的 PROGRAM 键,然后按▶扩展键找到 DNC-CD 软键。

(2)按 DNC-CD 软键,出现图 6-24 所示的界面(界面中的内容为存储卡中的内容)。

如图 6-24 所示,选择要运行程序的文件号,如选择 6 号文件 O0020 运行,则输入 6,按 DNC-ST 软键,此时"DNC 文件名"变为"O0020",按循环启动键,开始用 O20 进行 DNC 加工。

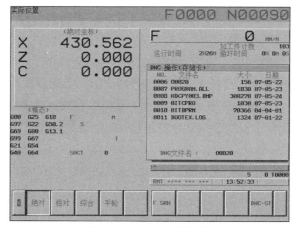

图 6-24 DNC 加工选择界面

（二）使用计算机 RS-232-C 串行接口备份和恢复数据

1. 数控机床传输软件的功能及异步串行通信

现在国际上已有较完善的传输软件应用于计算机与数控设备 CNC 之间的通信，目前常用的有 V24、AIC、WinPCIN、PCIO、PCCS、CIMCO、计算机超级终端程序等几种。其中计算机超级终端程序不需要计算机安装任何专用传输软件（只要求计算机操作系统为 Windows 98 以上即可），操作更简单、更经济。

（1）数控机床传输软件的主要功能。

如果电缆信号连接准确，能正确运用接口通信软件，计算机与数控设备的数控系统之间的信息就能顺利交换，通过系统数据传输软件即可对机床参数、加工程序等进行输入输出、编辑、存储、备份及恢复等操作。传输软件的主要功能如下。

① 将数控设备的数控系统内部的数据传送至计算机内存中（数控机床数据的备份）。

② 将计算机存储的数据输出至数控系统中（数控机床数据的恢复）。

③ 对机床参数、加工程序等数据进行编辑、输出、删除等。

④ 可通过传输软件实现数控机床的在线加工（直接数字控制运行）。

⑤ 可通过传输软件（LADDER）实现系统 PMC 程序和 PMC 参数的备份、编辑及恢复。

（2）异步串行通信数据格式。

串行通信是指通信的发送方和接收方之间数据的传输是在单根数据线上，以每次一个二进制的 0、1 为最小单位进行的。为实现串行通信并保证数据的正确传输，要求通信双方遵循某种约定的规程。目前在计算机及数控系统中，较简单、常用的规程是异步通信控制规程，或者称为异步通信协议。其特点是通信双方以一帧作为数据传输单位。每帧从起始位开始，后面跟数据位（位长度可选）、奇偶校验位（奇偶检验可选），最后以停止位结束。起始位表

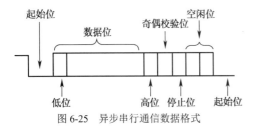

图6-25 异步串行通信数据格式

示一个字符的开始，接收方可用起始位使自己的接收时钟与数据同步。停止位则表示一个字符的结束。这种由起始位开始、停止位结束构成的一串信息称为帧。异步串行通信数据格式如图 6-25 所示。在传送一个字符时，由一位低电平的起始位开始，接着传送数据位（7 位或 8 位）。在传送数据时，按低位在前、高位在后的顺序进行。

奇偶校验位用来检验数据的正确性，既可以由系统参数设定，也可以没有。最后传送的是高电平的停止位。停止位可以是 1 位或 2 位。停止位结束到下一个字符的起始位之间的空闲位要由电平 1 来填充（只要不发送下一个字符，线路上就始终为空闲位）。异步串行通信中典型的帧格式是，1 位起始位，7 位或 8 位数据位，1 位奇偶校验位，2 位停止位。

（3）RS-232-C 的信号。

① SD：CNC 的输出信号，当 CNC 通信条件满足时，CNC 系统向外部数据设备传输数据。

② RD：CNC 的输入信号，当 CNC 和外部设备通信条件满足时，外部数据设备向 CNC 系统传输数据。

③ 发送请求信号 RS：CNC 的输出信号，当 CNC 开始传送数据时，该信号为 ON，结

束数据传送时，该信号被设置为 OFF。

④ 允许发送使能信号 CS：CNC 的输入信号，当该信号和 DR 信号同时被设置为 ON 时，CNC 可以传送数据。若外部设备因为穿孔等操作而产生延时，则在传送出两个字符（包括当前正在传送的数据）后关掉该信号，从而终止 CNC 数据的传送。当不使用 CS 信号时，要短接 CS 和 RS。

⑤ 准备就绪信号 ER：CNC 的输出信号，当 CNC 接收到外部设备发出的 CS 信号时，CNC 向外部设备发出该信号。

⑥ 外部数据设备就绪信号 DR：CNC 的输入信号，当 CNC 接收到外部数据设备就绪信号后，CNC 开始传送数据，如果在传送过程中该信号被中断，CNC 就会停止传送数据并发出系统报警。当不使用 DR 信号时，要短接 DR 和 ER。

⑦ 检查数据信号 CD：CNC 的输入信号。当不使用该信号时，需要将 CD 和 ER 短接。

⑧ SG：CNC 信号地。

（4）数控系统的连接电缆接口。

目前，数控机床都配有标准 RS-232-C 通信接口，通用的连接器应为 9 芯或 25 芯，但在 FANUC 0 系列基本单元中使用的是 20 芯微型连接器，RS-232-C 接口引脚排列与信号名称如图 6-26 和表 6-3 所示。为了与 RS-232-C 通信接口标准统一，应通过转换接口，将 CNC 连接器转换成标准的 9 芯或 25 芯 RS-232-C 接口。转换接口按照表 6-3 中的要求制作。一般机床侧为 9 芯或 25 芯电缆接口（座），只要用户按图 6-26 所示焊接电缆接口，即可传送数据。

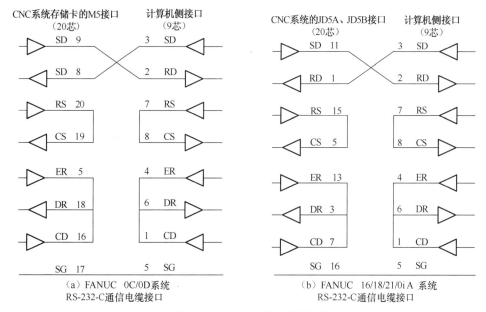

（a）FANUC 0C/0D 系统　　　　　　　　　（b）FANUC 16/18/21/0i A 系统
RS-232-C 通信电缆接口　　　　　　　　　　　RS-232-C 通信电缆接口

图 6-26　RS-232-C 接口引脚排列

表 6-3　　　　　　　　　　　　　　RS-232-C 接口信号名称

CNC 侧引脚	标准连接器引脚		信号代号	信号名称	信号功能
	9 芯	25 芯			
7	1	8	CD	载波检测	接收到 MODEM 载波信号时为 ON
1	2	3	RD	数据接收	接收来自 RS-232-C 设备的数据

续表

CNC 侧引脚	标准连接器引脚		信号代号	信号名称	信号功能
	9 芯	25 芯			
11	3	2	SD	数据发送	发送传输数据到 RS-232-C 设备
13	4	20	ER	终端准备好	数据发送端准备好
2/4/6/8/12/14/16	5	7	SG	信号地	屏蔽干扰和静电
3	6	6	DR	接收准备好	数据接收端准备好
15	7	4	RS	发送请求	请求数据发送信号
5	8	5	CS	发送请求回答	发送请求回答信号
—	9	22	RI	呼叫指示	只表示状态

 注 意

　　FANUC RS-232-C 设备使用+24V 电源；没有标记信号名称的引脚不连接任何线；18 脚和 20 脚（+5V）用于接触式通道连接。

2．CNC 系统与 RS-232-C 串行接口的焊接

　　FANUC 0i F/0i F Plus 可以通过 RS-232-C 接口和计算机相连，实现 DNC 加工。通信电缆需要由用户自己焊接，推荐的接线如图 6-27 所示。如果使用 25 芯插头，将 9 芯的 5 脚改成 25 芯的 7 脚即可。

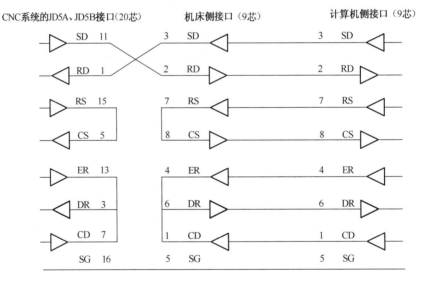

FANUC 16/18/21/0i A 系统

图 6-27　RS-232-C 串行通信电缆接口的接线

　　为防止计算机的接口漏电而将 CNC 的接口烧坏，可在接口上加光电隔离器，防止产生静电和干扰。

3．串行通信参数的设定

　　（1）串行通信的硬件。

　　CNC 系统提供两个硬件接口（JD36A、JD36B），这两个接口的电路连接一致，均可用来

进行通信。通过设定参数来激活对应接口。另外，通信硬件接口如图 6-28 所示。打开 SETTING 界面，当设定的 I/O CHANNEL=0 或 1 时，系统使用 JD36A；当设定的 I/O CHANNEL=2 时，系统使用 JD36B。

图 6-28 通信硬件接口

（2）串行通信参数。

在使用 RS-232-C 接口时，经常出现 086、087 报警，主要原因是没有设定好参数，每个通道均有一套配置参数，如停止位、波特率、奇偶校验位、数据位等。串行通信参数和通道的对应关系如图 6-29 所示。

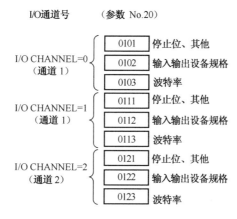

图 6-29 串行通信参数和通道的对应关系

当各通道连接的输入输出设备不同时，参数的内容可以修改。相关参数的含义如图 6-30～图 6-32 所示。

0101	#7	#6	#5	#4	#3	#2	#1	#0
	NFD				ASI			SB2

图 6-30 参数 0101 的含义

数据形式为位型。

SB2——停止位数。0 表示 1 位，1 表示 2 位。

ASI——数据输入时的代码。0 表示 EIA 或 ISO 代码；1 表示 ASCII（美国信息交换标准码）。

NFD——数据输出时，是否在数据前后输出馈送。0 表示输出，1 表示不输出。

0102	输入输出设备的规格号（I/O CHANNEL=0 时）

图 6-31 参数 0102 的含义

数据形式为字节型。

输入输出设备的规格号（I/O CHANNEL=0 时）设定值如表 6-4 所示。

表 6-4 输入输出设备的规格号设定值

设 定 值	输入输出设备
0	RS-232-C（使用控制代码 DC1～DC4）
1	FANUC CASSETTE ADAPTOR1
2	FANUC CASSETTE ADAPTOR3
3	FANUC PROGRAM FILE　Card Adaptor FANUC FLOPPY CASSERRE FANUC Handy File
4	RS-232-C（不使用控制代码 DC1～DC4）
5	手提式纸带阅读机
6	FANUC SYSTEM P-MODEL G/ H

0103	波特率（I/O CHANNEL=0 时）

图 6-32　参数 0103 的含义

数据形式字节型。

对应 I/O CHANNEL=0 的输入输出设备的波特率设定值如表 6-5 所示。

表 6-5 波特率设定值

设 定 值	波特率/(bit·s^{-1})	设 定 值	波特率/(bit·s^{-1})
1	50	7	600
2	100	8	1200
3	110	9	2400
4	150	10	4800
5	200	11	9600
6	300	12	19200

（3）串行通信参数设定。

必须先保证 CNC 通信接口的通信参数和计算机设定的通信参数一致，可按如下步骤设定。

① CNC 侧。

0#1=0 时，用 EIA 代码输出；0#1=1 时，用 ISO 代码输出（选用）。

0020=0 时，采用通道 0（主板上的 JD36A）（选用）；0020=1 时，采用通道 1（主板上的 JD36A）；0020=2 时，采用通道 2（主板上的 JD36B）。

0101#3=0 时，输出时用 EIA 或 ISO 代码（选用）；0101#3=1 时，输出时用 ASCII。

0101#0=0 时，停止位为 1 位；0101#0=1 时，停止位为 2 位（选用）。

0102=0 时，使用 RS-232-C 设备作为输入输出设备。

0103=12 时，波特率为 19200 bit/s。

② 计算机侧 COM1 口。

波特率为 19200 bit/s；奇偶校验为无；数据位为 7；停止位为 2。

（4）FANUC LADDER-Ⅲ PMC 编程软件的通信。

FANUC LADDER-Ⅲ是一套用于编写 FANUC PMC 顺序程序的编程系统。该软件在 Windows 操作系统下运行。FANUC LADDER-Ⅲ软件可以通过 RS-232-C 接口或网络接口与

CNC/PMC 在线通信，FANUC LADDER-Ⅲ软件界面如图 6-33 所示。FANUC LADDER-Ⅲ的主要功能是：输入、编辑、显示、输出顺序程序；监控、调试顺序程序；在线监控梯形图、PMC 状态、显示信号状态、报警信息等；显示并设置 PMC 参数；执行或停止顺序程序；将顺序程序传入 PMC，或者将顺序程序从 PMC 传出；输出 PMC 程序等。

① FANUC LADDER-Ⅲ软件参数及端口设置。选择 Tool→Option→Setting，在弹出的端口设置对话框中，设置使用的通信端口名称、通信参数；对通信端口和通信参数的设置还可以选择菜单栏中的 Tool→Communication，在弹出的 Communication（通信）对话框中选择 Setting 选项卡进行设置，如图 6-34 所示。

图 6-33　FANUC LADDER-Ⅲ软件界面

图 6-34　Communication 对话框

利用该对话框设置所选通信端口通信时的波特率（Baud-rate）、校验位（Parity）、停止位（Stop-bit）。系统在 Device property 列表框中显示新设置的通信参数。

在计算机上，FANUC LADDER-Ⅲ软件与 PMC 离线状态下，用 FANUC LADDER-Ⅲ软件编写的顺序程序称为源程序，将源程序输入数控系统中，需要经过编译（Compile）才可以存储到存储卡中，从而被数控系统执行。相反，若将数控系统存储卡中的顺序程序传输到计算机中，则需要进行反编译（Decompile）。

② 输入输出顺序程序。FANUC LADDER-Ⅲ软件支持对*.LAD 文件与存储卡中的文件进行输入输出操作。输入顺序程序的操作步骤如下。

a. 打开准备输入的顺序程序文件，选择 File→Open program。

b. 系统弹出 Import 对话框，选择输入文件的类型为*.LAD 文件，单击"下一步"按钮。

c. 系统弹出 Import 对话框，提示用户选择输入文件的内容：标题信息、第一级程序、第二级程序、子程序。用户选中所需内容的复选框，单击"完成"按钮。

d. 系统弹出对话框提示用户此项操作将更改程序内容，提问是否继续。单击 Yes 按钮，将指定程序输入当前程序中；单击 No 按钮，取消输入操作，当前程序保持不变。

（三）RS-232-C 串行接口通信故障与排除

RS-232-C 串行接口故障报警主要有 85～87 号报警和 90 号报警。产生 85～87 号报警主要与 CNC 接口故障、计算机接口故障以及通信软件适配和通信参数设置等有关；90 号报警产生的原因是系统返回零点时找不到栅格信号。

有关 85～87 号报警的诊断流程，如图 6-35 所示。

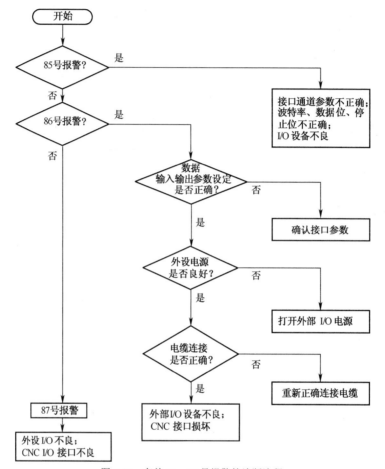

图 6-35　有关 85～87 号报警的诊断流程

与 RS-232-C 连接的外部设备既可以是 FANUC 公司手持单元（Handy File），也可以是符合 RS-232-C 协议的其他设备，如计算机等。但是，与非 FANUC 公司产品通信时，必须有适配的通信软件，并且通信软件的参数应与 CNC 通信参数（如波特率、停止位、数据位等）相匹配，否则会出现 85 号报警。

当接口出现故障（包括硬件或参数引起的故障）时，会出现 86 号报警；当 87 号报警出现时，一般是由于 CNC 硬件或外设硬件故障。

1．故障发生的原因

总体归纳，有下述几个方面的原因会导致 85～87 号报警。

（1）有关输入输出接口的参数设定不正确。

（2）外部输入输出设备或主计算机不良。

（3）CNC 主板或输入输出接口板不良。

（4）CNC 与外部设备间的电缆连接不良。

2．解决方案

（1）输入输出接口参数设定不正确的解决方案。ISO 或 EIA 代码不匹配，会发生 86 号报警，在 CNC 侧，将参数设定正确。

（2）外部输入输出设备或者主计算机不良的解决方案。确认输入输出设备或主计算机的相关通信设定与 CNC 的设定（波特率、停止位等的设定）是否相同，若不同，则应改变设定值。

（3）主板或输入输出接口板不良的解决方案。与主板或输入输出接口板有关的 RS-232-C 接口芯片损坏，更换电路板。

 注　意

> FANUC RS-232-C 不具有"即插即拔"功能，带电插拔非常容易引起接口芯片损坏，甚至导致 CNC 主板烧损。

（4）CNC 和外部设备间的电缆连接不良的解决方案。检查该电缆是否断开、接线是否正确。

三、任务实施

（一）焊接 RS-232-C 电缆

以焊接通信电缆 DB 头为例，按图 6-27 所示，使用电烙铁焊接 RS-232-C 串行 20 针转 9 芯接口的引脚。当焊接 DB 头接口时，注意两端引脚号排列，应美观、便用；注意引脚露出长度要短，导线部分要用屏蔽层或管包裹，保证相互绝缘和避免外界干扰。

电烙铁分为外热式和内热式两种，其中外热式一般功率较大。焊接通信电缆头大多用 20～30W 的内热式电烙铁，其体积较小，而且价格便宜。焊接需要使用焊锡，为方便使用，通常将焊锡做成"焊锡丝"，焊锡丝内一般含有助焊的松香。焊锡丝由约 60%的锡和 40%的铅合成，熔点较低。松香是一种助焊剂，可以帮助焊接。松香既可以直接用，也可以配置成松香溶液，即把松香碾碎，放入小瓶中，再加入酒精搅匀。注意，酒精易挥发，用完后记得把瓶盖拧紧。瓶中可以放一小块棉花，用时就用镊子夹住棉花，将松香溶液涂在元器件上。焊接方法如下。

（1）右手持电烙铁，左手用尖嘴钳或镊子夹持 DB 头或导线。焊接前，电烙铁要充分预热。烙铁头刃面上要蘸锡，即带上一定量的焊锡。

（2）将烙铁头刃面紧贴在焊点处。电烙铁与焊接平面大约呈 60°角，以便熔化的锡从烙铁头流到焊点上。控制烙铁头在焊点处停留的时间为 2～3s。焊接时，一定要控制好烙铁头在焊点处停留的时间。如果时间太长，DB 头将被烧焦，或者造成变形。

（3）右手抬起烙铁头，左手仍持 DB 头不动。待焊点处的锡冷却凝固后，方可松开左手。

（4）用镊子转动引线，确认不松动，然后可用斜口钳剪去多余引线。

焊接时，要保证每个焊点焊接牢固、接触良好；要保证焊接质量。好的焊点应呈现锡点光亮、圆滑而无毛刺，锡量适中。锡和被焊物融合牢固，不应有虚焊和假焊。其中，虚焊是指焊点处只有少量锡焊柱，造成接触不良，时通时断；假焊是指表面上好像焊住了，但实际上并没有焊住，有时用手一拔，就可以将引线从焊点中拔出。

 注　意

　　电烙铁是握在手里的，使用时千万注意安全。对于新买的电烙铁，要先用万用表欧姆挡检测一下插头与金属外壳之间的电阻，这时万用表指针应该不动，否则应该彻底检查。

（二）数控程序的上传与下载

　　将焊接好的通信电缆连接在 CNC 侧、机床侧和计算机侧。选择已编辑好的程序备份到计算机内并上传到 CNC 的 SRAM 中。如果电缆没有焊接好，使用时将出现 086087 报警。

 注　意

　　如果没有光电隔离器，那么在使用台式计算机时，必须将计算机的地线与 CNC 的地线牢固地连接在一起接地，防止产生静电而烧毁 CNC 接口或主板。

1．下载零件程序
　　（1）选择 EDIT（编辑）方式。
　　（2）按 PROG 键，再按"程序"软键，显示程序内容。
　　（3）先按"（操作）"软键，再按▶扩展键。
　　（4）用 MDI 输入要输出的程序号。在要输出全部程序时，输入 0～9999。
　　（5）启动计算机侧传输软件，传输软件显示处于等待输入状态。
　　（6）按 PUNCH 键、EXEC 键后，开始输出程序。同时界面下部显示的状态上的 OUTPUT 闪烁，直到程序输出停止，按 RESET 键可停止程序输出。

2．上传零件程序
　　（1）选择 EDIT（编辑）方式。
　　（2）将程序保护开关置于 ON 位置。
　　（3）按 PROG 键，再按"程序"软键，显示程序内容。
　　（4）按 OPRT 软键，再按▶扩展键。
　　（5）按 READ 软键，再按 EXEC 软键后，系统处于等待输入状态。
　　（6）在计算机侧找到相应程序，启动传输软件，执行输出，系统开始输入程序；同时界面下部显示的状态上的 INPUT 闪烁，直到程序输入停止，按 RESET 键可停止程序输入。

（三）PMC 梯形图的备份与恢复

1．将 PMC 梯形图输出到计算机进行备份
　　通过 CRT/MDI 上的按键，系统中的梯形图顺序程序可以输出到计算机进行备份，方法如下。
　　（1）系统内部提供了内置编程器，将 PMC 参数 K17.1 置为 1，激活 PMC 编程基本菜单。
　　（2）选择 PMC 编程基本菜单中的软菜单 EDIT、LADDER，显示编辑界面。
　　（3）把梯形图顺序程序输出到计算机进行备份。
　　（4）退出编辑界面，保存 PMC 程序。

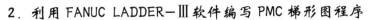

2. 利用 FANUC LADDER-Ⅲ 软件编写 PMC 梯形图程序

（1）编写处理需快速响应的信号的第一级程序。第一级程序每 8ms 执行一次，需被快速处理的信号包括急停信号、机床互锁信号、硬件超程信号、进给保持信号、计数信号等，其中地址固定的 PMC 输入 CNC 的接口信号地址参见任务五。

（2）编写第二级程序。完成操作方式选择、进给轴控制、主轴控制、辅助功能处理、手动操作、自动刀具交换、自动工作台交换、冷却液控制、润滑控制等。第二级程序中的几个典型组成部分即具体实验内容还包括以下几个方面。

① 根据机床面板确定的操作方式方案、输入点地址，完成各种方式之间切换的程序设计。系统的操作方式主要包括自动运行、编辑、MDI、DNC、返回参考点、JOG、手轮操作、示教等。这些操作方式的接口地址，以及用于确认所选信号的接口信号地址参见附录 A。要求系统只能处在一种操作方式下，各种操作方式间可切换。

② M 功能的处理。编写常用辅助功能指令的处理程序来实现这些功能。常用辅助功能指令包括：M00——程序停止；M01——选择停；M02——程序结束；M03——主轴正转；M04——主轴反转；M05——主轴停止；M06——刀具自动交换；M08——冷却开；M09——冷却关。

③ 冷却液控制。实现手动和自动两种控制冷却液的形式。当手动控制时，通过面板上的冷却液开按钮和冷却液关按钮来控制冷却液的开关；当自动执行时，通过辅助指令 M08/M09 来控制冷却液的开关。

（3）编写润滑控制程序实现以下功能，并利用数控机床面板指示灯验证。

① 机床通电后，润滑 10s。

② 当按手动润滑按钮时，润滑 10s。

③ 润滑停止后，30min 后再开始第二次 10s 的润滑。

④ 循环执行。

3. PLC 梯形图恢复

通过 CRT/MDI 上的按键，以梯形图形式把程序输入系统，方法如下。

（1）系统内部提供了内置编程器，将 PMC 参数 K17.1 置为 1，激活 PMC 编程基本菜单。

（2）选择 PMC 编程基本菜单中的软菜单 EDIT、LADDER，显示编辑界面。

（3）把上面的程序输入系统。

（4）退出编辑界面，按 RUN 键，执行 PLC 程序。

（四）CNC 系统参数的备份与恢复

1. 输入输出参数的设定

PRM0000 设定为 00000010。

PRM0020 设定为 0。

PRM0101 设定为 00000001。

PRM0102 设定为 0（用 RS-232-C 传输）。

PRM0103 设定为 10（传送速度为 4800bit/s）或 11（传送速度为 9600bit/s）。

2. 输出 CNC 参数

（1）选择 EDIT（编辑）方式。

（2）按 SYSTEM 键，再按 PARAM 软键，选择参数界面。

（3）按 OPRT 软键，再按▶扩展键。

（4）启动计算机侧传输软件，处于等待输入状态。

（5）在系统侧按 PUNCH 软键，再按 EXEC 软键，开始输出参数；同时界面下部显示的状态上的 OUTPUT 闪烁，直到参数输出停止，按 RESET 键可停止参数输出。

3．输入 CNC 参数

（1）进入急停状态。

（2）按 SETTING 键，可显示设定界面。

（3）确认"参数写入=1"。

（4）按▶扩展键。

（5）按 READ 软键，再按 EXEC 软键后，系统处于等待输入状态。

（6）在计算机侧找到相应数据，启动传输软件，执行输出，系统开始输入参数；同时界面下部显示的状态上的 INPUT 闪烁，直到参数输入停止，按 RESET 键可停止参数输入。

（7）输入完参数后，关闭一次电源，再打开。

四、技能拓展

（一）螺距误差补偿量的备份与恢复

1．设置 PC WinPCIN 软件的通信协议

（1）运行 WinPCIN 软件后，出现菜单 V24-INI、DATA-IN、DATA-OUT、FILE、SPECIAL、PC-FORMAT、AR-CHIV-FILE、EXIT 等。

（2）使用左、右键，选择 V24-INI，按 Enter 键确认，出现菜单 COM NUMBER 1（根据计算机实际使用的通信端口选择）、BAUDRATE 19200（波特率）、PARITY EVEN（奇偶检验）、2 STOP BITS（停止位 2 位）、7 DATA BITS（数据位 7 位）、X ON/OFF SET UP、END W-M30 OFF、TIME OUT 0S、BINFINE OFF、TURBOMODE OFF、DONOT CHECK DSR。

其中 X ON/OFF SET UP 选项设置：X ON/OFF OFF、X ON CHARACTER:11、X OFF CHARACTER: 13、DONOT WAIT FOR XON、DONOT SEND XON。

（3）使用上、下键选择上述各菜单，使用左、右键选择各菜单内的选项，按上述要求设置完成后，按 Enter 键确认，保存后返回初始菜单。

（4）选择 SPECIAL 菜单设置 DISPLAY ON，返回初始菜单（如果不设置 SPECIAL 菜单内的 DISPLAY 选项，在计算机屏幕上将不能看到计算机接收或传送数据的动态显示）。

2．螺距误差补偿表的传送（CNC 到计算机）

（1）在计算机端选择 DATA-IN 菜单，按 Enter 键确认。

（2）在 FILE NAME 栏输入数据的路径及文件名，按 Enter 键确认，此时计算机处于等待状态。

（3）选择 EDIT 方式。

（4）按 SYSTEM→▶→PITCH→OPRT→▶→PUNCH→EXEC 键，数据开始输出直到结束。

（5）在计算机端按 Esc 键（计算机会自动保存接收的数据）。

3．螺距误差补偿表的接收（计算机到 CNC）

（1）选择 EDIT 方式。

（2）将控制面板上的钥匙置于 O 状态（只有这样，才允许接收数据）。

（3）按 SYSTEM→▶→PITCH→OPRT→▶→READ→EXEC 键。

（4）在计算机端选择 DATA-OUT 菜单，按 Enter 键确认。

（5）在 FIIE NAME 栏中输入要传送数据的路径及文件名，然后按 Enter 键确认，计算机端会动态显示零件程序直至传送结束。

（二）利用 Windows 超级终端传输数据

1．计算机侧的设定步骤

（1）在 Windows 98 附件的通信中选择超级终端，并执行。该程序运行后显示图 6-36 所示的界面。

（2）设定新建连接的名称为 CNC（或其他），并选择连接的图标。

（3）在完成第（2）步的设定后，单击"确定"按钮，出现图 6-37 所示的界面，然后根据本计算机的资源情况设定进行串口的连接，本例选择"直接连接到串口 1"选项。

图 6-36　超级终端界面　　　　　图 6-37　超级终端串口选择

（4）在完成第（3）步的设定后，单击"确定"按钮，出现图 6-38 所示的界面，该界面显示的即为完成串行通信的必要参数设定。设置"波特率"为"9600"（可根据系统设定的参数而定），"数据位"为"8"，"奇偶校验"为"无"，"停止位"为"1"，"流量控制"为"Xon/Xoff"。

（5）完成第（4）步的设定后，在设置界面中设定该 CNC 连接的属性，如图 6-39 所示。

（6）在完成第（5）步的设定后，在设置界面中设定 ASCII 码，如图 6-40 所示。

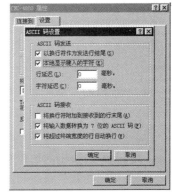

图 6-38　串行通信参数设定　　图 6-39　串行通信 CNC 连接属性的设置　　图 6-40　ASCII 设定界面

2．程序传输

以上设定工作完成后，即可进行计算机与数控系统的通信，以程序名称 DEMO.TXT 为例，进行通信。

（1）当要接收数控系统的信息时，首先将计算机的 CNC 连接打开，然后从下拉菜单"传送"中选择捕获文本，并执行该程序，将捕获文件命名为 DEMO.TXT 后，确认开始。

（2）当要发送数控系统的信息时，首先使数控系统处于接收状态，然后设定计算机的状态，从下拉菜单"传送"中选择发送文本文件，并执行该程序，选择 DEMO.TXT 后，确认打开。

3．通信的编辑格式

（1）程序必须以%开始，以%结束。

（2）程序号不用 O，以：开始。

（3）段尾不要 EOB（；）。

示例如下。

```
%  …… .#以%开始
:0001…… .  #以:取代 O
G00X100.Y100.Z100. …… .# 不需要输入 EOB（；）
G01X100.Y100.Z100.F1000.
M02
:0002
G91G00X150.Y150.
G04X100.
M99
%  …… #以%结束
```

| 小　　结 |

本任务重点介绍了利用存储卡在引导系统屏幕界面与使用计算机及通信电缆两种方法备份和恢复数据。读者应掌握 CNC 侧通信参数的设置和操作，能针对不同的数控系统焊接通信电缆接口引脚，保证通信的可靠性，会操作数控机床，完成加工程序的上传和下载，为自动编程的程序上传和 DNC 加工打下基础，并根据传输时系统的报警号，正确分析报警的原因，能够解决简单的传输故障。

| 自　测　题 |

1．简答题

（1）当要求以 19200bit/s 的波特率传送数据时，相应的参数应该怎么修改？

（2）在用计算机的 RS-232-C 接口输入输出参数时，系统应该处于什么状态？

（3）怎样用万用表检测 CNC 侧与计算机侧电缆连接的正确性？

（4）相同的数控系统与相同规格的机床之间的 CNC 参数是不是通用的？系统文件是不是一致的？

（5）数据传输85～87号报警可能是什么故障引起的？怎样排除？

2．实训题

（1）利用存储卡对 CNC 参数、加工程序、螺距误差补偿量、PMC 程序及参数等进行备份和恢复操作。

（2）利用焊接的通信电缆和计算机的超级终端，对 CNC 参数、加工程序、螺距误差补偿量、PMC 程序及参数等进行备份和恢复操作。

任务七
CNC 系统的故障诊断与维修

【学习目标】

• 通过实践操作能够掌握 FANUC 0i F/FANUC 0i F Plus 数控系统的报警类型。

• 了解 CNC 系统软硬件的故障诊断与维修方法。

• 能够正确诊断与排除 FANUC 0i F/FANUC 0i F Plus 数控系统的常见故障。

【素质目标】

• 培养认真、细致的岗位责任意识。

• 培养职业安全意识。

• 培养独立动手与团队合作的意识。

• 培养发现问题和解决问题的思维能力。

一、任 务 导 入

当数控系统发生故障时，要想更快地排除故障，就需要正确把握故障情况，进行妥善处理。为此，应按图 7-1 所示流程确认故障情况。

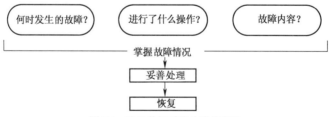

图 7-1　确认数控系统故障的流程

作为数控系统维修技术人员，全面了解 CNC 系统的报警类型，对于缩小故障范围、准确查找故障点帮助非常大。可以通过以下几种途径观察 FANUC 0i 系列数控系统的报警类型。

（1）CRT 或 LCD 上的报警信息提示——报警号+文字说明。

（2）系统电路板或单元模块上的报警指示灯状态——不同的组合反映不同的故障。

本任务分别简要说明几种报警，并深入讨论常见报警，在实际现场维修中，还请参考 FANUC 维修说明书。

二、相关知识

（一）CNC系统的报警类型

1．CNC故障诊断的基本方法

当数控机床发生故障时，在绝大多数情况下，CNC能显示报警号与提示信息。根据CNC报警显示内容维修、处理故障是必须掌握的基本故障诊断与维修方法之一。FANUC 0i F可以在显示器上显示数千条报警信息。故障诊断与维修的基本步骤如下。

步骤1：确认报警号。

步骤2：根据CNC显示的报警号，大致确定故障部位。

步骤3：分析发生故障的可能原因。

步骤4：进行相应的维修处理。

 注　意

当CNC显示功能故障或报警信息不够明确，或无报警但动作无法正常进行时，需要根据CNC各组成模块的状态指示灯、PMC的I/O信号状态等，借助CNC的自诊断功能进行检查。

2．报警的分类

根据报警显示形式的不同，FANUC 0i F的报警可以分为报警号显示报警与文本提示报警。前者既有报警号，又有相应的文本提示信息，CNC的绝大部分报警属于此类；后者只显示提示文本，一般在PMC程序编辑与数据I/O时出现。

根据报警设计者的不同，FANUC 0i F的报警可以分为系统报警和外围报警。前者由CNC厂家设计，所有FANUC 0i F通用；后者由机床生产厂家设计，结构、类型不同的机床会有不同的外部故障错误代码和报警信息。

由于机床的外围报警只能用于特定机床，因此当出现此类报警时，操作者需根据机床生产厂家提供的使用说明书进行维修与处理。

3．CNC报警分类表

根据故障部位与引起故障原因的不同，FANUC 0i F的CNC报警分类如表7-1所示，报警号对应的报警内容可以参考附录C。

表7-1　　　　　　　　　　　　FANUC 0i F的CNC报警分类

报　警　号	缩　　写	内　　容	备　　注
000～253	PROGRAM、EDIT	编程/操作错误	P/S报警
300～309	APC	绝对位置编码器故障	APC报警
360～387	SPC	串行编码器故障	SPC报警
400～468	SV	伺服驱动报警1	SV报警
500～515	OVT	超程报警	
600～613	SV-2	伺服驱动报警2	SV报警
700～704	OH	过热报警	
740～742	RIGID	TAP	
749～784	SPINDLE	主轴报警	
900～976	SYSTEM	系统报警	CNC系统报警

续表

报 警 号	缩 写	内 容	备 注
1000~1999	PMC	ALM	取决于机床生产厂家的设计，参见机床生产厂家提供的使用说明书
2000~2999	PMC	ALM	
3000~3999	MACRO	PRO	
5010~5453	PROGRAM、EDIT	编程/操作错误	P/S 报警
7000~		串行主轴报警	
ER01~ER99		PMC 报警	
WN02~WN48		PMC 程序或控制软件报警	
PC000~PC200		PMC 系统报警	
—		PMC 用户程序出错文本提示	编辑、检查用户程序时出现
—		数据 I/O 错误文本提示	数据 I/O 时出现

注：000#～253#区间的报警一般与设备故障关系不大，000#报警说明重要参数已经被修改。

（二）CNC 系统软件的故障检测与维修

一般而言，对于组成 CNC 的硬件模块与软件的配置信息，可通过 CNC 自诊断功能检查，通常在开机过程中自动进行。

1．接通电源时的检查

在 CNC 电源接通后，内部操作系统首先进行的是 CNC 硬件安装与故障检查，如果检测到硬件安装存在问题或硬件本身存在故障，就自动停止，并显示图 7-2 所示的硬件安装与故障检查页面，以指示硬件的情况。

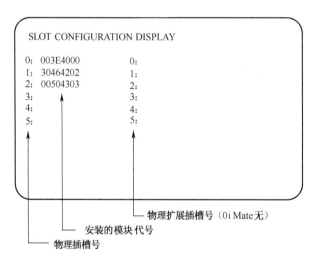

图 7-2　硬件安装与故障检查页面

故障的模块可以通过安装模块的代号反映出来，该代号由 8 位十六进制数组成，含义如图 7-3 所示。

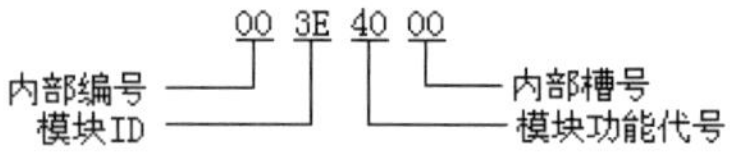

其中模块的 ID 反映了模块的类型，模块的 ID 与产品的生产时间、软件功能等因素有关，在不同的 CNC 上有所区别。

图 7-3　模块代号的含义

在电源接通过程中，还可以显示图 7-4 和图 7-5 所示的模块设定页面与模块软件配置页面。

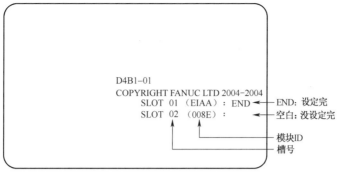

图 7-4 模块设定页面

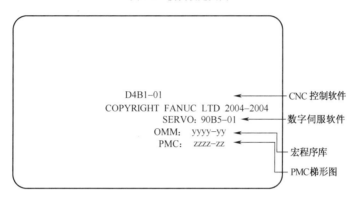

图 7-5 模块软件配置页面

2．正常启动后的检查

当系统正常启动后，按 MDI 面板上的"SYSTEM"功能键，显示系统的显示页面，再按"系统"软键，显示系统的配置页面，如图 7-6 所示，在该页面中可进行主板安装（插槽、SLOT）检查。通过"选页"键可以选择显示的内容，如图 7-7 和图 7-8 所示。其中，图 7-7 显示 CNC软件（SOFTWARE）配置情况；图 7-8 显示模块（MODULE）配置情况，该页面显示了 CNC所配置的硬件模块的 ID。

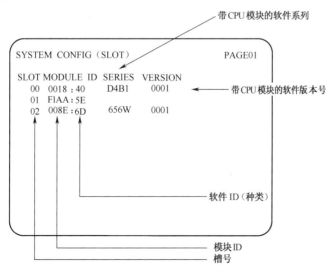

图 7-6 系统的配置页面

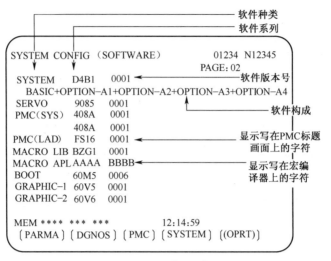

图 7-7　CNC 软件配置情况

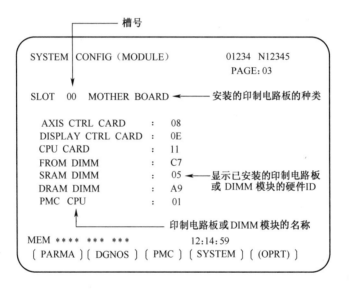

图 7-8　CNC 模块配置情况

3．CNC 基本工作状态的显示

当 CNC 正常启动后，通过 CNC 显示页面的状态行信息可以大致了解 CNC 的基本状态，如图 7-9 所示。状态行从左到右依次显示以下几个区域：方式选择、自动运行状态、辅助功能执行状态、急停或复位状态、时间显示、程序编辑状态等。状态以字符的形式显示，对于未定义的状态或与当前方式无关的状态，以＊＊＊显示或不显示。各显示区域可能出现的字符及其含义如下。

（1）方式选择。该区域显示 CNC 当前选择的操作方式，内容如下。

MEM 表示存储器运行方式；MDI 表示 MDI 运行方式；EDIT 表示程序编辑方式；RMT 表示 DNC 运行方式；JOG 表示手动连续进给方式；REF 表示手动返回参考点方式；INC 表示增量进给方式；HND 表示手轮进给方式；TJOG 表示 JOG 示教方式；THND 表示手轮示教

方式。

（2）自动运行状态。该区域显示 CNC 当前的自动运行状态，内容如下。

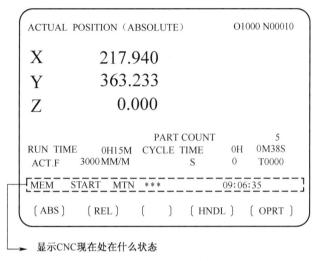

显示CNC现在处在什么状态

图 7-9　CNC 显示页面的状态行信息

START 表示自动运行中；HOLD 表示进给保持状态；STOP 表示自动运行停止状态；MSTR 表示坐标轴回退有效；MTN 表示轴运动中；DWL 表示程序暂停；***表示程序执行完成或其他状态。

（3）辅助功能执行状态。该区域显示 CNC 当前执行的辅助功能指令的情况，内容如下。

FIN 表示辅助功能执行中，等待完成信号 FIN；***表示辅助功能执行完成或其他状态。

（4）急停或复位状态。该区域显示 CNC 急停输入、复位输入的情况，内容如下。

ALM 表示 CNC 存在报警；BAT 表示电池电压过低。

（5）时间显示。该区域显示 CNC 时钟（现行的时间：时:分:秒）。

（6）程序编辑状态。该区域显示 CNC 的程序输入输出与编辑状态，内容如下。

INPUT 表示程序输入中；OUTPUT 表示程序输出中；SRCH 表示程序检索中；EDIT 表示程序编辑中；LSK 表示数据输入有效；AIAPC 表示前瞻控制程序预处理中。

4．数控系统的软件故障及维修

检查软件可以避免拆卸机床而引发的许多麻烦。因为只要把相应的软件内容恢复正常，就可排除软件故障，所以软件故障也称为可恢复性故障。

（1）软件配置。以 FANUC 系统为例，说明系统软件的配置。总的来说，系统软件包括以下 3 个部分。

① 数控系统的生产厂家研制的启动芯片、基本系统程序、加工循环、测量循环等。

② 机床厂家编写的 CNC 机床数据、PLC 机床程序、PLC 机床数据、PLC 报警文本。

③ 机床用户编写的加工主程序、加工子程序、刀具补偿参数、零点偏置参数、R 参数等。

（2）软件故障发生的原因。

① 误操作。在调试用户程序或修改机床参数时，操作者删除或更改了软件参数，从而造成软件故障。

② 供电电池电压不足。经过长时间使用后，为 RAM（随机存储器）供电的电池电压降

低到监测电压以下，或在停电情况下拔下为 RAM 供电的电源、电池断路或短路、电池电路接触不良等都会造成 RAM 得不到维持电压，从而使系统丢失软件和参数。

③ 干扰信号引起软件故障。有时电源的波动及干扰脉冲会窜入数控系统总线，引起时序错误，或造成 CNC 装置停止运行等故障。

④ 系统死循环。在运行复杂程序或进行大量计算过程中，有时会造成系统死循环，引起中断，造成 CNC 故障。

⑤ 操作不规范。这里是指操作者违反了机床操作的规程，从而造成机床报警或停机现象。

⑥ 用户程序出错。由于用户程序中出现语法错误、非法数据，运行或输入中出现故障报警等现象。

（3）软件故障的排除。

① 对于软件丢失或参数变化造成的运行异常、程序中断、停机等故障，可采取更改或清除数据，然后重新输入的方法来恢复系统的正常工作。

② 对于程序运行或数据处理中发生中断而造成的停机故障，可采用硬件复位或关掉数控机床总电源开关，然后重新开机的方法排除故障。

③ CNC 复位、PLC 复位能使后继操作重新开始，而不会破坏有关软件和正常处理的结果，以消除报警。亦可采用清除法，但对 CNC、PLC 采用清除法时，可能使数据全部丢失，应注意保护不想清除的数据。

④ 重新启动系统上电自检是清除软件故障的常用方法，但在出现故障报警后或开关机之前一定要将报警内容记录下来，以便排除故障。

（三）CNC 系统硬件的故障诊断与维修

CNC 系统硬件出现故障时，应采用以下几种方法进行检查。

（1）常规检查法。系统发生故障后，首先检查外观，包括连接端及接插件检查、恶劣环境下工作的元器件检查、易损部位的元器件检查、定期保养的部件及元器件检查、电源电压检查等。

（2）故障现象分析法。寻找故障的特征，组织机械、电子技术人员及操作者"会诊"，捕捉出现故障时机器的异常现象，分析产品检验结果及仪器记录的内容，必要（会出现故障发生时刻的现象）和可能（设备还可以运行到这种故障再现而无危险）时可以让故障再现，经过分析找到故障的规律和线索。

（3）面板显示与指示灯显示分析法。面板显示器可把大部分故障的识别结果以报警的形式给出。对于各个具体故障，系统有固定的报警号和文字显示给予提示。

（4）系统分析法。判断系统存在故障的部位时，可单独考虑控制系统框图中的各方框。根据每个方框的功能，将其划分为一个个独立的单元。在对具体单元内部结构了解不透彻的情况下，可不管单元内容如何，只考虑其输入和输出。

（5）信号追踪法。按照控制系统框图，从前往后或从后往前地检查有关信号的有无、性质、大小及不同运行方式的状态等，与正常情况比较，观察有什么差异或是否符合逻辑。

（6）静态测量法。使用万用表测量元器件的在线电阻及晶体管上的 PN 结电压；用晶体管测试仪检查集成电路块等元件的好坏。

（7）动态测量法。根据电路原理图，在 CNC 电路板上加上必要的交直流电压、同步电压和输入信号，然后用万用表、示波器等对电路板的输出电压、电流及波形等进行全面诊断并排除故障。动态测量法有电压测量法、电流测量法和信号注入及波形观察法等。

当硬件模块出现故障时，常用方法是检查安装在模块上的状态指示灯来分析故障原因，如果是模块本身的问题，那么必须更换模块。

1．主板工作状态指示

FANUC 0i F Plus 主板上的状态指示灯如图 7-10 所示。指示灯布置在 CNC 单元的背面，共有 8 个，其中，4 个为红色报警指示灯，4 个为绿色工作状态指示灯。

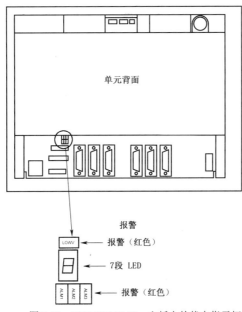

图 7-10　FANUC 0i F Plus 主板上的状态指示灯

当系统发生报警时，红色报警指示灯点亮，表示有硬件故障。报警指示灯状态的含义如表 7-2 所示。

表 7-2　　　　　　　　　　　　　　报警指示灯状态的含义

报警指示灯状态	含　义
LOWV	可能由主板不良所致
□■□	电池电压下降
■■□	软件检测出错而使得系统停止运行
□□■	硬件检测出系统内故障
■□■	轴卡上发生了报警，可能由轴卡不良、伺服放大器不良、FSSB 断开等所致
□■■	SRAM 的数据中检测出错误，可能由 FROM/SRAM 模块不良、电源电压下降或主板不良所致
■■■	电源异常，可能由噪声影响或电源单元不良所致

注：■表示亮，□表示暗，下同。

主板上 7 段 LED（发光二极管）工作状态指示灯的不同组合反映了 CNC 当前的工作状态，7 段 LED 工作状态指示灯状态的含义如表 7-3 所示。

表 7-3　　　　　　　　　　7 段 LED 工作状态指示灯状态的含义

LED 状态（点亮）	含　义	LED 状态（闪烁）	含　义
0	初始化结束，可以动作	0	ROM PARITY 错误
1	CPU 开始启动（BOOT 系统）	2	不能创建用于程序存储器的 FROM
2	各类 G/A 初始化（BOOT 系统）		
3	各类功能初始化	3	软件检测的系统报警
4	任务初始化	4	DRAM/SRAM/FROM 的 ID 非法
5	系统配置参数的检查	5	发生伺服 CPU 超时
6	各类驱动程序的安装文件	6	在安装内装软件时发生错误
7	标头显示、系统 ROM 测试	7	显示器不能识别
8	通电后，CPU 尚未启动	8	硬件检测的系统报警
9	BOOT 系统退出，NC 系统启动	9	没有能加载可选板的软件
A	FROM 初始化	A	在与可选板进行等待的过程中发生了错误
b	内装软件的加载		
c	IPL 监控执行中	b	BOOT FROM 被更新
d	DRAM 测试错误	c	显示器的 ID 非法
E	BOOT 系统错误	d	DRAM 测试错误

2. 附加功能板工作状态指示

（1）DNC2 板。DNC2 板用于 RS-232-C 接口扩展与 RS-422 接口输出。状态指示灯布置于板上，如图 7-11 所示。共有 5 个指示灯，其中，2 个为绿色工作状态指示灯，3 个为红色报警指示灯。当系统发生报警时，DNC 2 板报警指示灯状态的含义如表 7-4 所示。

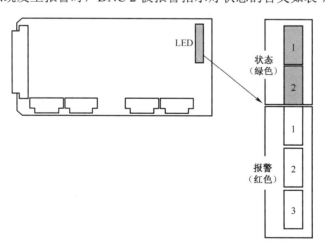

图 7-11　DNC2 板的状态指示灯

表 7-4　　　　　　　　　　DNC2 板报警指示灯状态的含义

指示灯 1~3 的状态	含　义
□□□	正常工作
■□□	DNC2 总线出错
□■□	DNC2 总线出错或 RAM 校验出错
■■□	CNC 复位

续表

指示灯 1～3 的状态	含 义
□□■	I/O Link *i* 总线出错
■□■	备用
□■■	SRAM 校验出错
■■■	I/O SRAM 校验出错

（2）HSSB 板。HSSB 板是利用光缆连接的高速串行接口板，板上有 2 个红色报警指示灯和 4 个绿色工作状态指示灯，如图 7-12 所示。

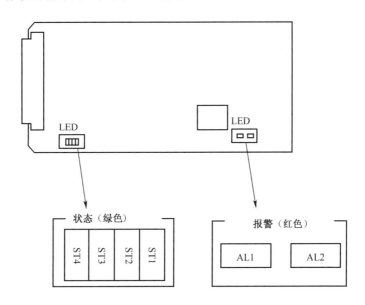

图 7-12 HSSB 板上的指示灯

报警指示灯状态的含义如下。

AL1 表示 HSSB 通信中断；AL2 表示 RAM 校验出错。

HSSB 板的工作状态指示灯状态的含义如表 7-5 所示。

表 7-5 　　　　　　　　　HSSB 板的工作状态指示灯状态的含义

指示灯 ST4～ST1 的状态	含 义
□□□□	电源关闭
■■■■	电源接通中
■■■□	HSSB 初始化
■■□■	等待外围设备启动
■□□□	传送 CNC 显示界面
■□□□	正常工作状态
□■■□	温升过高
□■□■	HSSB 通信中断
□■□□	RAM 校验出错
□□■■	HSSB 通信出错
□□■□	电池报警

三、任 务 实 施

（一）P/S 报警的诊断与恢复

程序编写错误与操作不当引起的报警通常在编程人员或操作人员不熟悉 CNC 与机床，或者在试制新品、开发新功能时发生。此类报警的处理比较简单，只需要修改加工程序或者正确操作即可。FANUC 0i F/FANUC 0i F Plus 中常见的程序编写错误与操作不当报警有以下几种。

（1）P/S010 报警。这是由于 CNC 没有配备相应的选择功能，而在程序中使用了需要选择功能支持的 G 代码，或者指令的 G 代码在 CNC 中不能使用而产生的报警。这时应修改程序、调整功能参数或位参数设定。

（2）P/S011 报警。这是由于没有在切削程序段（G01、G02/03 等指令）输入进给速度代码 F，或者使用的进给速度不正确而产生的报警。这时应检查程序编写确认 F 代码的输入，或检查与进给有关的参数设定。

（3）P/S015 报警。这是由于程序中指令的联动轴数超过了 CNC 的允许联动轴数而产生的报警。

（4）P/S020 报警。这是由于程序的圆弧插补指令中的圆心或半径、终点计算错误，CNC 无法实现所需的圆弧加工而产生的报警。

（5）P/S034 报警。这是由于在同一程序段中同时使用了 G02/03 与 G40/41/42 指令，即出现了 G02G42X100Y200F100 或 G02G40X100Y200F100 指令而产生的报警。

（6）P/S070 报警。CNC 存储器容量不足报警。当存储的加工程序超过系统存储器容量时，将引起存储器溢出，并产生报警。该报警产生时，必须清除已有的加工程序，再继续存储新的程序。

（二）系统显示屏黑屏的诊断与维修

1. 维修实例一

故障现象： 数控系统上电后，LCD（液晶显示器）上没有任何显示，停留在显示 "LOADING GRAPHIC SYSTEM"（加载图形系统）的情形。

可能的原因： ① LCD 电缆、背光灯电缆的连接不良或者连接器的连接不良；② 所需软件尚未安装；③ 主板、逆变器电路板不良。

解决方法： 有如下 3 种方法。

（1）确认 LED 显示。参照表 7-2 和表 7-3，确认主板的 LED 点亮情况。如果主板正常启动，LED 的显示为通常运行中的情况，那么故障可能由电缆连接不良，或逆变器电路板不良等显示系统不良所致。在启动过程中停止，可能由硬件不良（包括安装不良），或没有安装所需软件等所致。

（2）确认 LCD 电缆、背光灯的布线。确认背光灯连接器及 LCD 连接器是否确实与电缆连接。这些电缆在 FANUC 系统出厂时已经连好，但当需要维修而拆下电缆时，要特别注意。

（3）确认是否已经安装所需软件。FROM 中没有存储所需软件时，CNC 可能无法启动。

2．维修实例二

故障现象：配置 928TE/DA98A 系统，偶然出现黑屏。

现场分析和处理：客户反映系统显示屏偶然会出现黑屏，但过一会儿屏幕又亮起来，严重影响正常工作。一开始以为是受到其他大型设备的干扰，但到了现场一看，基本没什么大型设备，测量电网电压也很稳定。在现场观察了 30min 左右，故障出现，即屏幕黑了，过了 1min 左右又亮起来。通过分析认为是电源环节有问题，决定用两个万用表来监测开关电源输入和输出电压的稳定性，结果在又出现黑屏时，测量 AC 220V 的万用表显示正常，而测量 DC 24V 的万用表显示 0V。该电源盒是 PC-2 的，由于没有 PC-2 的电源盒，就更换了一个 PC 的电源盒，然后系统可以正常工作。一个星期后，回访客户，没有出现类似故障。

四、技　能　拓　展

（一）系统开机急停的诊断与维修

急停不能解除是常见故障，当故障发生时，显示器下方显示"紧急停止"或"EMERGENCY STOP"，机床操作面板方式开关不能切换，MCC（MCC 是指伺服放大器的电磁接触器）不吸合，伺服及主轴放大器不能工作，系统并不显示具体报警号，根据机床厂 PMC 报警设定不同，有时会出现 1000# 以后的 PMC 报警。

出于安全考虑，机床厂将一些重要的安全信号与紧急停止信号串联，包括紧急停止开关。首先要考虑的是紧急停止开关连接不良或超程开关连接不良，如果排除上述两种故障原因还存在故障，那么情况就越发复杂了。下面从硬件连接到 PMC 处理，分析紧急停止处理的工作过程。

急停线路连接方法如图 7-13 所示。急停信号由"急停按钮"和各轴超程开关串联，在这个串联回路中还串联着一个 24V 继电器线圈，继电器的触点控制 CNC 系统、驱动放大器回路和其他重要设备。在这 3 个输出控制方面，关键是对 CNC 系统的控制，因为去往 CNC 的信号实际上首先要进入 PMC 进行处理，再由 PMC 处理后通知 CNC。

参见任务五，急停的 G 地址为 G8.4（*EMG），前面的"*"表示"非"信号——低电平有效。另外，X8.4 为急停输入（从机床侧输入 PMC）地址。这里需要强调的是，真正造成 CNC"紧急停止"的信号是 G8.4。结合图 7-13 和图 7-14，发现在出现"紧急停止"故障时，许多现场维修工程师只查找图 7-13 中的信号，而没有从图 7-14 中的 G8.4"追根溯源"。如图 7-14 所示，梯形图在 X8.4 后面又串联了一个 Xn.m 信号，如刀库门开关等（进口机床经常这样处理），那么即便把图 7-13 中的急停按钮、超程开关全部检查完毕，确认良好，有可能还不能解除"紧急停止"，因为并不知道 Xn.m 信号是否良好。

所以"紧急停止"信号不能释放的根本原因应该从 G8.4 入手查起，从 CNC 向 PMC，再向外围开关查找，因为 G8.4 是这一信号树的"根"，而其他外围 X 信号和 R 信号是这一信号树上的"枝"。

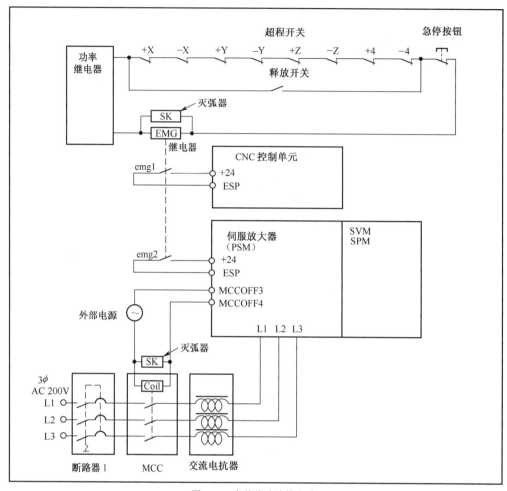

图 7-13 急停线路连接方法

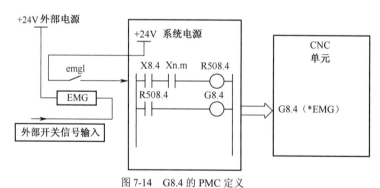

图 7-14 G8.4 的 PMC 定义

实例分析：

有一摩尔数控坐标磨床"紧急停止"信号不能释放，检查所有紧急停止开关均良好，并且没有硬件超程发生。

查看梯形图，如图 7-15 所示，发现在 G8.4 之前串联了许多输入信号，其中 X8.4（*ESP）状态良好，但是因为 X2.6 断开、R18.7 激活由闭触点变为开触点，所以 G8.4 断开，变为低电平，*ESP 触发，CNC 紧急停止。

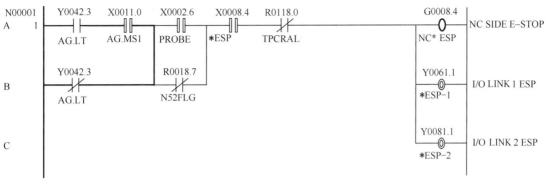

图 7-15　摩尔数控坐标磨床急停梯形图

参照机床说明书，了解到 X2.6 是伺服信号，R18.7 是伺服保护中间继电器信号，进一步检查伺服装置，发现伺服装置报警，导致 X2.6 和 R18.7 无法正常工作，修复伺服放大器后，问题解决，发出 CNC 紧急停止信号。

（二）系统死机的故障诊断与维修

故障现象： 开机后，屏幕显示系统版本号页面后，不能进入后面的页面，所有按键无反应，始终显示系统版本号这一页。

可能的原因：

① DNC 通信过程中，在 M51（DNC 开）动作执行完成后，M50（DNC 关）尚未解除 M51 时不能执行 M30 自动断电功能，否则会出现"死机"现象。

② 在执行 M51 动作，进行 DNC 通信期间，若断电，就可能出现"死机"。

③ 在更换电池时，没有开机或断电，就会使参数丢失。若长期不开机，电池电量耗尽，也会丢失参数。

④ 误操作，误消除了 CNC 参数。

⑤ 处理 P/S 报警时可能引起参数丢失。

解决方法： 经检查，电气线路都正常，由于系统的所有数据保存在存储器中，当系统上电后初始化，读取各种所需数据，如系统、伺服、PMC 的版本数据，然后加载，屏幕显示系统版本号页面，加载完成后，显示坐标位置页面。

分析该故障现象，估计是系统参数错乱，造成启动后系统死机，使数据加载失败所致。故先清除数据，同时按复位键和删除键，再按 CNC 启动键，系统正常启动，能进入任何页面，重新输入机床参数后恢复正常。

| 小　　结 |

通过本任务的学习了解 FANUC 0i F/FANUC 0i F Plus 数控系统的故障报警类型，掌握 CNC 故障诊断的基本方法，了解 CNC 报警分类、CNC 软硬件故障诊断与维修方法，能对 FANUC 0i F/FANUC 0i F Plus 数控系统软件、硬件的常见故障进行正确诊断与排除。

自 测 题

1．简答题

（1）数控系统的自诊断功能如何对系统的运行状态进行监控？

（2）FANUC 0i F 数控系统的报警分为哪几类？

（3）CNC 主板报警指示灯各状态的含义是什么？

（4）系统开机后就"死机"，其诊断流程是什么？

2．实训题

若一台日本 H500/50 卧式加工中心在开机时黑屏，操作面板上的 NC 电源开关已按下，红灯、绿灯都亮，查看电气柜中的开关和主要部分无异常，关机后重启，出现相同故障。试根据故障现象写出诊断流程，并分析可能存在的故障原因及解决方法。

任务八
伺服系统的故障诊断与维修

一、任务导入

数控机床的伺服系统由伺服轴卡、伺服驱动器和伺服电动机等组成。伺服系统接收 CNC 发出的位置指令来驱动电动机进行定位控制，由伺服控制理论、变流技术、电动机控制技术等实现位置、速度、电流的三环控制，如图 8-1 所示。

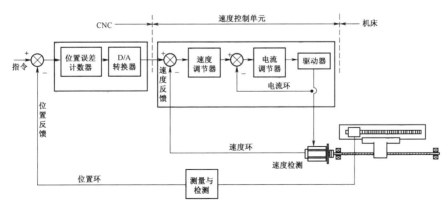

图 8-1　数控机床的伺服系统

对伺服系统的要求是伺服刚性好、响应速度快、稳定性好、分辨率高，这样才能高速、高精度地加工出高质量的工件。当伺服系统出现故障时，通常有 3 种表现形式：一是在 CRT 或操作面板上显示报警内容或报警信息；二是进给伺服驱动单元上由报警指示灯或数码管显示驱动单元的故障；三是运动不正常，但无任何报警。根据以上 3 种形式和工作原理，诊断与排除伺服系统的放大和驱动硬件、参数、反馈等方面的故障。

微课：交流伺服
电动机的结构

微课：交流伺服电
动机的工作原理

微课：伺服系统在
数控机床中的作用

二、相 关 知 识

数控机床的伺服电动机与滚珠丝杠通过联轴器直接相连。由于这样传动链短、运动损失小，且反应迅速，因此可获得高精度。CNC 插补器在每个插补周期内，用串行输出的位置反馈脉冲数表示位置的移动量（一个脉冲移动的直线位移为一个脉冲当量）；脉冲的频率（在单位时间内输出的脉冲数）表示进给速度；脉冲的符号表示轴的进给方向。

图 8-1 中只画出一个进给轴，实际的机床有多个轴，但是控制原理一样。几个轴在同一插补周期接收到插补指令时，由于在同一时间内的进给量、进给速度和运动方向不同，因此其合成的运动呈现为曲线，刀具依此曲线轨迹运动，即可加工出程序要求的工件轮廓。

（一）伺服系统的常见报警与处理方法

1. 伺服系统的常见报警

一般可利用状态指示灯诊断法、数控系统报警显示诊断法、系统诊断信号检查法、原理分析法等方法诊断伺服系统的故障。

（1）伺服系统出错报警。伺服系统出错报警大多是由速度控制单元方面的故障，或主电路板与位置控制或伺服信号有关部分的故障引起的。FANUC PWM 速度控制单元的控制板上有 7 个报警指示灯，分别是 BRK、HCAL、HVAL、OVC、LVAL、TGLS 及 DCAL，在它们下方还有 PRDY（位置控制已准备好）和 VRDY（速度控制单元已准备好）2 个状态指示灯，其含义如表 8-1 所示。

表 8-1　　　　　　　速度控制单元报警指示灯和状态指示灯的含义

代号	含义	备注	代号	含义	备注
BRK	驱动器主回路熔断器跳闸	红色	TGLS	转速太高	红色
HCAL	驱动器过电流报警	红色	DCAL	直流母线过电压报警	红色
HVAL	驱动器过电压报警	红色	PRDY	位置控制已准备好	绿色
OVC	驱动器过载报警	红色	VRDY	速度控制单元已准备好	绿色
LVAL	驱动器欠电压报警	红色			

（2）检测元件或信号方面引起的报警。例如，某数控机床显示"主轴编码器断线"，引起该故障的原因有以下几方面。

① 电动机动力线断开。如果伺服电源刚接通，尚未接到任何指令时，发生这种报警，那么断线造成故障的可能性最大。

② 伺服单元印制电路板设定错误，如将检测元件脉冲编码器设定成了测速发电机等。

③ 速度反馈电压没有或时有时无，这可通过显示其速度反馈信号来判断。对于这类故障，除检测元件本身存在的故障外，多数是连接不良或接通不良引起的。

④ 光电隔离板或中间的某些电路板上存在劣质元器件。当开机运行相当长一段时间后，出现"主轴编码器断线"，这时重新开机，故障可能自动消除。

（3）参数被破坏报警。参数被破坏报警表示伺服单元中的参数因某些原因发生混乱或丢失。此报警的可能原因及处理措施如表8-2所示。

表 8-2　　　　　　　　　　参数被破坏报警的可能原因及处理措施

报 警 内 容	报警发生状况	可 能 原 因	处 理 措 施
参数被破坏	在接通控制电源时发生	正在设定参数时电源断开	初始化用户参数后重新输入参数
		正在写入参数时电源断开	
		超出参数的写入次数	更换伺服驱动器（重新评估参数写入法）
		伺服驱动器 EEPROM（电擦除可编程只读存储器）以及外围电路故障	更换伺服驱动器
参数设定异常	在接通控制电源时发生	写入了不适当的参数	进行用户参数初始化处理

（4）主电路检测部分异常报警。此报警的可能原因及处理措施如表8-3所示。

表 8-3　　　　　　　　　主电路检测部分异常报警的可能原因及处理措施

报 警 内 容	报警发生状况	可 能 原 因	处 理 措 施
主电路检测部分异常	在接通控制电源时或者运行过程中发生	控制电源不稳定	将电源恢复正常
		伺服驱动器故障	更换伺服驱动器

（5）超速报警。此报警的可能原因及处理措施如表8-4所示。

表 8-4　　　　　　　　　　超速报警的可能原因及处理措施

报警内容	报警发生状况	可 能 原 因	处 理 措 施
超速	接通控制电源时发生	电路板故障	更换伺服驱动器
		电动机编码器故障	更换编码器
	电动机运转过程中发生	速度设定不合适	重设速度
		速度指令过大	使速度指令减到规定范围内
		电动机编码器信号线故障	重新布线
		电动机编码器故障	更换编码器
	电动机启动时发生	超跳过大	重设伺服调整，使启动特性曲线变缓
		负载惯量过大	将负载惯量减小到规定范围内

（6）限位报警。限位报警主要是指超程报警，此报警的可能原因及处理措施如表8-5所示。

表 8-5　　　　　　　　　　限位报警的可能原因及处理措施

报 警 内 容	可 能 原 因	处 理 措 施
限位开关动作	限位开关有动作（控制轴实际已经超程）	参照机床使用说明书解除超程
	限位开关断路	依次检查限位开关电路，处理断路故障

（7）过热报警。过热是指伺服单元、变压器及伺服电动机等过热，此报警的可能原因及处理措施如表 8-6 所示。

表 8-6　　　　　　　　　　　　　过热报警的可能原因及处理措施

报警内容	具体表现	可 能 原 因	处 理 措 施
过热	过热的继电器动作	机床切削条件较苛刻	重新考虑切削参数，改善切削条件
		机床摩擦力矩过大	改善机床润滑条件
	热控开关动作	伺服电动机电枢内部短路或绝缘不良	加绝缘层或更换伺服电动机
		电动机制动器不良	更换制动器
		电动机永久磁钢去磁或脱落	更换电动机
	电动机过热	驱动器参数增益不当	重新设置相应参数
		驱动器与电动机配合不当	重新考虑配合条件
		电动机轴承故障	更换轴承
		驱动器故障	更换驱动器

（8）过载报警。此报警的可能原因及处理措施如表 8-7 所示。

表 8-7　　　　　　　　　　　　　过载报警的可能原因及处理措施

报 警 内 容	报警发生状况	可 能 原 因	处 理 措 施
过载（一般有连续最大负载和瞬间最大负载）	在接通控制电源时发生	伺服单元故障	更换伺服单元
	在伺服 ON 时发生	电动机配线异常（配线不良或连接不良）	修正电动机配线
		编码器配线异常（配线不良或连接不良）	修正编码器配线
		编码器有故障（反馈脉冲与转角不成比例变化，而有跳跃）	更换编码器
		伺服单元故障	更换伺服单元
	在输入指令时，伺服电动机不旋转的情况下发生	电动机配线异常（配线不良或连接不良）	修正电动机配线
		编码器配线异常（配线不良或连接不良）	修正编码器配线
		启动转矩超过最大转矩或者负载有冲击现象；电动机振动或抖动	重新考虑负载条件、运行条件或者电动机容量等
		伺服单元故障	更换伺服单元
	在通常运行时发生	有效转矩超过额定转矩或者启动转矩大幅度超过额定转矩	重新考虑负载条件、运行条件或者电动机容量等
		伺服单元存储器温度过高	将工作温度下调
		伺服单元故障	更换伺服单元

（9）伺服单元过电流报警。此报警的可能原因及处理措施如表 8-8 所示。

表 8-8　　　　　　　　　　　伺服单元过电流报警的可能原因及处理措施

报警内容	报警发生状况	可 能 原 因		处 理 措 施
过电流（功率晶体管产生过电流）或者散热片过热	在接通控制电源时发生	伺服驱动器的电路板与热开关连接不良		更换伺服驱动器
		伺服驱动器电路板故障		
	在接通主电路电源时发生，或者在电动机运行过程中产生过电流	接线错误	U、V、W 与地线连接错误	检查配线，正确连接
			地线缠在其他端子上	
			电动机主电路用电缆的 U、V、W 与地线之间短路	修正或更换电动机主电路用电缆
			电动机主电路用电缆的 U、V、W 之间短路	
			再生电阻配线错误	检查配线，正确连接

续表

报警内容	报警发生状况	可 能 原 因	处 理 措 施
		伺服驱动器的U、V、W与地线之间短路	更换伺服驱动器
		伺服电动机的U、V、W与地线之间短路	更换伺服单元
		伺服电动机的U、V、W之间短路	
	其他原因	因负载转动惯量大，并且高速旋转，动态制动器停止，制动电路故障	更换伺服驱动器（减少负载或者降低使用转速）
		位置、速度指令发生剧烈变化	重新评估指令值
		负载过大，超出再生处理能力等	重新考虑负载条件、运行条件
		伺服驱动器的安装（方向、与其他部分的间距）不合适	改变安装方向或与其他部分的安装间距，设法将伺服驱动器的环境温度降到55℃以下
		伺服驱动器的风扇停止转动	更换伺服驱动器
		伺服驱动器故障	
		伺服驱动器的功率晶体管损坏	最好更换伺服驱动器
		电动机与驱动器不匹配	重新选配

（10）伺服单元过电压报警。此报警的可能原因及处理措施如表 8-9 所示。

表 8-9　　　　　　　　　伺服单元过电压报警的可能原因及处理措施

报警内容	报警发生状况	可 能 原 因	处 理 措 施
过电压（伺服驱动器内部的主电路直流电压超过其最大值，在接通主电路电源时检测）	在接通控制电源时发生	伺服驱动器电路板故障	更换伺服驱动器
	在接通主电源时发生	AC 电源电压过大	将 AC 电源电压调节到正常范围
		伺服驱动器故障	更换伺服驱动器
	在通常运行时发生	检查 AC 电源电压（是否有过大的变化）	
		使用转速高，负载转动惯量过大（再生能力不足）	检查并调整负载条件、运行条件
		内部或外接的再生放电电路故障（包括接线断开或破损等）	最好更换伺服驱动器
		伺服驱动器故障	更换伺服驱动器
	在伺服电动机减速时发生	使用转速高，负载转动惯量过大	检查并调整负载条件、运行条件
		加减速时间过短，在降速过程中引起过电压	调整加减速时间常数

（11）伺服单元欠电压报警。此报警的可能原因及处理措施如表 8-10 所示。

表 8-10　　　　　　　　伺服单元欠电压报警的可能原因及处理措施

报警内容	报警发生状况	可 能 原 因	处 理 措 施
电压不足（伺服驱动器内部的主电路直流电压低于其最小值，在接通主电路电源时检测）	在接通控制电源时发生	伺服驱动器电路板故障	更换伺服驱动器
		电源容量太小	更换容量大的驱动电源
	在接通主电路电源时发生	AC 电源电压过低	将 AC 电源电压调节到正常范围
		伺服驱动器的熔丝熔断	更换熔丝
		冲击电流限制电阻断线（电源电压是否异常，冲击电流限制电阻是否过载）	更换伺服驱动器（确认电源电压，减少主电路 ON/OFF 的次数）
		伺服 ON 信号提前有效	检查外部使能电路是否短路
		伺服驱动器故障	更换伺服驱动器
	在通常运行时发生	AC 电源电压低（是否有过大的压降）	将 AC 电源电压调节到正常范围
		发生瞬时停电	通过警报复位重新开始运行

续表

报警内容	报警发生状况	可 能 原 因	处 理 措 施
		电动机主电路用电缆短路	修正配线或更换电动机主电路用电缆
		伺服电动机短路	更换伺服电动机
		伺服驱动器故障	更换伺服驱动器
		整流器件损坏	建议更换伺服驱动器

（12）位置偏差过大报警。此报警的可能原因及处理措施如表 8-11 所示。

表 8-11　　　　　　　位置偏差过大报警的可能原因及处理措施

报警内容	报警发生状况	可 能 原 因	处 理 措 施
位置偏差过大	在接通控制电源时发生	位置偏差参数过小	重新设定正确参数
		伺服单元电路板故障	更换伺服单元
	在高速旋转时发生	伺服电动机的 U、V、W 的配线不正常（缺线）	修正电动机配线
			修正编码器配线
		伺服单元电路板故障	更换伺服单元
	在发出位置指令时电动机不旋转的情况下发生	伺服电动机的 U、V、W 的配线不良	修正伺服电动机配线
		伺服单元电路板故障	更换伺服单元
	动作正常，但在执行长指令时发生	伺服单元的增益调整不良	上调速度环增益、位置环增益
		位置指令脉冲的频率过高	缓慢降低位置指令频率
			加入平滑功能
			重新评估电子齿轮比
		负载条件（转矩、转动惯量）与电动机规格不符	重新评估负载条件或者电动机容量

（13）再生报警。此报警的可能原因及处理措施如表 8-12 所示。

表 8-12　　　　　　　　再生报警的可能原因及处理措施

报警内容	报警发生状况	可 能 原 因	处 理 措 施
再生故障	再生异常	在接通控制电源时发生	伺服单元电路板故障	更换伺服单元
		在接通主电路电源时发生	6kW 以上时未接再生电阻	连接再生电阻
			再生电阻配线不良	修正再生电阻的配线
			伺服单元故障（再生晶体管、电压检测部分故障）	更换伺服单元
		在通常运行时发生	再生电阻配线不良、脱落	修正再生电阻的配线
			再生电阻断线（再生能量过大）	更换再生电阻或者伺服单元（重新考虑负载、运行条件）
			伺服单元故障（再生晶体管、电压检测部分故障）	更换伺服单元
	再生过载	在接通控制电源时发生	伺服单元电路板故障	更换伺服单元
		在接通主电路电源时发生	电源电压超过 270V	校正电压
		在通常运行时发生（再生电阻温度上升幅度大）	再生能量过大（如放电电阻断路或阻值太大）	重新选择再生电阻容量或者重新考虑负载条件、运行条件
			处于连续再生状态	
		在通常运行时发生（再生电阻温度上升幅度小）	参数设定的容量小于再生电阻的容量（减速时间太短）	校正用户参数的设定值
			伺服单元故障	更换伺服单元
		在伺服电动机减速时发生	再生能量过大	重新选择再生电阻容量或者重新考虑负载条件、运行条件

（14）编码器出错报警。此报警的可能原因及处理措施如表 8-13 所示。

表 8-13　　　　　　　　编码器出错报警的可能原因及处理措施

报警内容	报警发生状况	可能原因	处理措施
编码器出错	编码器电池警报	电池连接不良或未连接	正确连接电池
		电池电压低于规定值	更换电池，重新启动
		伺服单元故障	更换伺服单元
	编码器故障	无 A 相和 B 相脉冲	建议更换编码器
		连接电缆短路或破损而引起通信错误	
	客观条件	接地、屏蔽不良	处理好接地

（15）漂移补偿量过大报警。此报警的可能原因及处理措施如表 8-14 所示。

表 8-14　　　　　　　　漂移补偿量过大报警的可能原因及处理措施

报警内容	可能原因	处理措施
漂移补偿量过大	动力线连接不良或未连接	正确连接动力线
	检测元件之间的连接不良	正确连接检测元件
	CNC 系统中有关漂移量补偿的参数设定错误	重新设定参数
	速度控制单元的位置控制部分硬件故障	更换此电路板或直接更换伺服单元

2．常见伺服报警号

通过 LCD 显示的伺服报警号，借助系统维修说明书一般可以查找到故障原因，伺服系统常见报警详见附录 C。

3．伺服诊断画面的使用

伺服驱动系统配套的位置检测编码器状态、驱动器工作状态等信息可以通过 CNC 的 FSSB 从驱动器传送到 CNC 中，在 CNC 上可以通过诊断数据检查驱动系统的工作状态，这些状态大部分以二进制位信号的形式在 CNC 诊断页面中显示，是 CNC 发生伺服驱动报警时的故障判别依据。

与伺服驱动有关的诊断数据状态的含义如表 8-15 所示。

表 8-15　　　　　　　　与伺服驱动有关的诊断数据状态的含义

诊断数据	位/bit	代号	含　义
DGN200	7	OVL	1：驱动器过载
	6	LV	1：驱动器输入电压过低
	5	OVC	1：驱动器过电流
	4	HCA	1：驱动器电流异常
	3	HVA	1：驱动器过电压
	2	DCA	1：驱动器放电回路故障
	1	FBA	1：测量反馈线连接不良
	0	OFA	1：计数器溢出
DGN201	7	ALD	1：电动机过热或反馈线连接不良
	4	EXP	1：分离型位置编码器连接不良
DGN202	6	CSA	1：编码器硬件不良
	5	BLA	1：电池电压过低
	4	PHA	1：测量反馈电缆故障或编码器故障

诊断数据	位/bit	代号	含　义
	3	RCA	1：编码器零位脉冲信号不良
	2	BZA	1：电池电压为0
	1	CKA	1：编码器无信号输出
	0	SPH	1：编码器计数信号不良
DGN203	7	DTE	1：编码器通信不良（无应答信号）
	6	CRC	1：编码器通信不良（循环冗余校验出错）
DGN203	5	STB	1：编码器通信不良（停止位出错）
	4	PRM	1：驱动器参数设定错误
DGN204	6	OFS	1：A/D转换出错
	5	MCC	1：驱动器主接触器无法断开
	4	LDA	1：编码器光源不良
	3	PMS	1：编码器故障或连接不良
DGN205	7	OHA	1：分离型编码器过热
	6	LDA	1：分离型编码器光源不良
DGN205	5	BLA	1：分离型编码器电池电压过低
	4	PHA	1：分离型编码器测量反馈电缆故障或编码器故障
	3	CMA	1：分离型编码器计数信号不良
	2	BZA	1：分离型编码器电池电压为0
	1	PMA	1：分离型编码器故障或连接不良
	0	SPH	1：分离型编码器计数信号不良
DGN206	7	DTE	1：分离型编码器通信不良（无应答信号）
	6	CRC	1：分离型编码器通信不良（循环冗余校验出错）
	5	STB	1：分离型编码器通信不良（停止位出错）
DGN208	6	AXS	1：电动机代码设定错误（PRM2020）
	4	DIR	1：电动机每转速度反馈脉冲数设定错误（PRM2023）
	3	PLS	1：电动机每转位置反馈脉冲数设定错误（PRM2024）
	2	PLC	1：电动机旋转方向设定错误（PRM2023）
	0	MOT	1：伺服轴号设定错误（PRM1023）
DGN308	—	—	伺服电动机温度（单位为℃）
DGN309	—	—	编码器温度（单位为℃）
DGN352	—	—	伺服参数设定错误报警号显示
DGN358	14	SRDY	CNC准备好
	13	DRDY	驱动器准备好
	12	INTL	驱动器直流母线（DB）"互锁"
	11	RLY	驱动器直流母线接通
	10	CRDY	CNC至驱动器的接口电路（转换器）准备好
	9	MCOFF	CNC至驱动器的接口电路MCOFF（主接触器关闭）信号输出
	8	MCONA	驱动器上的MCON（主接触器接通）信号输出
	7	MCONS	CNC上的MCON（主接触器接通）信号输出
	6	*ESP	驱动器的CX4急停信号输入状态
	5	HRDY	驱动器硬件准备好

续表

诊断数据	位/bit	代号	含　义
DGN700	1	HOK	HRV 控制生效
	0	HON	HRV 硬件配置生效

当 CNC 发生伺服驱动报警或者驱动器发生故障时，除了利用状态指示灯、报警号进行检查，还可以通过 CNC 的伺服调整页面检测与诊断故障。

（二）伺服位置反馈装置故障诊断方法

FANUC 数控系统既可以用于半闭环工作，也可以用于全闭环工作，半闭环位置检测装置为伺服电动机尾部的脉冲编码器，全闭环位置检测装置为机床上的直线光栅尺等直线位移检测装置。常见的数控系统伺服反馈故障是断线故障，根据产生的原因不同，断线故障可分为硬件断线故障和软件断线故障。

（1）硬件断线故障。当使用电动机尾部的脉冲编码器作为位置检测装置时，若脉冲编码器断线，则由硬件检测电路检查，会发生硬件断线故障；此外，直线位置断线也会引发故障。

（2）软件断线故障。系统的连接基本正常，但由于机械传动机构的反向间隙过大，引起伺服电动机侧的反馈脉冲数与分离式直线位置检测装置（直线光栅尺）的反馈脉冲数的偏差超过标准设定值，产生伺服反馈软件断线故障。CNC 闭环连接系统如图 8-2 所示。

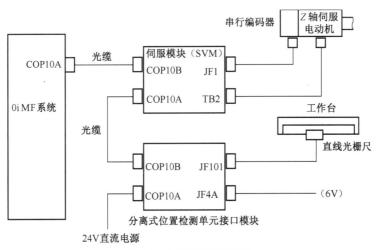

图 8-2　CNC 闭环连接系统

【例 8-1】　某立式加工中心，其数控系统采用 FANUC 0i MF 系统，伺服电动机为 αi12/3000，外加直线光栅构成全闭环，在使用过程中产生 Z 轴 445# 报警，系统停止工作。

报警过程： 当数控系统选用全闭环位置控制方式时，数控系统除实时检测编码器是否有断线故障外，还实时对半闭环检测的位置数据与分离式直线位置检测装置反馈的脉冲数进行偏差计算，如果超过参数 NO.2064 设定值，就会产生 445# 报警。

故障产生的原因： 根据直线位置检测工作过程，故障产生的原因可能是直线位置检测装置断线或插座没有插好、直线位置检测装置的电源电压偏低或没有、位置检测装置本身故障、光栅适配器（闭环位置检测装置通过光栅适配器进入伺服位置控制回路）故障等。

故障排除：（1）在正常通电情况下，多按几次 SYSTEM 键，进入"诊断"界面，输入"200"，按"搜索"软键，出现 No.200 界面，发现 No.200#1=1，查阅 FANUC 0i F 维修说明书可知，编码器断线，但到底是内置编码器断线还是外置编码器断线，是硬件断线还是软件断线，需分析 No.201 的#4、#7，同样查阅 FANUC 0i F 维修说明书可知，系统报警原因是软件断线。

（2）根据故障产生原因的控制环节，逐步排除。

① 检查直线光栅的硬件连接情况，发现硬件连接正常。

② 检查光栅适配器，有工作电压电源指示。

③ 单独给直线光栅施加 5V 电压，用示波器检测光栅输出信号，信号正常。

④ 据此可以判断是外围的机械问题。

⑤ 使用微米仪表检测丝杠间隙，发现丝杠间隙太大，达到 0.1mm。经检查，原来参数 Z 轴丝杠间隙补偿参数 No.1815 为 0.03mm，现在的间隙太大，当 Z 轴伺服电动机运转时，直线位置检测装置还没检测到工作台移动位置，当检测到工作台位移信号时，已超过参数 No.2064 设置的范围（原来 No.2064 被设置为 0.08mm），就会产生 445# 报警。

故障解决：（1）重新把 Z 轴检测的丝杠间隙设置在 No.1815 参数中。

（2）重新通电测试，故障消除。

（3）在机床精度要求不高的情况下，也可以把全闭环使用条件屏蔽掉，使用半闭环。只要把参数 No.1815#1 设置为 0，就可以屏蔽全闭环使用条件，有需要可以再恢复。

（三）伺服进给装置故障诊断方法

伺服进给装置的常见故障如下。

（1）超程。超程包括软件超程、硬件超程和急停保护 3 种。

（2）过载。当进给运动的负载过大、频繁正反向运动，以及进给传动润滑状态和过载检测电路不良时，都会引起过载。

（3）窜动。进给时出现窜动现象的原因有测速信号不稳定、速度控制信号不稳定或受到干扰、接线端子接触不良、反馈间隙或伺服系统增益过大等。

（4）爬行。发生在启动加速或低速进给时的爬行一般由进给传动链的润滑状态不良、伺服系统增益过低以及外加负载过大等原因所致。

（5）振动。分析机床振动周期是否与进给速度有关。

（6）伺服电动机不转。进给单元除了速度控制信号，还有使能控制信号，其是进给动作的前提。

（7）位置误差。当伺服运动超过允许的误差范围时，会产生位置误差过大故障，位置误差包括跟随误差、轮廓误差和定位误差等。该故障产生的主要原因有系统设定的允差范围过小、伺服系统增益设置不当、位置检测装置有污染、进给传动链累积误差过大、主轴箱垂直运动时平衡装置不稳等。

（8）漂移。当指令值为零时，坐标轴仍在移动，从而造成误差，通过漂移补偿或驱动单元上的调整来消除。

由于伺服系统由位置环和速度环组成，因此当伺服系统出现故障时，为了快速定位故障部位，可以采用如下两种方法。

1．模块交换法

数控机床有些进给轴的驱动单元具有相同的当量，如立式加工中心的 X 轴和 Y 轴的驱动单元往往是一致的，当其中某一轴发生故障时，可以用另一轴来替代，观察故障的转移情况，快速确定故障部位。图 8-3 所示为模块交换法示意。

其中，X 和 Y 针形插座为 CNC 系统位置控制模块至 X 轴和 Y 轴驱动模块的控制信号传输通道，包括速度控制信号和伺服使能控制信号等；XM 和 YM 为伺服电动机动力线端子；XF 和 YF 针形插座为伺服电动机上的检测装置反馈信号。

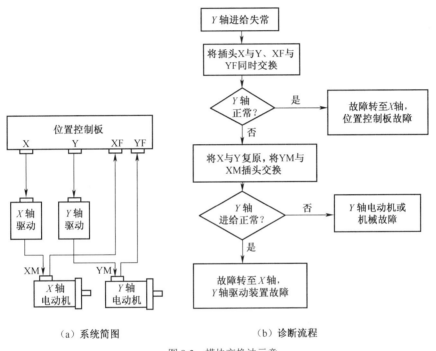

（a）系统简图　　　　　（b）诊断流程

图 8-3　模块交换法示意

2．外接参考电压法

当某轴进给发生故障时，为确定是否为驱动单元和伺服电动机故障，可以脱开位置环，检查速度环，如图 8-4 所示。

首先断开闭环控制模块上的 X331-56 速度给定输入正端和 X331-14 速度给定输入负端两个接点，外加由 9V 干电池和电位器组成的直流回路，再短接该模块上的 X331-9 使能电压+24V 和 X331-65 使能信号两个接点。接通机床电源，启动数控系统，然后短接电源和监控模块上的 X141-63 脉冲使能和 X141-9 使能电压+24V 两个接点。使能信号时序如图 8-5 所示。

由图 8-5 可知，只有当 3 个使能信号都有效时，电动机才能工作。当使能端子 X141-63 无效时，驱动装置立即禁止所有进给轴运行，伺服电动机无制动自然停止；当使能端子 X141-64 无效时，驱动装置立即置所有进给轴的速度给定值为零，伺服电动机进入制动状态，200ms 后电动机停转；当使能端子 X331-65 无效时，对应轴的速度给定值立即置零，伺服电动机进入制动状态，200ms 后电动机停转。正常情况下，伺服电动机在外加的参考电压控制下转动，调节电位器可控制电动机的转速，参考电压的正、负则决定电动机的旋转方向。这时可判断驱动装置和伺服电动机是否正常，以判断故障是在位置环还是在速度环。

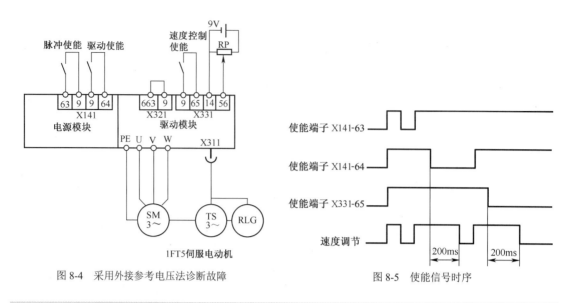

图 8-4　采用外接参考电压法诊断故障　　　　　　图 8-5　使能信号时序

三、任 务 实 施

（一）伺服轴跟踪误差过大报警及排除

410#报警表示伺服轴停止时，误差计数器读出的实际误差值大于参数 1829 中的限定值，如图 8-6（a）所示；411#报警表示伺服轴在运动过程中，误差计数器读出的实际误差值大于参数 1828 中的限定值，如图 8-6（b）所示。

（a）实际误差值大于参
数1829中的限定值　　　　（b）实际误差值大于参
数1828中的限定值

图 8-6　参数 1829 和 1828 中的限定值

这两种报警在日常生产中比较常见。那么机床在什么情况下容易产生这两种报警？又如何解决呢？首先还是从工作原理分析入手。误差计数器的读数过程如图 8-7 所示。

伺服轴的工作过程是一个"动态平衡"过程。

（1）当系统没有移动指令时。

情况 1：机床比较稳定，伺服轴没有任何移动。

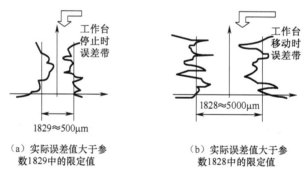

指令脉冲数 =0 ⇨ 反馈脉冲数 =0 ⇨ 实际误差 =0 ⇨ VCMD =0 ⇨ 电动机停止

情况 2：机床受外界影响（如振动、重力等），伺服轴移动。

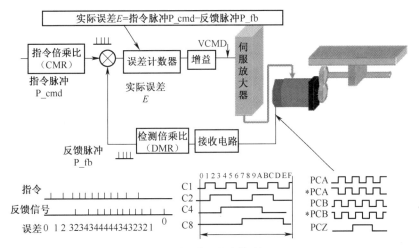

指令脉冲 =0 ⇨ 反馈脉冲数 ≠0 ⇨ 实际误差 ≠0 ⇨ VCMD≠0 ⇨ 电动机调
整直到指令脉冲 =0 ⇨ 反馈脉冲数 =0 ⇨ 实际误差 =0 ⇨ VCMD=0

图 8-7　误差计数器的读数过程

（2）当系统有移动指令时。

初始状态——机床待启动：

指令脉冲 =10000 ⇨ 反馈脉冲数 =0 ⇨ 实际误差 =10000 ⇨ VCMD 输出指
令电压 ⇨ 电动机启动

电动机运行：

指令脉冲 =10000 ⇨ 反馈脉冲数 =6888 ⇨ 实际误差 =3112 ⇨ VCMD 输出
指令电压 ⇨ 电动机继续转动

定位完成：

指令脉冲数 =0 ⇨ 反馈脉冲数 =0 ⇨ 实际误差 =0 ⇨ VCMD =0 ⇨ 电动机停止

通过上面的分析可以看出，每当伺服使能接通时，或者轴定位完成时，都要进行上述调整。当调整失败后，就会出现 410#报警——停止时的误差过大。

当伺服轴执行插补指令时，指令值随时分配脉冲，反馈值随时读入脉冲，误差计数器随时计算实际误差。当指令值、反馈值其中之一不能正常工作时，均会导致误差计数器读数过大，即产生 411#报警——移动中误差过大。

通过统计，上述报警多数情况下发生在反馈环节。另外，机械过载、全闭环振荡等也容易导致上述报警发生，现将典型故障现象归纳如下。

（1）编码器损坏。

（2）光栅尺脏污或损坏。

（3）光栅尺放大器故障。

（4）反馈电缆损坏、断开、破皮等。

（5）伺服放大器故障，包括驱动晶体管击穿、驱动电路故障、动力电缆断开或虚接等。

（6）伺服电动机损坏，包括电动机进油、进水，电动机匝间短路等。

（7）机械过载，包括导轨严重缺油、导轨损伤、丝杠损坏、丝杠两端轴承损坏、联轴器松动或损坏等。

其实上述典型故障现象说明一个问题，即指令脉冲与反馈脉冲两者之一出现了问题。上面（1）～（4）由反馈环节不良导致反馈信息不能准确传递到系统所造成；（5）～（7）反映的是虽然指令已经发出，但是在执行过程中出现了问题，既有可能在系统内部，也有可能在伺服放大器上，还有可能由于机械负载阻止电动机正常转动。

【例 8-2】 某立式数控铣床采用 FANUC 0i MF 系统（半闭环），Y 轴松开急停开关后数秒随即产生 410#报警。

410#报警由停止时误差过大引起，一般由反馈、驱动和外围机械这 3 种因素引起。凡是这类误差过大的报警，都要首先观察伺服运转（SV-TUN）界面，如图 8-8 所示。

通过观察发现，松开急停开关后，"位置误差"数值快速增大，并出现报警，此时机床窜动一下并停止。

如何简易快速地判断位置编码器故障？可以先按下急停开关，用手或借助工具使电动机转动。此时，如果伺服运转界面中的"位置误差"也跟着变化，就说明位置编码器基本没有问题。

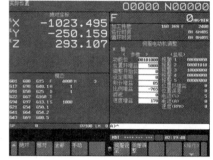

图 8-8　伺服运转界面

使用此方法，通过伺服诊断界面看到反馈脉冲良好，基本排除脉冲编码器及反馈环节的问题。经过仔细观察发现，通电时间不长，电动机温升可达 60～70℃。通过绝缘电阻表测量，发现电动机线圈对地短路，更换电动机后，机床工作正常。

（二）伺服轴进给振动、爬行故障的诊断与排除

伺服轴工作过程中有振动或爬行故障。此故障的可能原因及排除方法如表 8-16 所示。

表 8-16　　　　伺服轴工作过程中振动或爬行故障的可能原因及排除方法

可能原因	排除方法	措施
负载过重	重新考虑此机床所能承受的负载	减轻负载，让机床工作在额定负载以内
机械传动系统不良	依次查看机械传动链	保持良好的机械润滑，并排除传动故障
位置环增益过高	查看相关参数	重新调整伺服参数
伺服不良	通过交换法，一般可快速排除	更换伺服驱动器

发生在启动加速或低速进给时的爬行一般由进给传动链的润滑状态不良、伺服系统增益过低及外加负载过大等原因所致。尤其需要注意的是，用于连接伺服电动机和滚珠丝杠的联轴器由于连接松动或联轴器本身的缺陷，如裂纹等，造成伺服电动机或滚珠丝杠转动的转动不同步，从而使进给忽快忽慢，产生爬行现象。启动加速或低速进给时爬行故障的可能原因及排除措施如表 8-17 所示。

表 8-17 启动加速或低速进给时爬行故障的可能原因及排除措施

可 能 原 因	检 查 步 骤	排 除 措 施
进给传动链的润滑状态不良	听工作时的声音,观察工作状态	做好机床的润滑,确保润滑后的电动机工作正常,并且润滑油足够
伺服系统增益过低	检查伺服的增益参数	依参数说明书正确设置相应参数
外加负载过大	校核工作负载是否过大	改善切削条件,重新考虑切削负载
联轴器的机械传动有故障	可目测联轴器的外形	更换联轴器

【例 8-3】 有一台配套某系统的加工中心,在进给加工过程中,发现 X 轴有振动现象。

分析与处理: 加工过程中坐标轴出现振动、爬行现象,可能是机械传动系统不良引起的,也可能是伺服进给系统的调整与设定不当等引起的。

为了判定故障原因,将机床操作方式置于手动方式,用手摇脉冲发生器控制 X 轴进给,发现 X 轴仍有振动现象。在此方式下,通过较长时间的移动后,X 轴速度单元上的 OVC 报警灯亮,证明 X 轴伺服驱动器发生了过电流报警。根据以上现象,分析可能的原因如下。

① 负载过重;②机械传动系统不良;③位置环增益过高;④伺服不良。

维修时通过互换法,确认故障原因为伺服不良。卸下 X 轴,经检查发现,6 个电刷中有 2 个的弹簧已经烧断,造成电枢电流不平衡,使输出转矩不平衡。另外,发现轴承也有损坏,故而引起 X 轴的振动与过电流。更换轴承与电刷后,机床恢复正常。

【例 8-4】 有一台配套某系统的加工中心,在长期使用后,手动操作其 Z 轴时有振动和异常响声,并在移动过程中因 Z 轴误差过大而报警。

考虑到机床伺服系统为半闭环结构,脱开与丝杠的连接,再次开机试验,发现伺服驱动系统工作正常,从而判定故障原因在机床机械部分。手动转动机床 Z 轴,发现丝杠转动困难,丝杠的轴承发热。经仔细检查,发现 Z 轴导轨无润滑,造成 Z 轴摩擦阻力过大。重新修理 Z 轴润滑系统后,机床恢复正常。

(三)光栅尺的拆装与维护实训

在数控机床中,为了实现位置控制,必须有位置检测装置用于检测机床运动部件的位移。数控机床常用的位置检测装置有光栅尺、光电编码器等。光栅尺是一种高精度的直线位移检测装置,通过光电转换,对莫尔条纹进行计数,得到移动部件的位移及方向等信号;光电编码器除了用于位移测量,还可用于数字式测速等场合。光栅尺和光电编码器输出的信号均可通过倍频处理来提高位移测量精度,并通过高、低电平来判别运动部件的正反向。这些位置检测装置的检测信号均作为位置反馈量,用于伺服控制的位置比较。

1.光栅尺的基本结构

光栅有长光栅和圆光栅两种,长光栅用于检测直线位移量,圆光栅用于检测转角位移量。

光栅尺由光源、标尺光栅(长光栅)[或指示光栅(短光栅)]和光电元件等组成,如图 8-9 所示。光栅是在一块长条形的光学玻璃上均匀地刻上线条所得到。线条之间的距离称为栅距,记为 P。栅距决定精度,一般每毫米 50、100、200 条线。标尺光栅 G1 装在机床的移动部件上,指示光栅 G2 装在机床的固定部件上。两块光栅互相平行并保持一定间隙(如 0.05mm 或 0.1mm 等),且两块光栅的栅距相同。

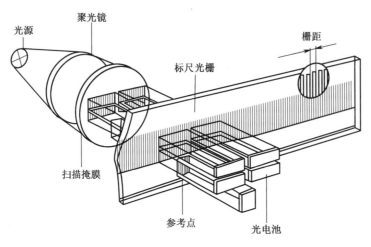

微课：光栅的结构

微课：光栅的工作原理

图 8-9　光栅尺的结构

2．莫尔条纹及其作用

如果将指示光栅在其自身的平面内转过一个很小的角度 θ，以便它的刻线与标尺光栅的刻线间能保持一个很小的夹角 θ，如图 8-10 所示。这样，在光源的照射下，由于光的衍射和干涉效应，在与两光栅刻线角 θ 的平分线相垂直的方向上形成了明暗相间的宽条纹，即莫尔条纹。两个亮带或暗带间的距离称为莫尔条纹的节距，记为 W。节距的大小与两光栅刻线角 θ 有关，即

$$W = \frac{P}{2\sin\dfrac{\theta}{2}}$$

莫尔条纹的作用如下。

（1）放大作用。如图 8-10 所示，当 θ 很小时，莫尔条纹的节距 W 约为 P/θ。

这表明莫尔条纹的节距对光栅的栅距有放大作用。例如，光栅的刻线为 100 条，即栅距 $P = 0.01\text{mm}$，$\theta = 0.002\text{rad} \approx 0.11°$ 时，$W \approx P/\theta = 5\text{mm}$，相当于将栅距放大 500 倍。因为栅距小，光栅的刻线难以分辨，而光栅产生的莫尔条纹容易分辨，所以莫尔条纹是一种栅距放大机构。

（2）莫尔条纹移动与光栅移动成比例。当标尺光栅移动时，莫尔条纹就沿垂直于光栅移动方向的方向移动。当光栅移动一个栅距 P 时，莫尔条纹就相应准确地移动一个节距 W，也就是说，两者一一对应。因此，只要读出移动过的莫尔条纹的数目，就可以知道光栅移过了多少个栅距，而栅距在制造光栅时是已知的，因此光栅的移动

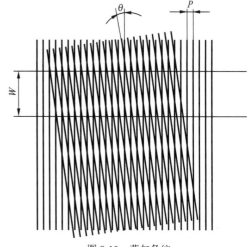

图 8-10　莫尔条纹

距离可以通过电气系统自动测量出来。同时，光栅移动方向改变，莫尔条纹移动的方向也随之改变，即可以从莫尔条纹移动的方向得知光栅尺的运动方向。

（3）均化误差的作用。莫尔条纹是光线通过光栅尺的多根刻线衍射而成的，莫尔条纹节

距是光栅尺上多根刻线综合作用而产生的，这样光栅尺刻线间的栅距误差被均化，从而保证了作为测量标尺的莫尔条纹节距的准确性。

3．光栅尺的拆装

用于数控机床的直线光栅尺采用封闭式结构，铝制外壳保护光栅尺、扫描单元和轨道免受灰尘、切削液的影响，自动向下的弹性密封条保持外壳的密封。图 8-11 所示为光栅尺的安装。

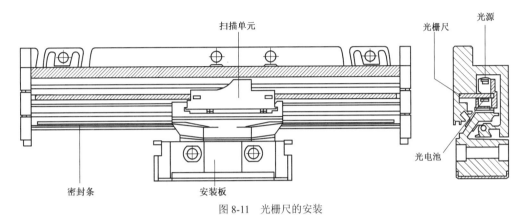

图 8-11　光栅尺的安装

安装光栅尺时，密封条朝下或远离溅水的方向，如图 8-12 所示。

安装封闭式光栅尺非常简单，只需在多点位置处将光栅尺与机床导轨对正，也可以用限位面或限位销对正光栅尺，如图 8-13 所示。

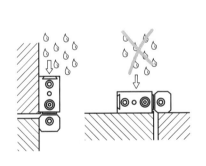

图 8-12　密封条的安装

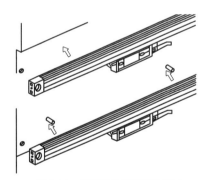

图 8-13　采用限位销对正光栅尺

安装辅助件以将光栅尺和扫描单元的间隙以及横向公差调整正确。如果安装空间有限，就必须在安装光栅尺前先安装辅助件，精确调定光栅尺和扫描单元的间隙，还必须确保符合横向公差要求，如图 8-14 所示。

除了采用两个 M8 的螺栓将直线光栅尺固定在平面上的标准安装方法，还可以采用安装板安装（如果测量长度超过 1240mm，就必须使用安装板安装）。

采用安装板安装时，安装板可以作为机床的一部分安装在机床上，最后安装时只需将光栅尺夹紧即可，如图 8-15 所示。因此，很容易更换光栅尺，便于维修。

4．光栅尺的维护

（1）防污。避免受到冷却液的污染，从而造成信号丢失，影响位置控制精度。

（2）防振。拆装光栅尺时要用静力，不能用硬物敲击，以免损坏光学元件。

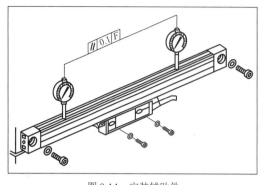

图 8-14　安装辅助件

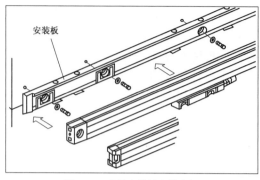

图 8-15　采用安装板安装光栅尺

四、技 能 拓 展

（一）伺服系统过热报警的故障诊断与排除

1．检测原理

伺服放大器具有过热检测信号，该信号由放大器内的智能逆变模块发出。当放大器的智能逆变模块温度超过规定值时，通过 PWM 指令将信号传递到 CNC 系统，CNC 系统发出 400# 过热报警，如图 8-16 所示。

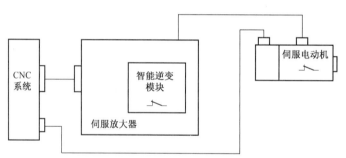

图 8-16　伺服系统过热报警检测原理

伺服电动机的过热检测信号由伺服电动机定子绕组的热偶开关检测，当伺服电动机的温度超过规定值时，电动机的热偶开关（动断触点）动作，通过伺服电动机的串行编码器（数字伺服）传递给 CNC 系统，CNC 系统发出 400#过热报警。FANUC 0i F 系统 430#伺服报警为伺服电动机过热报警，431#伺服报警为伺服放大器过热报警。

2．诊断方法

当发生伺服系统过热报警时，若 DGN200 的#7 位为"1"，则为电动机过热；若该位为"0"，则为放大器过热。伺服系统过热报警诊断流程如图 8-17 所示。

3．故障的可能原因

（1）过载。可以通过测量电动机电流是否超过额定值来判断。

（2）电动机线圈绝缘不良。可用 500V 绝缘电阻表检查电枢线圈与机壳之间的绝缘电阻，如果在 1MΩ 以上，就表示绝缘正常。

（3）电动机线圈内部短路。可卸下电动机，检测电动机空载电流，如果此电流与转速成正比变化，那么可断定电动机线圈内部短路。

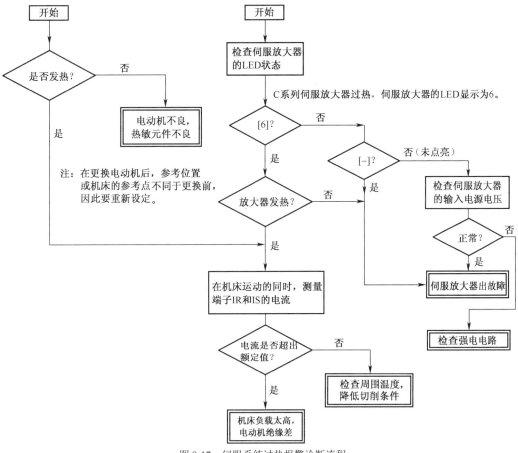

图 8-17　伺服系统过热报警诊断流程

（4）电动机磁铁退磁。可在快速旋转电动机时，测定电动机电枢电压是否正常，从而判断电动机磁铁是否退磁。若电压低且发热，则说明电动机已退磁，应重新充磁。

（5）制动器失灵。当电动机带有制动器时，若电动机过热，则应检查制动器动作是否灵活。

（6）CNC 装置的有关印制电路板不良。

（7）系统伺服参数整定不良。可初始化伺服参数。

【例 8-5】　某 FANUC 0i TF 系统机床经常出现 438# 报警。

报警解释： 438# 报警表示电动机电流过高。

故障分析： 438# 报警的原因如下。

（1）参数设定不合适。要按标准设定伺服参数，初始化参数时，要设定正确的电动机代码。

（2）电动机负载是否太大，是只发生在一个轴上还是所有轴上都发生，如果只发生在某一个轴上，可能该轴负载太大，可观察伺服诊断电流来确定。

（3）电动机长期在高速段运行。检查机床的最高速对应的电动机转速（或柔性齿轮比、快速进给速度等相关参数）。

（4）硬件故障。伺服放大器、电动机等出现硬件故障。

处理结果： 经检查为电动机损坏导致该故障。

【例 8-6】　有一 FANUC 0i TF 系统，加工中偶发 409#X 轴转矩报警，同时出现 EMG 报警。一天出现 1~2 次，现场观察、询问得知出现故障时工件过切被挤歪，过切后由于负载太

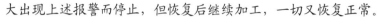

大出现上述报警而停止，但恢复后继续加工，一切又恢复正常。

报警解释： 409#报警表示伺服电动机出现了异常负载。

故障分析： 409#和 EMG 报警是工件过切闷刀导致 X 轴电动机转矩超过极限值引发的，首先从现象和经验进行分析，发生这种故障有以下几种可能性。

（1）工件没有安装正确。

（2）刀具补偿没有正确设定。

（3）车削过程中误操作。

（4）液压卡盘夹紧力不足，或 3 爪受力不均，合力作用点偏离卡盘中心。

（5）个别工件硬度太高。

（6）刀盘不正。

处理结果： 后经检查发现刀盘因曾撞刀而导致刀盘中心有偏差，刀盘在 Z 轴向移动 60mm 就有 40μm 的偏差，将刀盘中心偏差调整至 4μm 以内后，故障彻底排除。

（二）伺服轴进给失控的故障诊断与排除

伺服轴进给失控指的是机床在开机时或工作过程中突然改变速度、位置的情况，如伺服启动时突然冲击、工作台停止时突然向某一方向快速运动、正常加工过程中突然加速等。

机床在加工过程中突然失控，坐标轴快速运动，通常破坏性较大，此类故障属于严重故障，维修时应特别注意。对于半闭环系统，应立即脱开伺服电动机与编码器的连接，防止机床再次失控，这样才能进一步诊断。机床失控的故障原因、检查步骤和措施如表 8-18 所示。

表 8-18　　　　　　　　机床失控的故障原因、检查步骤和措施

故 障 原 因	检 查 步 骤	措 施
位置检测、速度检测信号不良	检查连线，检查位置环、速度环是否为正反馈	改正连线
位置编码器故障	可以用交换法	重新正确连接
主板、速度控制单元故障	用排除法确定故障	更换印制电路板

机床失控（飞车）这类故障若在安装调试机床时出现，则原因多数是位置或速度检测信号不正常、断线，或极性接反而变成正反馈；若在机床运行时突然出现，则多数是信号反馈线因机床移动而被拉断，或数控系统的控制板及进给伺服速度控制单元的故障造成的。

【例 8-7】 某加工中心在加工过程中，突然出现 X 轴、Y 轴、Z 轴同时快速运动，导致机床碰撞，引起刀具与工件损坏。

故障分析： 坐标轴突然失控通常由位置环开环引起。当某一轴突然快速运动时，一般由该伺服系统的位置测量系统故障引起。但在本机床上，由于机床的所有轴同时出现问题，因此故障原因应与系统公共部分有关。考虑到机床的全部位置编码器均由统一的电源模块供电，如果电源模块的+5V 电源不良，将导致系统的三轴位置环同时故障。

仔细检测机床的电源模块并与同类机床比较，发现该机床的+5V 电源在空载时电压正常，但连接负载后测量发现，该电源模块在输出电流为 4A 时，输出电压降到 4.25V；输出电流为 10A（额定输出）时，输出电压降到 2V。但在正常的机床上，输出电流为 10A（额定输出）时，输出电压仍然为 5V，由此确定本故障与电源模块有关。

处理结果：直接更换电源模块后，机床恢复正常。

【例 8-8】　某数控车床出现 Y 轴进给失控，无论是点动还是程序进给，导轨都是一旦移动起来就不能停下，直到按下紧急停止按钮为止。

故障分析：根据数控系统位置控制基本原理，可以确定故障出在 Y 轴位置环上，并且很可能是位置反馈信号丢失，这样，一旦 CNC 装置给出进给量指令位置，反馈实际位置就始终为零，位置误差始终不能消除，导致机床进给失控。拆下位置测量装置的脉冲编码器进行检查，发现编码器里的灯丝已断，导致无反馈输入信号。

处理结果：更换 Y 轴编码器后，故障排除。

| 小　　结 |

通过学习本任务，读者应该掌握 FANUC 0i F/FANUC 0i F Plus 伺服系统的报警类型，了解伺服位置反馈装置和伺服进给装置的故障诊断与排除方法，能够拆装和调试光栅尺，正确诊断与排除 FANUC 0i F/FANUC 0i F Plus 数控系统的常见伺服故障。

| 自　测　题 |

1. 简答题

（1）简述伺服系统的组成及其在数控机床中的地位和作用。

（2）简述增量式编码器与绝对式编码器的区别。

（3）伺服系统常见故障有哪些？常用的诊断方法有哪些？

（4）在数控机床中应用光栅测量装置需要注意哪些问题？

（5）脉冲编码器出现的故障现象有哪些？如何排除？

2. 实训题

（1）光栅尺的拆装与调试实训。

（2）编码器的拆装与调试实训。

（3）某数控车床在加工过程中出现 414#、410#报警，运行停止。关闭电源再开机，X 轴移动时机床振动，之后又出现报警并停止。查看系统维修手册，报警信息为伺服报警，检测到 X 轴位置偏差大。请分析故障原因。

任务九
主轴系统的故障诊断与维修

知识点滴
我国数控机床发展史上"重中之重"

一、任 务 导 入

　　主轴是数控机床的重要部件之一，其结构和性能直接影响被加工零件的尺寸精度和表面质量。本任务根据图 9-1 所示的 CK7815 型数控车床主轴部件结构，拆装该主轴硬件，通过拆装熟知主轴驱动模块的结构和性能，了解主轴驱动电动机的分类、原理和应用，排除主轴不转、主轴不准停或准停位置不准确、主轴转动噪声大及振动大、主轴转速与实际指令值不匹配等故障。

微课：数控机床主传动系统的配置方式

二、相 关 知 识

　　机床的主轴驱动系统与进给伺服驱动系统差别很大。机床主轴的运动是旋转运动，机床的进给运动主要是直线运动。早期的数控机床一般采用三相感应同步电动机配上多级变速器作为实现主轴驱动的主要方式。现代数控机床对主轴驱动系统提出了更高的要求，主要体现在以下几个方面。

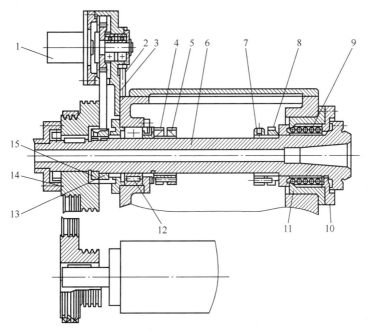

1—主轴脉冲发生器；2—螺钉；3—支架；4、5、7、8、15—螺母；
6—主轴；9—角接触球轴承；10—前端盖；11—前支承套；
12—圆柱滚子轴承；13—同步带轮；14—带轮。

图 9-1　CK7815 型数控车床主轴部件结构

（1）要求主轴具有很高的转速，液压冷却静压主轴可以在 20000 r/min 的高速下连续运行。

（2）电动机具有很宽的无级调整范围，能在调速比 1∶100～1∶1000 内调整恒转矩和在 1∶5～1∶30 内调整恒功率。

（3）主传动电动机应具有 2.2～250kW 的功率，既要求能输出大的功率，又要求主轴结构简单。

（4）为了使数控车床能进行螺纹车削加工，不仅要求主轴和进给驱动实现同步控制，还要求主轴能实现正反方向和加速、减速控制。

（5）在加工中心，为了保证每次自动换刀时，刀柄上的键槽对准主轴上的端面键，以及精镗孔后退刀时不会划伤已加工表面，要求主轴能进行高精度的准停控制。

（6）为了保证端面加工质量，要求主轴具有恒线速度切削功能。

（7）有的数控机床还要求具有角度分度控制功能。

绝大部分现代数控机床采用交流主轴驱动系统，由 PLC 控制。

调速比是在额定负载下可长期稳定运行的最小速度和最大速度之比。恒转矩运行时最大速度为额定速度，假设电动机为 50Hz/4 极电动机，理论空载速度为 1500r/min，如果调速比是 1∶1000，那么最小速度为 1.5r/min，驱动电动机在额定转矩（负载）下稳定运行。恒功率运行时最小速度为额定速度，其最大速度等于 $K×$额定速度，如果调速比是 1∶5，那么 $K=5$，考虑额定速度 1500r/min，则最大速度为 7500r/min，也就是在 1500～7500 r/min 范围内，驱动电动机可以恒功率运行。

（一）伺服主轴与变频主轴的区别

1. 概念区别

目前，FANUC 系统的主轴电动机的主要控制接口有两种：模拟（DC 0～10 V）接口和数字（串行传送）接口。模拟接口靠变频器和三相异步电动机来控制驱动；数字接口靠全数字伺服电动机来控制驱动。通常用变频器驱动的主轴是变频主轴，用伺服电动机驱动的主轴是伺服主轴，二者都能满足数控机床主轴的控制要求。

2. 控制硬件区别

随着自动控制领域的技术发展，特别是微电子和电力技术的不断更新，伺服控制系统从早期的模拟控制系统逐步发展到全数字控制系统，并且随着伺服系统硬件的软件化，其控制性能有了很大提高。驱动元件从早期的可控硅（晶闸管）（SCR）、电力晶体管（GTR）等发展到目前的智能型功率模块（IPM）。

在模拟交流伺服系统中，位置控制部分由大规模集成电路（LSI）完成。在全数字的伺服系统中，速度环和电流环都由单片机控制，FANUC 的系统设计将该部分电路设计在系统内部，作为系统控制的一部分，通常称为轴卡（Axes Card），该部分实现了对位置、速度和电流的控制。

3. 原理上的区别

（1）变频主轴电动机在变频器的驱动下，具有低频时输出转矩大、高速时输出平稳、转矩动态响应快、稳速精度高、减速停车速度快且平稳、抗干扰能力强等性能。

（2）变频器是利用电力半导体器件的通断作用将工频电源变换为另一频率电源的电能控制装置，能实现对交流异步电动机的软启动、变频调速，提高运转精度，改变功率因数，具有过电流保护、过电压保护、过载保护等功能。变频器的主电路大体上可分为两类：一类是电压型的，是将电压源的直流变换为交流的变频器，其直流回路的滤波元件是电容器；另一类是电流型的，是将电流源的直流变换为交流的变频器，其直流回路的滤波元件是电感器。

（3）使用变频器的主要问题是变频低速时转矩下降，因为机床对主轴运行的要求是恒功率曲线，速度越低，要求转矩越大，所以变频主轴在铣床上的主要应用是中高速铣，而对于铰孔、镗孔则无能为力。对于车床，要采取换挡的方式增大低速转矩。

（4）伺服主轴靠伺服驱动器驱动，伺服系统中控制机械元件运转的发动机是一种辅助电动机间接变速装置。伺服主轴电动机可使控制速度、定位精度非常准确，将电压信号转换为转矩和转速，以驱动控制对象。

4. 市场应用上的区别

变频主轴经济、变速性能好，容易实现高速和大功率，能满足大多数加工要求，用于大多数数控车床和数控铣床，但其速度有波动，受变频器的 v/f（保证输出电压频率成正比）影响，定位精度差。另外，变频主轴也可实现定位控制，虽然刚性攻丝等也可实现，但要看所选变频主轴电动机及变频器，当然效果肯定没有伺服主轴好。这主要取决于数控系统实现刚性攻丝的方法，国内数控系统刚性攻丝主要依照每转进给的方式，这样只要变频主轴在攻丝时的速度波动不大就能完成，而真正的刚性攻丝需要两轴的插补，要求变频主轴像伺服主轴一样有很高的响应速度和很好的加减速特性，还有就是调速比，主轴必须能工作在 1r/min 甚至更低的转速上。国内的加工中心大多使用带反馈编码器的变频主轴电动机、高性能变频器、脉冲发生器（PG）

反馈脉冲卡来实现精确定位控制和刚性攻丝。

伺服主轴精度高，但价格昂贵，由于其速度、定位精度相当高，因此在多功能加工中心、专用于攻丝的数控钻铣床以及精车螺纹的车床上应用广泛。

（二）机床主轴部件的拆装与调整

CK7815 型数控车床主轴部件结构如图 9-1 所示。该主轴工作转速范围为 15～5000r/min。主轴 6 前端采用 3 个角接触球轴承 9，通过前支承套 11 支承，由螺母 8 预紧；后端采用圆柱滚子轴承 12 支承，径向间隙由螺母 4 和螺母 15 调整。螺母 5 和螺母 7 分别用来锁紧螺母 4 和螺母 8，防止螺母 4 和螺母 8 回松。带轮 14 直接安装在主轴 6 上（不卸荷）。同步带轮 13 安装在主轴 6 后端支承与带轮之间，通过同步带轮和安装在主轴脉冲发生器 1 上的另一同步带轮带动主轴脉冲发生器 1 和主轴 6 同步运动。在主轴 6 前端安装有液压卡盘或其他夹具。

1．主轴部件的拆卸

在维修时需要拆卸主轴部件。拆卸前应做好工作场地清理、清洁工作，工具拆卸工作，以及资料准备工作，然后进行拆卸操作。拆卸操作顺序大致如下。

（1）切断总电源及主轴脉冲发生器 1 电源线路。拆下熔断器，防止他人误合闸而引起事故。

（2）切断液压卡盘（图 9-1 中未画出）油路，排放掉主轴部件及相关各部件的润滑油。油路切断后，应放尽管内余油，避免油溢出而污染工作环境，管口应包扎好，防止灰尘及杂物侵入。

（3）拆下液压卡盘及主轴后端液压缸等部件，排尽油管中的余油并包扎好管口。

（4）拆下电动机传动带及主轴后端带轮 14。

（5）拆下主轴后端螺母 15。

（6）松开螺钉 2，拆下支架 3 的螺钉，拆下主轴脉冲发生器 1（含支架、同步带轮）。

（7）拆下同步带轮 13 和后端油封件。

（8）拆下主轴后支承处轴向定位盘螺钉。

（9）拆下主轴前支承套螺钉。

（10）拆下（向前端方向）主轴部件。

（11）拆下圆柱滚子轴承 12 和轴向定位盘及油封。

（12）拆下螺母 4 和螺母 5。

（13）拆下螺母 7、螺母 8 以及前油封。

（14）拆下主轴 6 和前端盖 10。主轴拆下后要轻放，不得碰伤各部件螺纹及圆柱表面。

（15）拆下角接触球轴承 9 和前支承套 11。

以上各部件、零件拆卸后，应进行清洗及防锈处理，并妥善存放保管。

2．主轴部件的装配及调整

装配前，对于各零部件需要预先加涂油的部位，应加涂油。对于装配设备、装配工具以及装配方法，应根据装配要求及配合部位的性质选取。操作者必须注意，选用不正确或不规范的装配方法将影响装配精度和装配质量，甚至损坏被装配件。

对 CK7815 型数控车床主轴部件的装配过程，可大体依据拆卸顺序逆向进行，这里不再叙述。对主轴部件装配时的调整，应注意以下几个方面。

（1）对于前端 3 个角接触球轴承，应注意前面两个大口向外，朝向主轴前端，后一个大口向里

（与前面两个大口方向相反）。螺母 8 的预紧量应适当，预紧后一定要注意用螺母 7 锁紧，防止回松。

（2）后端圆柱滚子轴承 12 的径向间隙由螺母 4 调整。调整后通过螺母 5 锁紧，防止回松。

（3）为保证主轴脉冲发生器 1 与主轴转动的同步精度，同步带的张紧力应合理。调整时，先略微松开支架 3 上的螺钉，然后调整螺钉 2，使之张紧同步带。同步带张紧后，再旋紧支架 3 上的紧固螺钉。

（4）进行液压卡盘的装配调整时，应充分清洗卡盘内锥面和主轴前端外短锥面，保证卡盘与主轴短锥面接触良好。旋紧卡盘与主轴的连接螺钉时，应对角均匀施力，以保证卡盘的工作定心精度。

（5）安装卡盘液压缸时，应调整好卡盘拉杆长度，保证驱动液压缸有足够、合理的夹紧行程储备量。

（三）主轴变频器的调试

本任务采用三菱公司生产的 FR-S500 变频器，它是具有免测速机矢量控制功能的通用型变频器。它可以计算出所需输出电流及频率的变化量，以维持所期望的电动机转速，而不受负载条件变化的影响。

1. 变频器控制原理

通常交流变频器将普通电网的交流电能变为直流电能，再根据需要转换成相应的交流电能，驱动电动机运转。电动机的运转信息可以通过相应的传感元件反馈至变频器进行闭环调节。根据公式 $n=60f/p$ 可知，交流异步电动机的转速 n 与电源频率 f 成正比，与电动机的极对数 p 成反比，因此改变电动机的电源频率可调节电动机的转速。通常为了保证在一定调速范围内保持电动机的转矩不变，在调节电源频率 f 时，必须保持磁通 Φ 不变。由公式 $U \approx E = 4.44fWK\Phi$ 可知，因为 $\Phi \propto U/f$，所以改变电源频率 f 时，同时改变电源电压 U，可以保持磁通 Φ 不变。目前大部分变频器采用了上述原理，用同时改变 f 和 U 的方法来实现对电动机的调速控制，并使得输出转矩在一定范围内保持不变。

2. FR-S500 变频器接线

（1）强电连接。FR-S500 变频器电源及电动机强电接线端子排列如图 9-2 所示。变频器电源接线位于变频器的左下侧，由单相交流电 220V 供电，接线端子 L1、N 及接地 P1 引线接电源。变频器电动机接线位于变频器的右下侧，接线端子 U、V、W 及接地 P1 引线接三相电动机。

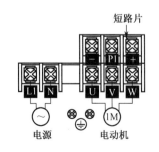
（a）FR-S500S 0.2k、0.4k、0.75k CH（R）

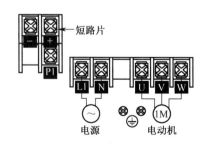
（b）FR-S500S 1.5k CH（R）

图 9-2　FR-S500 变频器电源及电动机强电接线端子排列

注　意

电源进线及电动机接线均为交流高电压线路，在接通电源之前或在通电工作中，确保变频器的盖子已经盖好，以防触电。

（2）弱电连接。FR-S500 变频器弱电控制接线端子排列如图 9-3 所示。该端子是易损件，按端子螺钉尺寸 M2、M3 的要求使用螺钉旋具。由于螺钉较小，因此要避免螺钉掉下而丢失。

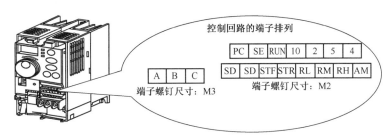

图 9-3　FR-S500 变频器弱电控制接线端子排列

（3）变频器接线如图 9-4 所示。

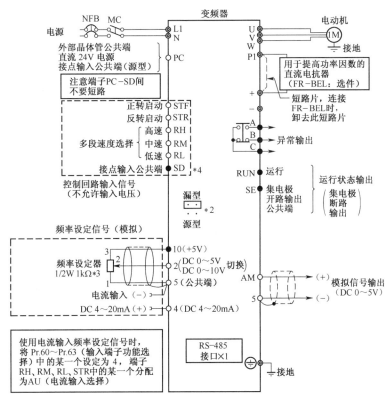

图 9-4　变频器接线

*1：仅限于 RS-485 通道功能型。

*2：可以切换漏型、源型逻辑。

*3：设定器操作频率较高的情况下，使用 2W/1kΩ 的旋钮电位器。

*4：SD 端子是公共端子，不要接地。

3．FR-S500 变频器的应用与调试

（1）变频器的操作面板说明如图 9-5 所示。

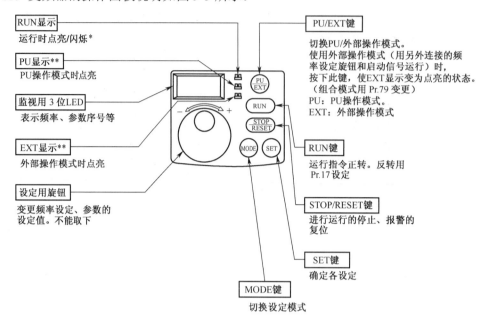

图 9-5　变频器的操作面板说明

（2）变频器的基本操作与调试键如图 9-6 所示。

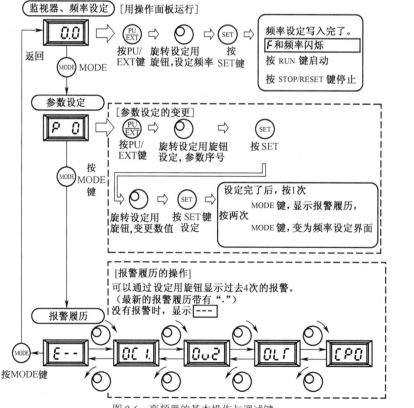

图 9-6　变频器的基本操作与调试键

（3）三菱变频器的功能参数如表 9-1 所示。当 Pr.30"扩张功能显示选择"的设定值为 1 时，扩张功能参数有效，具体参数详见使用手册。

表 9-1　　　　　　　　　　　　三菱变频器的功能参数

参数	显　　示	名　　　称	设定范围	最小设定单位	出厂时设定	客户设定值
0	P 0	转矩提升	0～15%	0.1%	6%	
1	P 1	上限频率	0～120Hz	0.1Hz	50Hz	
2	P 2	下限频率	0～120Hz	0.1Hz	0Hz	
3	P 3	基波频率	0～120Hz	0.1Hz	50Hz	
4*	P 4	3 速设定（高速）	0～120Hz	0.1Hz	50Hz	
5*	P 5	3 速设定（中速）	0～120Hz	0.1Hz	30Hz	
6*	P 6	3 速设定（低速）	0～120Hz	0.1Hz	10Hz	
7	P 7	加速时间	0～999s	0.1s	5s	
8	P 8	减速时间	0～999s	0.1s	5s	
9	P 9	电子过电流保护	0～50A	0.1A	额定输出电流	
30*	P30	扩张功能显示选择	0，1	1	0	
79	P79	运行模式选择	0～4，7，8	1	0	

注："*"表示在运行中其设定值可以改变。

（4）参数禁止写入功能。在变频器使用过程中为防止参数值被修改，可设定参数 Pr.77 "参数写入禁止选择"。"0"表示仅限于 PU 运行模式为停止时可以写入；"1"表示不可写入参数 Pr.22、Pr.30、Pr.75、Pr.77、Pr.79；"2"表示即使是运行时，也可以写入，与运行模式无关。

（四）主轴伺服系统的故障形式与诊断

当主轴伺服系统发生故障时，通常有 3 种表现形式：一是 CRT 或操作面板上显示报警内容或报警信息；二是主轴驱动装置上的报警指示灯或数码管会显示主轴驱动装置的故障；三是主轴工作不正常，但无任何报警信息。主轴伺服系统常见故障如下。

1．外界干扰

由于受到电磁干扰、屏蔽和接地措施不良的影响，主轴转速指令信号或反馈信号受到干扰，因此主轴驱动出现随机和无规律性的波动。判别有无外界干扰的方法是当主轴转速指令值为零时，主轴仍往复转动，即使调整零速平衡和漂移补偿也不能排除故障。

2．过载

切削用量过大，或频繁地正、反转变速等均可引起过载，具体表现为主轴电动机过热、主轴驱动装置显示过电流等。

3．主轴定位抖动

主轴的定向控制（也称主轴定位控制）是指将主轴准确停在某一固定位置上，以便在该位置进行刀具交换、精镗退刀及齿轮换挡等，以下 3 种方式可实现主轴准停控制。

（1）机械准停控制。由带 V 形槽的定位盘和定位用的液压缸配合动作。

（2）磁性传感器的电气准停控制。发磁体安装在主轴后端，磁性传感器安装在主轴箱上，其安装位置决定了主轴的准停点，发磁体和磁性传感器的间隙为(1.5±0.5)mm。

（3）编码器型的电气准停控制。通过在主轴电动机内或机床主轴上直接安装一个光电编码器来实现准停控制，可任意设定准停角度。

主轴定向控制实际上是在主轴速度控制的基础上增加一个位置控制环。为检测主轴的位置，需要采用位置编码器或磁性传感器等检测元件，它们的连接方式如图 9-7 所示。当采用位置编码器作为位置检测元件时，由于安装不方便，因此一般要通过一对传动比为 1∶1 的齿轮相连接。当采用磁性传感器作为位置检测元件时，其磁性元件可直接装在主轴上，而磁性传感头固定在主轴箱体上。为了减少干扰，磁性传感头和放大器之间的接线需要做屏蔽保护，且两者的接线越短越好。这两种控制方案各有优缺点，需根据机床的实际情况选用。产生主轴定位抖动故障的原因如下。

（1）上述准停均要经过减速的过程，减速或增益参数等设置不当均可引起定位抖动。

（2）当采用位置编码器作为位置检测元件的准停方式时，定位液压缸活塞移动的限位开关失灵，引起定位抖动。

（3）当采用磁性传感器作为位置检测元件时，发磁体和磁性传感器的间隙发生变化或磁性传感器失灵，引起定位抖动。

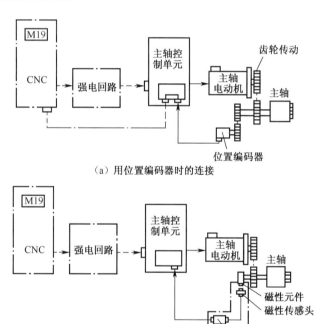

（a）用位置编码器时的连接

（b）用磁性传感器时的连接

图 9-7　主轴定向控制的连接

4．主轴转速与进给不匹配

当进行螺纹切削或用每转进给指令切削时，可能出现停止进给，主轴仍继续转动的故障。系统要执行每转进给的指令，主轴每转必须由主轴编码器发出一个脉冲反馈信号。出现主轴转速与进给不匹配故障一般是主轴编码器有问题，可用以下方法确定编码器是否有问题。

（1）CRT 界面有报警显示。

（2）通过 CRT 显示机床数据或 F0 状态，观察编码器的信号状态。

（3）用每分钟进给指令代替每转进给指令来执行程序，观察故障是否消失。

5．转速偏离指令值

当主轴转速超过技术要求规定的范围时，要考虑如下原因。

（1）电动机过载。

（2）CNC系统输出的主轴转速模拟量（通常为0～10V）没有达到与转速指令对应的值。

（3）测速装置有故障或速度反馈信号断线。

（4）主轴驱动装置故障。

6．主轴异常噪声及振动

首先要区别异常噪声及振动是出现在主轴机械部分还是电气驱动部分。

（1）在减速过程中出现的异常噪声一般是驱动装置故障造成的，如交流驱动中的再生回路故障。

（2）在恒转速时出现异常噪声，可以观察在主轴电动机自由停车过程中是否有噪声和振动，若有，则是主轴机械部分有问题。

（3）检查振动周期是否与转速有关，若无关，则一般是主轴驱动装置未调整好；若有关，则应检查主轴机械部分是否良好、测速装置是否不良。

7．主轴电动机故障

目前多用交流主轴电动机，直流主轴电动机故障报警内容与之基本相同，下面以交流主轴电动机为例进行介绍。

（1）主轴电动机不转。CNC系统至主轴驱动装置除了转速模拟量控制信号，还有使能控制信号，一般为DC+24V继电器线圈电压。可检查CNC系统是否有速度控制信号输出；检查使能控制信号是否接通；通过CRT观察I/O状态，分析机床PLC梯形图（或流程图），以确定主轴的启动条件，如润滑、冷却等条件是否满足；检查主轴驱动装置有无故障；检查主轴电动机有无故障。

（2）电动机过热。其可能的原因有电动机负载太大、电动机冷却系统太脏、电动机内部风扇损坏、主轴电动机与伺服单元间的连线断开或接触不良。

（3）电动机速度偏离指令值。电动机过载，有时转速极限值设定过小也会造成电动机过载。如果报警在减速时产生，那么故障多发生在再生回路，可能是再生控制不良或再生晶体管模块损坏，若只是再生回路的熔丝熔断，则大多数是因为加速/减速频率太高。如果报警在电动机正常旋转时产生，可在急停后用手转动主轴，用示波器观察脉冲发生器的信号，若波形无变化，则说明脉冲发生器有故障，或速度反馈信号断线；若波形有变化，则可能是印制电路板不良或速度反馈信号有问题。

（4）电动机速度超过最大额定速度值。可能的原因是印制电路板上设定有误或调整不良、印制电路板上的ROM不良、印制电路板有故障。

（5）交流主轴电动机旋转时出现异常噪声与振动。对这类故障，可按下述方法检查和判断。检查异常噪声和振动在什么情况下出现，若在减速过程中出现，则再生回路可能有故障，此时应着重检查再生回路的晶体管模块是否损坏及熔丝是否已熔断。若在稳速旋转时出现，则应确认反馈电压是否正常，如果反馈电压正常，可在电动机旋转时拔下指令信号插头，观察电动机停转过程中是否有异常噪声，若有，则说明机械部分有问题；若没有，则说明印制电路板有故障。如果反馈电压不正常，应检查振动周期是否与速度有关，若与速度无关，则可能是调整不良、机械问题或印制电路不良；若与速度有关，则应检查主轴与主轴电动机的齿数比是否合适、主轴的脉冲发生器是否不良。

（6）交流主轴电动机不转或达不到正常转速。观察 CNC 给出速度指令后，报警指示灯是否亮，若报警指示灯亮，则按显示的报警号处理；若不亮，则检查速度指令 VCMD（VCMD 就是 CNC 传送来的速度指令信号。在模拟的控制中，它是一个 0～10V 的信号，这个信号是判断伺服系统好坏的一个关键参考点。如果没有这个信号，伺服系统就不应该运动。如果有了这个信号，而伺服系统还不动，就是伺服系统的问题）是否正常。如果 VCMD 指令不正常，应检查指令是否为模拟信号，若是模拟信号，则 CNC 系统内部有问题；若不是模拟信号，则是 D/A 转换器有故障。如果 VCMD 指令正常，应观察是否有准停信号输入，若有这个信号输入，则应解除这个信号；若没有这个信号，可能是设定错误、印制电路板调整不良或印制电路板不良。此外，主轴电动机不能启动的原因还可能是传感器安装不良，而磁性传感器没有发出检测信号、电缆连接不好也会引起此故障。

三、任务实施

（一）主轴电动机正反转互换实训

1．主轴的正反转控制

如图 9-8 所示，当按下机床操作面板上的主轴正转按钮或执行 M03 指令时，I/O 口 Y1.0 输出一个信号，继电器线圈 KA3 得电吸合，从而接通变频器正转指令，实现主轴的正转；当按下主轴反转按钮或执行 M04 指令时，I/O 口 Y1.1 输出一个信号，继电器线圈 KA4 得电吸合，从而接通变频器反转指令，实现主轴的反转。

根据图 9-8 所示的主轴正反转系统连接电路，设置主轴正反转互换，想一想可用多少种方法来实现，通过实训进一步验证自己的想法。

2．通过 PMC 实现主轴的正反转控制

详见任务六。

3．操作步骤

（1）根据图 9-8，查看机床硬件和电气线路的正确连接，检测故障并排除。

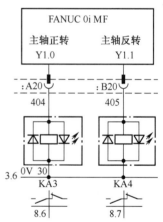

图 9-8　主轴正反转系统连接电路

（2）了解各元器件逻辑控制及各部件上电时序。

（3）实现机床主轴正反转方向的互换设置（至少采用 3 种方法）。

（4）进行通电前的线路检查。

① 通电前务必断开数控系统、伺服驱动单元、变频器等。

② 测量各电源输出端对地是否短路。

③ 通电前测量各电源电压是否正常。

（5）通电。

① 按下启动按钮，观察各继电器、接触器的吸合情况及先后顺序。

微课：主轴 PMC 控制

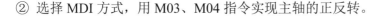

② 选择 MDI 方式，用 M03、M04 指令实现主轴的正反转。

（二）变频器的常见故障及排除

1. 变频器的常见故障及处理方法

（1）电动机不运转。

① 电动机不运转首先考虑变频器输出端子 U、V、W 能否提供电源，检查变频器是否上电，是否已将电源提供给端子；其次考虑运行命令是否有效、是否选择正确的工作方式和运行指令；最后查看 Rs（复位）功能或自由运行停车功能是否处于开启状态。

② 查看电动机负载是否太大、电动机是否过热。过热可能是负载过大，超出电动机载荷范围造成的。

③ 机械故障，电动机烧毁；V 带过长打滑，带不动主轴；带轮的键或键槽损坏、带轮空转等。

（2）电动机转动方向与指令方向相反。

① 检查输出端子 U/T1、V/T2、W/T3 的连接是否正确，查看电动机正反转的相序是否与 U/T1、V/T2、W/T3 相对应。通常来说，正转（FWD）=U-V-W，反转（REV）=U-W-V。

② 检查控制端子 FW 和 RV 连线是否正确，查看变频器连接电路和控制端子及继电器线路的连接。端子 FW 用于正转，端子 RV 用于反转。

（3）电动机转速不能达到要求。

① 如果使用模拟输入，电流或电压应为"0"或"0I"。否则，需用万用表检查电路连接，检查电位器或信号发生器，判断是否有电气元件出现故障。

② 负载是否过大，大负载激活了过载限定（可根据需要，不让此过载信号输出）。若是，则减小负载。

（4）电动机转动不稳定。

① 检查负载是否波动过大，若是，则可增大电动机容量（变频器及电动机）。

② 检查电源是否不稳定，若是，则可增设稳压电源。

③ 如果该现象只是出现在某一特定频率下，那么可以稍微改变输出频率，使用调频设定将此有问题的频率跳过去试一试。

（5）过电流。

① 如果是加速中过电流，那么检查电动机是否短路或局部短路、输出线绝缘是否良好；或延长加速时间；或检查变频器配置是否合理，若是，则增大变频器容量；降低转矩或增大设定值。

② 如果是恒速中过电流，那么也要先检查电动机是否短路或局部短路、输出线绝缘是否良好；还要检查电动机是否堵转、机械负载是否有突变；若变频器容量太小，可以增大变频器容量；检查电网电压是否有突变，可用示波器进行。

③ 减速中或停车时过电流，检查输出连线绝缘是否良好、电动机是否有短路现象，若有，则可以延长减速时间或更换容量较大的变频器；还有可能是直流制动量太大，对此可减少直流制动量；也有可能是机械故障，需送厂维修。

（6）短路。如果电动机对地短路，可检查电动机连线是否短路、输出线绝缘是否良好，若均无问题，则只能送修。

（7）过电压。过电压有停车中过电压、加速中过电压、恒速中过电压和减速中过电压几种情况，处理方法都是延长减速时间，或加装刹车电阻，再者可改善电网电压，检查是否有突变电压产生。

（8）欠电压。欠电压故障的处理方法比较简单，主要检查输入电压是否正常、负载是否有突变、是否有电源缺相等。

（9）变频器过热、过载。

① 若变频器过热，则要检查风扇是否堵转、散热片上是否有异物、环境温度是否正常、通风空间是否足够、空气是否能对流等。

② 变频器过载是指连续超负载 150% 达 1min 以上。要检查变频器容量是否过小，若是，则增大容量；检查机械负载是否有卡死现象；若 v/f 曲线设定不良，则重新设定。

（10）电动机过载。电动机过载也是指连续超负载 150% 达 1min 以上。要检查和考虑机械负载是否有突变、电动机配用是否太小、电动机发热绝缘是否变差、电压是否波动较大，以及是否存在电源缺相、机械负载增大等。

 注 意

电源电压不能过高，变频器一般允许电源电压向上波动的范围是 0%～10%，超过此范围就进行保护。降速也不能过快，如果将减速时间设定得太短，在再生制动过程中，制动电阻来不及将能量放掉，就会导致直流回路电压过高，形成高电压。

2．通用变频器故障维修实例

（1）加工时，出现变频器过电压报警。

故障现象: 有一采用 FANUC 0i 系统的数控车床,主轴驱动采用三菱公司的 E540 变频器，在加工过程中，变频器出现过电压报警。

分析与处理过程: 仔细观察机床故障产生的过程，发现故障总是在主轴启动、制动时产生，因此，可以初步确定故障的产生与变频器的加/减速时间常数设定有关。当加/减速时间设定不当时，如主轴启动/制动频繁或时间设定值太短，变频器的加/减速无法在规定时间内完成，就容易产生过电压报警。

修改变频器参数，适当增大加/减速时间值后，故障消除。

（2）机床换刀时，变频主轴出现随动现象。

故障现象: 有一采用 FANUC 0i 系统的数控车床，当机床进行换刀动作时，变频主轴（采用安川变频器控制）也随之转动。

分析与处理过程: 由于该机床采用安川变频器控制主轴，因此主轴转速通过系统输出的模拟电压控制。根据以往的经验，安川变频器对输入信号的干扰比较敏感，因此，初步确认故障与线路有关。

为了确认，再次检查了机床的主轴驱动器、刀架控制的原理图与实际接线，可以判定在线路连接、控制上，主轴和刀架相互独立，不存在相互影响。

进一步检查变频器的输入模拟量屏蔽电缆布线与屏蔽线连接，发现该电缆布线与屏蔽线连接均不合理，将电缆重新布线并连接屏蔽线后，故障消除。

四、技 能 拓 展

（一）车螺纹乱牙、节距不准故障与维修

1．故障原因及排除方法

数控加工中碰到乱牙、节距不准、螺牙不完整等现象时，首先检查是机械故障还是电气故障，其次根据检查结果进行深入检查。对于机械故障，主要检查丝杠是否窜动，轴反向间隙是否过大，主轴同心度是否不平衡、跳动是否过大或者皮带是否破损、松紧不一致；主轴转速是否相差太多（5r/min以上）或不稳定；驱动电动机与丝杠的联轴器的销是否松动、丝杠两头的轴承座是否松动、刀架底座的螺钉是否松动。对于电气故障，主要检查编码器插头是否松动、屏蔽线是否牢固；用万用表检查控制电压有无，脉冲 A 相、B 相、C相有没有断路；编码器的外壳有没有破裂现象，必要时需要用短路追踪仪进行检查。车螺纹乱牙或节距不准的故障原因与排除方法如表 9-2 所示。

表 9-2　　　　　车螺纹乱牙或节距不准的故障原因与排除方法

故 障 原 因	排 除 方 法
主轴编码器损坏、主轴编码器与系统接线断开、接触不良或线路连接错误	用万用表测量编码器信号线是否断裂，将两端连接接头连接处插紧，将接触不良处重新焊紧或更换新的主轴编码器
主轴编码器信号线受到干扰	使用带屏蔽的主轴编码器信号线，确保两端的屏蔽接头可靠连接
参数设置不合理	检查快速移动速度设定值是否过大、线性加/减速时间常数是否合理，检查螺纹指数加/减速常数、螺纹各轴指数加/减速的下限值、进给指数加/减速时间常数，以及进给指数加/减速的低速下限值是否合理
电子齿轮比未设置好或步距角未调好	检查电子齿轮比是否计算准确并设置好，若使用步进驱动器，则检查步距角是否正确、各传动比是否正确
系统或驱动器失步	可通过驱动器上的脉冲数显示或用百分表判断；让程序空跑，查看刀架回到加工起点后，百分表是否变动，若无变动，则检查参数
主轴转速不稳定	排除外部干扰，检查机械传动部分是否稳定
性能超负荷	每种配置的主轴转速与螺距的乘积有一定上限，超出此上限则有可能出现加工异常，应确保各性能指标在合理范围内
机械故障	测量定位精度是否合格、丝杠间隙是否用系统参数将间隙消除；检查电动机轴承、阻尼盘是否存在问题；检查丝杠轴承、滚珠是否存在问题；检查刀架定位精度，负载时是否松动；检查主轴、夹具和刀具安装是否正确、刀具对刀及补偿是否正确
操作方式不对或编程不正确	查阅操作说明书，熟悉编程格式及操作方式
系统内部接收信号电路故障	返厂维修或更换主板

2．螺纹加工的故障维修实例

（1）螺纹加工时出现乱牙现象。

故障现象：某配套 FANUC 系统的数控车床在 G92 车螺纹时，出现起始段螺纹乱牙的故障。

分析与处理过程：数控车床加工螺纹的实质是主轴的角位移与 Z 轴进给之间进行的插补，乱牙是由主轴与 Z 轴进给不能实现同步引起的。

由于该机床使用变频器作为主轴调速装置，主轴速度采用开环控制，在不同负载下，主轴的启动时间不同，且启动时的主轴速度不稳，转速也有相应变化，导致主轴与 Z 轴进给不能实现同步。

排除上述故障的方法有如下两种。

① 通过在主轴旋转指令（M03）后、螺纹加工指令（G92）前增加 G04 延时指令，保证在主轴速度稳定后，再开始螺纹加工。

② 更改螺纹加工程序的起始点，使其远离工件一段距离，保证在主轴速度稳定后，再接触工件，开始螺纹加工。

采用以上任何一种方法都可以排除该故障，实现正常的螺纹加工。

（2）不执行螺纹加工程序的故障。

故障现象： 某配套 FANUC 0i TF 系统的数控车床在自动加工时，机床不执行螺纹加工程序。

分析与处理过程： 数控车床加工螺纹的实质是主轴的角位移与 Z 轴进给之间进行的插补。主轴的角位移通过主轴编码器测量。在本机床上，由于主轴能正常旋转与变速，因此故障原因主要有以下几种。

① 主轴编码器与主轴驱动器之间的连接不良。

② 主轴编码器故障。

③ 主轴驱动器与数控系统之间的位置反馈信号电缆连接不良。

经检查，主轴编码器与主轴驱动器的连接正常，故可以排除第一项；通过 CRT，可以正常显示主轴转速，因此说明主轴编码器的 A、*A、B、*B 信号正常；再利用示波器检查 Z、*Z 信号，可以确认主轴编码器零脉冲输出信号正确。

根据检查，可以确定主轴位置检测系统工作正常。根据数控系统的说明书，进一步分析螺纹加工功能及其信号要求，可以知道螺纹加工时，系统进行的是主轴每转进给动作，因此它与主轴的速度到达信号有关。

在 FANUC 0i TF 系统上，主轴的每转进给动作与参数 PRM24#2 的设定有关，当该参数设定为"0"时，Z 轴进给时不检测"主轴速度到达"信号；设定为"1"时，Z 轴进给时需要检测"主轴速度到达"信号。在本机床上，检查发现该参数设定为"1"，因此只有"主轴速度到达"信号为"1"时，才能实现进给。

通过系统的诊断功能，检查发现，当实际主轴转速显示值与系统的指令值一致时，"主轴速度到达"信号仍然为"0"。进一步检查发现，该信号连接线断开；重新连接后，螺纹加工动作恢复正常。

（二）主轴不准停和准停位置不准的故障与排除

1．主轴不准停的故障分析与排除

主轴准停装置是加工中心的一个重要装置，它直接影响刀具能不能顺利交换。参见图 9-7，主轴不准停是指加工程序中有 M19 指令或手动输入了 M19 指令后，主轴不能在指定位置上停止，而是一直慢慢转动，或停在不正确位置上，主轴无法更换刀具。

主轴旋转时，实际转速显示值由脉冲传感器提供，脉冲的个数反映主轴的实际转速。在 M19 准停时，若主轴一直缓慢转动，则说明主轴已经减速进入爬行转速，而没有接收到脉冲传感器的零位脉冲（参考点），因此，可以判断不准停故障多数由脉冲传感器引起，应对其进行检测以确诊故障。应首先检查接插件和电缆有无损坏或接触不良，必要时再检查传感器的固定螺栓和连接器上的螺钉是否良好、紧固。如果没有发现问题，就需要检修或更换传感器。

2．主轴准停位置不准的故障维修

故障现象：加工中心主轴准停位置不准，引发换刀过程发生中断。

分析及处理过程：开始时，该故障出现的次数不多，重新开机后又能工作，但故障反复出现。故障出现后，仔细观察机床，发现产生故障的真正原因是主轴准停的位置发生了偏移。如果在主轴准停后用手碰一下它（与工作中换刀时将刀具插入主轴的情况相近），那么主轴会产生相反方向的漂移。检查电气单元无任何报警。该机床的准停采用编码器方式，从故障的现象和可能发生的部位来看，电气部分故障的可能性比较小。因为机械部分很简单，主要的是连接，所以决定检查连接部分。在检查编码器的连接时发现，编码器上连接套的紧固螺钉松动，使连接套后退造成与主轴的连接部分间隙过大，以致旋转不同步，按要求将紧固螺钉固定好后，故障排除。图 9-9 所示为主轴与编码器的连接。

值得注意的是，发生主轴定位故障时，应根据机床的具体结构分析、处理，先检查电气部分，确认正常后，再考虑机械部分。

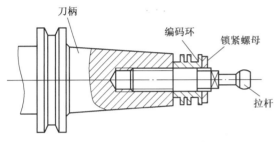

微课：主轴机械准停装置工作原理　　微课：主轴电气准停装置工作原理

图 9-9　主轴与编码器的连接

（三）主轴振动和噪声故障与排除

1．主轴振动和噪声故障分析

（1）电气方面的可能原因。

① 在现场调查振动或噪声在什么情况下出现。如果振动或噪声在减速过程中出现，那么一般是再生回路的故障。此时，应检查该回路处的熔丝是否熔断、晶体管是否损坏。如果振动或噪声在快速转动下出现，那么应检查反馈电压是否正常。如果反馈电压正常，那么切断电动机，观察电动机在自由停转过程中是否有异常噪声。若有噪声，则可以认定故障出在机械部分；若没有噪声，故障多数出在印制电路板上。如果反馈电压不正常，那么应检查振动周期是否与主轴的转速有关，若有关，则应检查主轴与主轴电动机连接是否合适、主轴及装在交流主轴电动机尾部的手摇脉冲发生器是否良好、主轴机械部分是否良好；若无关，则可能是速度控制回路的印制电路板不良或主轴驱动装置调整不当。

② 系统电源缺相或相序不对。

③ 主轴控制单元上的电源频率开关（50Hz/60Hz 切换开关）设定错误。

④ 控制单元上的增益电路调整不当。

（2）机械方面的可能原因。

① 主轴箱与床身的连接螺钉松动。

② 轴承预紧力不够，或预紧螺钉松动，游隙过大，使主轴产生轴向窜动。这时应调整轴承后盖，使其压紧轴承端面，然后拧紧预紧螺钉。

③ 轴承拉毛或损坏，应更换轴承。

④ 主轴部件上动平衡不好。若大、小带轮平衡不好，平衡块脱落或移位等造成失衡，则应重新做动平衡。

⑤ 齿轮有严重损伤，或齿轮啮合间隙过大，应更换齿轮或调整啮合间隙。

⑥ 润滑不良。若润滑油不足，则应改善润滑条件，使润滑油充足。

⑦ 主轴与主轴电动机的连接带过紧（可通过移动电动机座进行调整），或连接主轴与电动机的联轴器故障。

⑧ 主轴负载太大。

2．主轴出现噪声的故障维修

故障现象： 主轴噪声较大，在主轴无载荷的情况下，负载表指示超过 40%。

分析及处理过程： 首先检查主轴参数设定，包括放大器型号、电动机型号及伺服增益等，在确认无误后，将检查重点放在机械部分。发现主轴轴承损坏，经更换轴承之后，在脱开机械侧的情况下，检查主轴电动机旋转情况，发现负载表指示已正常，但仍有噪声。随后，将主轴参数 00 号设定为"1"，即让主轴驱动系统开环运行，结果噪声消失，说明速度检测元件有问题。经检查发现安装不正，调整位置之后，再运行主轴电动机，噪声消失，机床能正常工作。

（四）主轴转速不正常故障与排除

故障现象： 发现某配套 FANUC 系统的数控车床主轴转动时，所设置的转速与实际主轴转速相比刚好减少一半。

现场处理： 经检查，系统参数设置无误，主轴编码器确定没有问题（客户已更换过）。测量系统输出变频模拟电压时发现主轴在最高转速时，电压只有 5V，断开模拟电压线与变频器的连接，再测量时还是没有改变，电压只有 5V，由此判断该故障与主轴变频器无关。故障可能是系统主板输出不正常引起的，测量系统电源+5V、+24V 都为正常值，启动主轴时也不会变化；更换系统主板通电试机，故障还是存在，输出电压还是只有一半，这样也排除了系统主板故障。怀疑是外部连线短路拉低系统内部电压所致，将系统外部接口插头全部断开，另外单独焊接变频模拟电压触点，单独连接再测量时，电压就正常了，然后逐一将外部插头连接以测试转速，在接到电动机信号线插头时，转速马上下降了一半，电压也只有 5V，怀疑是电动机或驱动短路造成系统输出异常，单独连接 X 轴或 Z 轴信号线，发现只有在 X 轴连接时，故障才会出现，但驱动运行正常移动时没有任何异响，互换驱动后，故障依然存在于 X 轴，这样也排除了驱动和信号线故障。用万用表测量电动机绝缘为零，拆开电动机护罩，未见进水现象，拔除电动机电源线单独测量电动机绝缘正常，问题应该在电动机插头上，拆开插头，发现电动机插头后端接线部分有很多铜屑，造成相间短路，处理干净后，测量绝缘正常，通电试机，主轴转速输出正常，故障排除。

小　　结

通过学习本任务，读者完成了对主轴部件基本结构的认知和拆装，掌握了伺服主轴和变

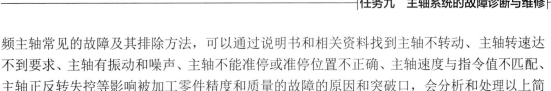

频主轴常见的故障及其排除方法，可以通过说明书和相关资料找到主轴不转动、主轴转速达不到要求、主轴有振动和噪声、主轴不能准停或准停位置不正确、主轴速度与指令值不匹配、主轴正反转失控等影响被加工零件精度和质量的故障的原因和突破口，会分析和处理以上简单故障，明白只有在实践中不断调试和维修，才能掌握数控维修的内涵。

|自　测　题|

1．简答题

（1）如何判断变频主轴的故障是变频器自身故障？（提示：检查变频器是否有报警，以及 A、B、C 端子之间是否有状态变化）

（2）若一机床主轴实际转速与系统屏幕上显示的转速不相符，可能的原因有哪些？

（3）伺服主轴和变频主轴的区别是什么？

（4）为什么说在一般情况下主轴编码器既不是速度反馈元件，也不是位置反馈元件？

（5）若一车床执行 M3 时主轴转速显示为负值，执行 M4 时主轴转速显示为正值，要怎样调整才能更正？

2．实训题

（1）根据图样，对 CK7815 型数控车床的主轴进行拆装并阐述拆装过程。

（2）主轴变频器频率设定与运行实训。

① 使用变频器操作面板设定参数，具体步骤如图 9-10 所示。

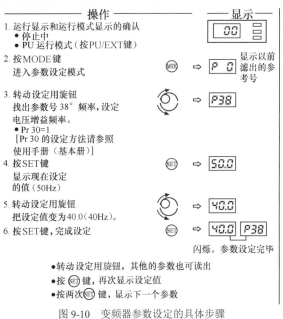

图 9-10　变频器参数设定的具体步骤

② 用变频器操作面板对变频器进行控制：正转、反转、停止、改变电动机转速等。

③ 用 CNC 系统对变频器进行控制：正转、反转、停止、改变电动机转速等。同时通过拨码开关断开主轴正转、反转模拟量信号，观察主轴运行情况。

任务十
系统与 I/O 模块的故障诊断与维修

【学习目标】

- 能够识记系统与 I/O 及 I/O Link i 模块的连接，能手动连接 I/O 模块的接口和硬件。
- 会利用系统参数调试和检查各接口功能的有效性。
- 能使用万用表等工具检测各接口连接的可靠性。
- 能排除由系统与 I/O 模块造成的异常故障。

【素质目标】

- 培养认真、细致的岗位责任意识。
- 培养良好的职业素养。
- 培养独立动手与团队合作的意识。
- 培养发现问题和解决问题的思维能力。

一、任 务 导 入

通过 FANUC 0i F/F Plus 系统与 I/O 模块的连接和工作原理（见图 10-1）能找到数控系统通电后屏幕不显示、手动进给故障、机床不能自动运行、手摇脉冲发生器（MPG）进给无效、工作方式选择无效、进给倍率修调按钮无效、RS-232-C 传输报警等故障的解决思路，并掌握相应的维修方法。

二、相 关 知 识

（一）系统主板与 I/O Link i 模块

CNC 与 I/O 模块之间使用 I/O Link i 通信。所谓 I/O Link i，就是连接控制单元、I/O 模块等设备，在装置之间高速进行 I/O 信号（位数据）收发的串行接口。在 I/O Link i 的控制中，存在主控单元和作为其从站的从控单元。其中，主控单元是控制单元，其他 I/O 设备是从控单元。

如图 10-1 所示，FANUC 0i F/F Plus 系统的 I/O 板上共有 4 个内置的机床输入输出（DI/DO）接口，即 CB104～CB107，从机床传来的输入信号或 PMC 给机床发送的输出信号由这些接口传输。这些接口上有很多引脚，基本上每个引脚对应一个输入或输出地址，根据不同情况，实际使用的单元的种类和 I/O 点数有所差异，当 I/O 基本配置不够用时，可通过 FANUC I/O Link i 来扩展，整个系统 I/O 总点数最多为 2018/2048。下面详细介绍。

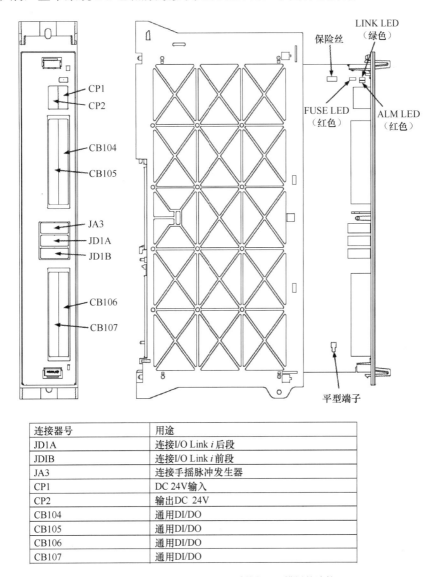

连接器号	用途
JD1A	连接I/O Link i 后段
JDIB	连接I/O Link i 前段
JA3	连接手摇脉冲发生器
CP1	DC 24V输入
CP2	输出DC 24V
CB104	通用DI/DO
CB105	通用DI/DO
CB106	通用DI/DO
CB107	通用DI/DO

图 10-1　FANUC 0i F/F Plus 系统与 I/O 模板的连接

1. 系统主板与 I/O Link i 的连接

（1）FANUC 0i F/F Plus 系统的连接。I/O Link i 连接如图 10-2 所示，详见任务三。

I/O Link i 接口的连接器 JD51A 在主板上。I/O 单元中的 I/O Link i 接口的连接器包括 JD1A 和 JD1B。这些连接器对具有 I/O Link i 功能的所有单元共通。电缆必须从 JD1A 连接到 JD1B 上。最后一个单元的 JD1A 不进行任何连接，其不仅是开放的，也无须在此单元上进行终结器等的连接。

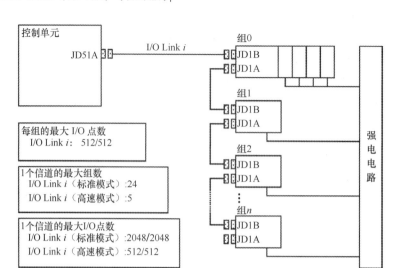

图 10-2　I/O Link i 连接

（2）连接方法与地址分配。

① 在 0i F 系列和 0i F Plus 系列中，JD1A 插座位于 I/O 主板上。

② I/O Link i 分为主单元和子单元。作为主单元的 FANUC 0i F/F Plus 系列控制单元与作为子单元的分布式 I/O 相连接。子单元分为若干个组，一个 I/O Link i 最多可连接 24 组子单元。

③ 根据单元的类型以及 I/O 点数的不同，I/O Link i 有多种连接方式。

④ PMC 程序可以设定 I/O 信号的分配和地址，用来连接 I/O Link i，详见任务五。

⑤ 对于 I/O Link i 中的所有单元来说，JD1A 和 JD1B 的引脚分配是一致的，详见任务三。

（3）检查硬件连接的结果。按"PMC 配置"软键→按▶软键→按 I/O Link i 软键，显示图 10-3 所示界面。如果硬件连接正常，硬件本身也没有故障，那么这个界面中会显示各个模块的信息；否则，应该检查硬件连接。

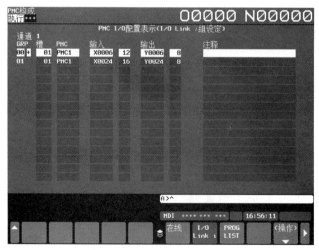

图 10-3　PMC I/O Link i 显示界面

2．FANUC I/O Link i 输入输出模块

FANUC I/O Link i 输入输出模块如图 10-4 所示。模块上的所有插头严禁带电拔插，以防

I/O 模块和插头烧坏。

图 10-4　FANUC I/O Link i 输入输出模块

I/O Link i 模块上的接口说明如下。

（1）CE56、CE57：PLC 输入输出点，用 50 芯灰排线引到后面 I/O 板上，再由彩排线引到各输入输出接口。

（2）I/O Link i 的两个插座 JD1A、JD1B：基本的输入输出信息通道，通过转换连接 CE56 和 CE57 模块。

（3）JA3：连接手摇脉冲发生器。

3．RS-232-C 接口的连接

FANUC 0i F/F Plus 系统的 RS-232-C 接口连接在主板装置插座 JD36A 左边和 JD36B 右上。它们都是输入输出设备接口，用来将 CNC 的程序、参数等各种信息通过外部设备输入 CNC 中，或从 CNC 中输出给外部设备的装置；也经常通过 RS-232-C 与 FANUC LADDER Ⅱ、Ⅲ 软件连接，以监控梯形图和上传、下载梯形图。

（二）系统与 I/O Link i 模块故障的诊断方法

1．通电后屏幕不显示的故障诊断

出现通电后屏幕不显示的故障时，可从以下两个方面查找原因。

（1）显示部件系统有问题。

（2）CNC 系统处在不能工作的状态。

进一步检查确认故障的方法是查看在 CNC 侧接口板（高速串行总线接口板）上的 STATUS LED 状态。CNC 侧接口板上有 4 个 LED，可以显示 CPU 的状态。其状态说明如表 10-1 所示。

表 10-1　　高速串行总线接口板上 LED 状态说明（●表示灯亮，○表示灯灭）

序　号	LED 显示状态	CPU 状态说明
	ST4～ST1	
	4　3　2　1	
1	●●●●	电源接通后的状态

续表

序　号	LED 显示状态		CPU 状态说明
	ST4～ST1		
	4 3 2 1		
2	●●●○		高速串行总线接口板初始化中
3	●●○●		计算机正在执行 BOOT 操作
4	●●○○		计算机侧屏幕显示 CNC 界面
5	●○○○		启动正常，系统处于正常操作状态
6	○●●○		智能终端因过热而出现温度报警
7	○●○●		通信中断
8	○●○○		CNC 侧的公共 RAM 出现奇偶报警
9	○○●●		出现通信错误
10	○○●○		智能终端出现电池报警

如果是表 10-1 中序号 5 所示的亮灯状态，那么 CNC 系统本体工作正常，问题出在显示部件，否则是显示部件以外的硬件出现了问题。

（1）显示部件有问题。系统出现通电后屏幕不显示的故障，而高速串行总线接口板上的 LED（如表 10-1 中序号 5 所示）处于亮灯状态，说明系统工作正常，初步判断问题出在显示部件。然后从以下几个方面检查，以确认故障原因。

① 检查电源是否为显示器供电。若显示系统供电不良，则可以考虑更换电源单元。

② 检查视频信号电缆是否连接，有无断线、接触不良。若电缆接线不良，则正确接线。

③ 检查 I/O 板上的 CRT 控制回路，若 CRT 控制回路不良，则应该更换 I/O 板。

④ 检查显示器，若显示器不良，则更换显示器。

（2）CNC 系统有问题。若 LED 不是表 10-1 中序号 5 所示的亮灯状态，则是 CNC 系统出现了问题。根据表 10-1 中 LED 亮灯的状态说明，进一步确认故障原因及不良的电路板，并进行相应处置。例如，更换不良的印制电路板等。

2．手动进给故障的处理

数控机床发生不能手动进给的故障时，应进行以下检查。

（1）确认屏幕上是否显示位置。如果在屏幕上有位置显示，那么故障一般在 PMC 的输出端，可能是连接电缆、伺服系统等部件有故障。

（2）用显示的 CNC 状态来分析系统是处在允许手动操作或自动运行的状态，还是不允许机床进给运动的状态。

（3）用 CNC 诊断功能确认系统内部状态，即检查 PMC 的 I/O 状态。

① 根据屏幕上显示的 CNC 状态来排除手动进给故障。打开并观察 CNC 状态显示界面，从屏幕上显示的 CNC 状态中，查找坐标轴不动的原因。当前状态是否为 EMG（急停）、RESET（复位），在这两种状态下，坐标轴是不能动的。

a．系统处于紧急停止状态（紧急停止信号为 ON）。此时界面显示状态为 EMG。可以利用 PMC 的诊断功能（PMCDGN）进一步确认，调出 PMCDGN 界面，查参数 X8.4 和 G0008，如图 10-5 所示。

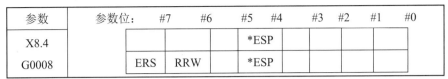

参数	参数位： #7	#6	#5	#4	#3	#2	#1	#0
X8.4				*ESP				
G0008	ERS	RRW		*ESP				

图 10-5　X8.4 和 G0008 的参数

*ESP 为 "0"，说明紧急停止信号被输入。

b. 系统处于复位状态（复位信号为 ON）。因为复位时系统已经被初始化，系统中已没有进给指令，所以坐标轴不运动，此时界面显示状态为 RESET。可利用 PMC 的诊断功能进一步确认复位原因。调出 PMCDGN 界面，查参数 G0008。

● 如果系统正在执行从 PMC 输入的信号，可查参数 G0008 确认。ERS 为 1，表示外部复位信号被输入；RRW 为 1，表示复位和倒带信号被输入。

● 如果 MDI 面板的 RESET 键误动作，就用万用表进行检测。因为当前一项中的信号为 OFF 时，若 RESET 键损坏，则有可能是 RESET 键误动作引起复位，所以可用万用表确认 RESET 键的接点，有异常时，应更换面板。

● 确认操作方式选择的状态显示。在系统显示界面的下部显示操作面板所处的操作方式状态，显示的机床的手动、自动操作方式的状态如表 10-2 所示，若显示的不是表 10-2 所示的操作方式，则操作方式选择信号输入不正确。利用 PMC 的诊断功能可以进一步确认操作方式选择状态信号。可以从参数 G0043 中的信号 MD4、MD2、MD1（见图 10-6）确认。

表 10-2　　　　　　　　　　　参数 G0043 确定的操作方式

操 作 方 式	MD4	MD2	MD1
手动连续进给（JOG）方式	1	0	1
手轮（MPG）方式	1	0	0
手动数据输入（MDI）方式	0	0	0
自动运行（存储器）方式	0	0	1
EDIT（存储器编辑）方式	0	1	1
回参考点（回零）方式	1	1	1

	参数位： #7	#6	#5	#4	#3	#2	#1	#0
G0043					MD4	MD2	MD1	

图 10-6　G0043 参数

② 利用启动系统自诊断功能诊断故障。用 CNC 的 000～015 诊断号来判断、确认故障原因。在自诊断界面上，显示表 10-3 所示的各项信息。应检查表 10-3 中 "显示" 为 1 的项目。例如，表 10-3 中 005 诊断号信息显示为 1，则需要检查 005 诊断号的内容。

表 10-3　　　　　　　　　　　诊断号 000～015 显示的内容

备　注	诊断号	信　息	显　示
a	000	WAITING FOR FIN SIGNAL	1
b	001	MOTION	0
c	002	DWELL	0

续表

备 注	诊断号	信　息	显　示
d	003	IN-POSITION CHECK	0
e	004	FEEDRATE OVERRIDE 0%	0
f	005	INTERLOCK/START LOCK	1
g	006	SPINDLE SPEED ARRIVAL CHECK	0
	010	PUNCHING	0
	011	READING	0
	012	WAITING FOR (UN) CLAMP	0
h	013	JOG FEEDRATE OVERRIDE 0%	0
i	014	WAITING FOR RESET,ESP,RRW OFF	0
	015	EXTERNAL PROGRAM NUMRFR SEARCH	0

表 10-3 中的 a~i 项与自动运行有关，详细内容分述如下。

a 项说明系统正在执行辅助功能（等待结束信号）。这是程序中指令的辅助功能（M/S/T/B）没有结束的状态，即系统正在执行辅助功能，还没有进入自动运行状态。

b 项说明系统正在执行自动运行中的轴移动指令。读取程序中的轴移动指令（X/Y/Z），发出指令信号。

c 项说明系统正在执行自动运行中的暂停指令。读取程序中的暂停指令（G04），执行暂停指令。

d 项说明系统正处在到位检测（确认定位）中。表示指定轴的定位（G00）还没有到达指令位置。

e 项说明当前系统进给速度倍率为 0。

f 项说明系统已输入互锁信号（禁止轴移动信号、启动锁住信号）。

g 项说明系统正在等待输入主轴速度到达信号。这表示实际转速没有达到程序中指令的主轴转速。

h 项说明系统手动进给速度倍率为 0。

i 项说明 CNC 系统处于复位状态。

③ 屏幕显示了机床坐标值的变化，但移动轴不动。如果输入了机床锁住信号（MLK），那么机床应该移动的轴不会动。可由参数 G0044#1 和 G0108 的各轴锁定信号 MLKn，确认是否输入了机床锁住信号 MLK = 1。

④ 机床不能进行手动连续进给（JOG）。机床不能进行手动连续进给的操作时，从屏幕上显示的轴位置中确认机床能否动作、从 CNC 状态中确认加工方式选择状态、用 CNC 诊断功能确认内部状态这 3 种方式查找故障。

当界面上位置显示（相对、绝对机械坐标）全不动作时，可按以下步骤诊断。

a. 确认界面上显示的方式选择状态。确认当前系统是否选择了 JOG 方式，若在状态中显示"JOG"方式，则为正常；否则，方式选择不对，利用 PMC 的诊断功能，可查参数 G0043。

b. 确认是否输入选择进给轴方向信号。利用 PMC 的诊断功能，查参数 G0100 和 G0102，确认选择进给轴方向信号是否输入，如图 10-7 所示。

这两个参数中的信号±Jn 是 1 时，进给轴方向选择被输入。

例如，系统正常时，按操作面板上的+X 键，信号+J1 显示 1。此信号在检测出信号的上升沿后有效。因此，在进行 JOG 方式选择以前，方向选择信号被输入时，不进行轴移动。可将此信号断开后再接通。

参数	参数位：	#7	#6	#5	#4	#3	#2	#1	#0
G0100						+J4	+J3	+J2	+J1
G0102						−J4	−J3	−J2	−J1

图 10-7 G0100 和 G0102 参数

c. 利用 CNC 诊断号 000～015 来确认。

d. 确认手动进给速度（参数）。可以查参数 1423，设置每轴的进给速度。

e. 选择手动每转进给（限于 T 系列中使用）。在主轴运转时，进给轴与主轴同步运转的功能中是否使用本功能，由图 10-8 所示的参数来决定。

	参数位	#7	#6	#5	#4	#3	#2	#1	#0
参数 G1402				JRV					

图 10-8 1402 参数

信号 JRV 为 0 时，不进行手动每转进给；JRV 为 1 时，进行手动每转进给。

因为在 JRV 为 1 时，要按主轴同步旋转计算轴的进给速度，所以应使主轴运转，才能使进给轴运动。当主轴旋转了，而轴不移动时，应检查安装在主轴侧的检测器（位置编码器）及位置编码器和 CNC 间的电缆是否断开、短路等。

⑤ 机床不能进行手动运行。当机床发生不能进行手动运行故障时，首先要确认在不能进行手动运行的同时，是否能进行 JOG 运行。如果 JOG 等手动运行也不能进行，就采取与前面叙述的不能手动及自动运行或不能 JOG 运行时相同的措施排除故障；如果只是不能手动运行，那么可以通过确认 CNC 状态，进一步查找原因。

a. 判断系统是否处于手动状态。CNC 界面上若显示 HND，则方式选择正常；若不显示 HND，则方式选择信号输入不正确。利用 PMC 的诊断功能，确认方式选择信号。选择手动方式时，参数诊断号 G0043 中的 MD4 为 1，MD2 为 0，MD1 为 0。

b. 判断是否输入了手动进给轴选择信号。利用 PMC 的诊断功能确认 G0018 和 G0019 参数，如图 10-9 所示。

参数	参数位：	#7	#6	#5	#4	#3	#2	#1	#0
G0018		HS2D	HS2C	HS2B	HS2A	HS1D	HS1C	HS1B	HS1A
G0019				MP2	MP1	HS3D	HS3C	HS3B	HS3A

图 10-9 G0018 和 G0019 参数

若选择了机床操作面板的手动进给选择开关，G0018 和 G0019 确定的信号如表 10-4 所示，则为正常。

表 10-4   G0018 和 G0019 确定的信号

选 择 轴	HSnD	HSnC	HSnB	HSnA
无选择	0	0	0	0
第 1 轴	0	0	0	1
第 2 轴	0	0	1	0
第 3 轴	0	0	1	1
第 4 轴	0	1	0	0

注：1. 表中 n 为手摇脉冲发生器（MPG）的序号，最多可有 3 台手摇脉冲发生器。

     2. 用 HSnA～HSnD 的 4 位代码选择轴。

c. 手动进给倍率选择不正确。如果手动进给倍率选择不正确，那么轴可能不动。利用 PMC 的诊断功能确认是否选择了正确的倍率信号。根据参数清单（G0019、7113、7114、7102、7110）确认的相关参数就可以获得相关信息。

参数 G0019 中 MP2、MP1 信号的用途如表 10-5 所示。

表 10-5   参数 G0019 中 MP2、MP1 信号的用途

倍 率	MP2	MP1
×1	0	0
×10	0	1
×m	1	0
×n	1	1

参数 7113：内置手动进给倍率，即表 10-5 中的 m，m 的取值范围为 1～127。

参数 7114：内置手动进给倍率，即表 10-5 中的 n，n 的取值范围为 1～1000。

参数 7102：内置手摇脉冲发生器的旋转方向和机械移动方向的关系，如图 10-10 所示。

参数 7102	参数位：	#7	#6	#5	#4	#3	#2	#1	#0
								HNGx	

图 10-10   7102 参数

HNGx=0，手摇脉冲发生器的旋转方向和机械移动方向相同（顺时针旋转为正方向）。

HNGx=1，手摇脉冲发生器的旋转方向和机械移动方向相反（顺时针旋转为负方向）。

参数 7110：内置手摇脉冲发生器的使用台数，取值范围为 1～3。

d. 手摇脉冲发生器的确认。

· 连接电缆不良（断线等）。查看连接电缆是否有断开、短路等。

· 手摇脉冲发生器不良。旋转手摇脉冲发生器时，输出图 10-11 所示的信号。用示波器测量手摇脉冲发生器背面的螺钉端子（见图 10-11），能够检测出该信号。如果没有输出信号，那么要测量 +5V 电压，还要确认 ON 与 OFF 信号比例 HA/HB 的相位差。检测方法如图 10-11 所示。

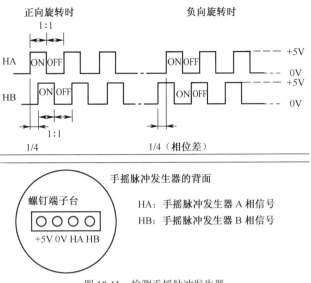

图 10-11　检测手摇脉冲发生器

3．机床不能自动运行故障的处理

数控机床发生不能自动运行的故障时，检查的要点是确认手动运行是否能实现，当手动运行也不能实现时，可以参照前面所述不能 JOG 运行的内容进行检查；确定机床操作面板循环启动灯的状态；确认显示的 CNC 状态，根据 CNC 界面显示的"方式选择状态"的内容，确认方式选择是否正确；确认在"自动运行状态"下的自动运行中，是否可以进行启动、暂停、停止的操作。

（1）循环启动灯不亮时，机床不能自动运行的故障排除。

虽然执行了启动自动运行操作，但机床操作面板上的自动运行指示灯不亮，机床不动，查看屏幕界面下方的 CNC 状态为****。故障原因有下述几种。

① 方式选择信号不正确，使机床自动运行失灵。利用 PMC 的诊断功能，确认 G0043 的状态信号，判断方式选择信号是否正确。

② 没有输入自动运行启动信号。利用 PMC 的诊断功能，确认参数 G0007 中信号 ST 的状态。自动运行启动信号 ST 为 1，松开自动运行按钮时为 0。

③ 输入了自动运行暂停（进给暂停）信号。利用 PMC 的诊断功能，确认进给暂停信号的状态。查看参数 G0008#5，*SP=0 为自动运行暂停（进给暂停），*SP=1 为正常自动运行。

（2）循环启动灯亮，但是机床不能自动运行的故障排除。

如果执行了启动自动运行操作，循环启动灯亮，显示界面的 CNC 状态为 START，但是机床不动。排查故障的方法有以下几种。

① 利用系统诊断功能。打开系统的自诊断页，CNC 诊断号 000～015 显示的内容参见表 10-3，检查表中显示为 1 的项目。

② 坐标轴只在快速进给定位（G00）时不动作，可从下面的参数及 PMC 的信号进行检查。

a．检查快速进给速度的设定值。查看参数 1420 内置各轴的快速进给速度。

b．有关快速进给倍率信号。查看参数 G0014 和 G1096。

③ 仅在切削进给（非 G00）时不动作，诊断方法如下。

a．确认最大切削进给速度的参数设定值是否有误。参数 1422 内置最大切削进给速度，切削进给速度（非 G00）以此上限速度为限制值。

b．进给速度用每转进给指定时，若位置编码器不转，则检查主轴与位置编码器的连接是否存在问题。可能有以下不良情况：同步皮带断开、键掉落、联轴器松动、信号电缆的插头松脱，还可能是位置编码器有故障。

c．确认螺纹切削指令是否执行。若不执行，则表明位置编码器有故障。使用串行主轴时，位置编码器与主轴放大器相连；使用模拟接口时，位置编码器与 CNC 相连。

三、任 务 实 施

（一）系统上电启动和关闭按钮功能调换实训

1．系统的启动与停止

（1）系统的启动。CNC ON/OFF 启动电路如图 10-12 所示。

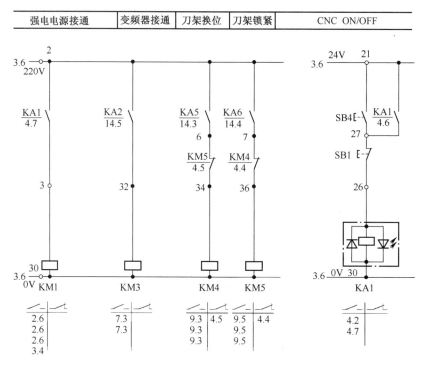

图 10-12　CNC ON/OFF 启动电路

按下系统的启动按钮 SB4（常开），继电器线圈 KA1 得电，使得它的一组触点吸合，实现自锁功能；另一组触点吸合，使接触器线圈 KM1 得电吸合，数控系统上电。

（2）强电回路的接通。待数控系统启动完成后，输出一个信号送至 X 轴驱动器的 MCC，使控制 MCC 的接触器 KM2 得电吸合，所有驱动器同时上电启动。

与此同时，数控系统 I/O 输出端的 Y1.7 输出一个信号，如图 10-13 所示。继电器线圈 KA2 得电吸合，使控制变频器电源接通的接触器 KM3 得电吸合，从而变频器上电，实现整个强电电源的接通，数控机床得以启动。

计算机输出信号送直流继电器				
刀架正转	刀架反转	变频器电源接通	主轴正转	主轴反转

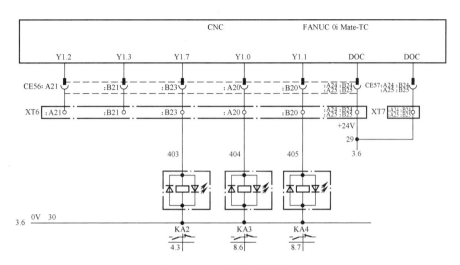

图 10-13　变频器准备好信号

（3）系统的停止。按下停止按钮 SB1（常闭），控制驱动器电源接通及数控系统上电的接触器线圈 KM1 失电，触点断开，数控系统断电停止，驱动器断电停止。无输出信号，继电器线圈 KA2 失电断开，使控制变频器接通的接触器线圈 KM3 失电，触点断开，变频器断电，数控机床停止工作。

2．上电启动和关闭按钮功能调换

根据 CNC ON/OFF 电路原理和图 10-14 所示的开关引脚，将数控铣床备用开关按钮设计成按 SB5 开机、按 SB1 关机。要求通过改变端子排接线来实现。

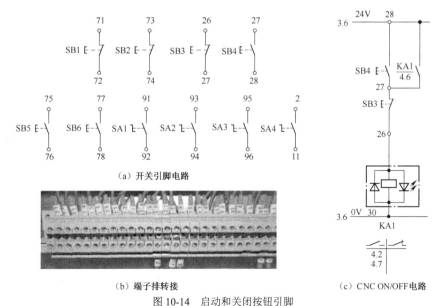

（a）开关引脚电路

（b）端子排转接

（c）CNC ON/OFF 电路

图 10-14　启动和关闭按钮引脚

（二）回零故障诊断

1. 回零动作过程异常, 无法找到零点

【例 10-1】 某台 FANUC 0M 立式加工中心 X 轴有回零动作, 但找不到零点, 系统报警显示回零错误。

分析处理: 机床 X 轴能进行回零操作, 说明控制、伺服系统基本没有问题。检查与回零操作有关的元器件, 其安装位置、状态均正常。观察 I/O 接口状态, 发现零点脉冲输入口无信号, 最终确认测量元件——脉冲编码器损坏, 无法发出零点脉冲信号, 更换后, 故障消失。

这类回零故障产生的原因有以下几方面。

（1）零点开关损坏（未给出系统减速信号）, 致使回零轴高速通过零点。

（2）检测元件损坏（未给出零点标志脉冲信号）, 致使系统零点查询失败。

（3）接口电路损坏（系统接收不到零点开关信号、零点脉冲信号）。可重点检查零点开关、检测元件以及接口电路的工作状态。

2. 回零动作过程正常, 所回零点不准确

【例 10-2】 一台使用 FANUC 0i TB 系统的数控车床 Z 轴方向加工尺寸不稳定, 系统无报警显示。

分析处理: 检查机床回零动作、机械传动系统的传动间隙、系统的控制脉冲及伺服系统的稳定性均正常。再检查其回零机械控制结构, 发现零点开关轴部压块紧固螺钉松动, 压块移动, 导致回零无规律漂移, Z 轴位移尺寸超差, 工件报废。调整紧固压块后, 故障消失。

这类回零故障产生的原因有以下几方面。

（1）零点开关位置不当, 使真正零点脉冲出现在回零减速过程中, 系统查询速度小于坐标轴运动速度, 丢失当前零点脉冲信号, 当下一个零点脉冲出现后才减速停下, 所停位置超过零点。

（2）机械结构运动间隙产生漂移现象, 所停位置短距离偏离零点。

（3）参数设置不当（如位移计数、回零操作速度、栅格屏蔽量及零点偏移量等）, 所停位置偏离零点。可重点检查零点开关、回零轴压块位置、机械结构间隙状态和回零参数等。

处理机床回零故障应先弄清其回零方式（详见任务十一）, 根据故障现象, 本着由简到难、由外到内、由机械部分到电气部分的原则进行检查, 循环执行。

（三）手轮无动作故障与维修

1. 手轮工作不正常的故障维修

故障现象: 某配套 FANUC 0i MB 系统的数控铣床, 当通过手摇脉冲发生器（手轮）工作时, 出现有时能动, 有时不动的现象, 而且在不动时, CRT 的位置显示不变化。

分析及处理过程: 此类故障一般由手摇脉冲发生器发生故障或系统主板不良等引起, 因此, 一般可先诊断系统状态（如检查诊断参数 DGN100 第 7 位的状态, 确认系统是否处于机床锁住状态）。

由于转动手摇脉冲发生器时, 有时系统工作正常, 因此可以排除机床锁住、系统参数、轴互锁信号、方式选择信号等方面的错误, 应重点对手摇脉冲发生器和手摇脉冲发生器接口电路进行检查。

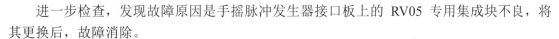

进一步检查，发现故障原因是手摇脉冲发生器接口板上的 RV05 专用集成块不良，将其更换后，故障消除。

2．手轮的其他常见故障

（1）用手摇轮各轴出现抖动现象，可能是手轮盒内的电路板有问题，需要更换损坏的元器件。

（2）手轮有时好用，有时不好用，没有规律，可能是手轮内部或手轮延长线的电阻太大，需更换备用线。

（3）手轮反应不灵敏，出现严重的脉冲丢失现象，可能是插头连接处的插针没有插到位。

（4）手轮不能用，有可能是信号线的小插头 A/B（X1/X2）插反了。

（5）手轮不能用或手轮出现脉冲丢失现象，可能是电缆分线器跳针出错，应该跳两边，留中间，也可能是信号电缆断开或虚接。

（6）手轮不能用，最坏的情况是脉冲发生器坏了，只能更换。

四、技 能 拓 展

（一）加工中出现自动复位的故障与排除

故障现象： 某配套 FANUC 0i TC 系统的数控车床，客户反映机床在自动加工过程中偶尔出现突然停止，主轴、冷却液和进给拖板都停止了。系统无报警，但是出现故障后，坐标已经不同了，需要重新对刀才能继续加工。故障一两天出现一次，或一天出现两三次。

分析及处理过程： 这种故障应该属于偶尔出现自动复位的故障，怀疑是主板复位芯片的故障，更换主板就可以了。由于这种故障是偶尔出现的，不好观察。于是就先更换主板，然后修改参数，机床能正常工作。在现场观察半小时没有出现故障。

可是更换主板后加工不到两天，同样的故障又出现了。经过上次维修已排除系统主板的原因，现在就要从电气方面找原因了。出现自动复位故障也有可能是供给系统 220V 线路连接不好造成的，机床偶尔摇晃时，220V 线路的接线端口瞬间松落，再连接上，机床的全部动作停止；或者是输出的 5V 或 24V 电压偶尔不稳定，而出现自动复位故障。于是先更换系统开关电源，并把电路上的螺钉都拧紧，继续使用，此故障再也没有出现，故障排除。

（二）系统死机的故障与排除

故障现象： 某配套 980TD/DA98A 的机床按键无效，系统死机。

分析及处理过程： 根据用户反映，此机床在正常生产过程中出现系统死机现象，面板所有操作按键无效，显示正常，无报警。现场检查系统面板外接附加按钮正常，没有短路，输入输出电源也正常，所有外部电路没有异常现象，将所有外部电路和接线脱开试用还是会死机，所以判定系统自身故障。拆开系统检查内部没有烧坏迹象，重新更换主板后，装上机床上电，开机还是会死机，故障现象一模一样，然后又将按键板拆下来，将每个按键一一检查了一次，没有发现短路或不对的地方。在没有办法的情况下，还现场更换过一次系统 I/O 板，故障还是没有解除。

最后把系统返回厂家，更换系统显示板，然后把系统装在机床上，试用正常，故障解除

（此故障比较少见）。

维修主要是诊断，就是不用任何仪表、设备，对故障进行人工诊断。在维修中常用的直接诊断方法有"看、闻、听、问、试"，维修人员在这些方面积累了丰富经验，充分利用成熟的维修经验非常必要。以上方法不是独立的，综合应用各种方法对维修、判断故障有很大帮助。

小 结

本任务重点介绍了系统和I/O模块的故障及排除方法，讲解了系统主板和I/O Link i 的连接方法、方式；介绍了系统开机屏幕不显示或不正常、手动进给异常、自动运行异常、回零点动作不准确或异常、手轮无动作或工作不正常等故障的诊断方法；完成了系统上电启动和关闭按钮功能调换实训。

自 测 题

1．简答题

（1）数控系统的I/O Link i 输入输出模块与PMC模块有什么关系？

（2）简述数控系统的启动过程。

（3）数控机床回零动作过程中会有哪些故障？怎样排除？

2．实训题

（1）互换数控系统的循环启动键和进给保持键功能。

（2）连接数控系统I/O Link i 模块，要求CE57和CE56的引脚也要重新连接。

任务十一
数控机床机械故障诊断与维修

【学习目标】

- 通过实践操作，能够掌握数控机床常见机械故障的类型。
- 了解数控机床机械故障诊断与维修的方法。
- 能够正确诊断数控机床常见的机械故障，快速找到机械故障的突破口和原因，并加以分析和排除。

【素质目标】

- 培养积极乐观、求真务实的态度。
- 培养良好的职业素养。
- 培养独立动手与团队合作的意识。
- 培养发现问题和解决问题的思维能力。

一、任务导入

机床在运行过程中，机械零部件受到力、热、摩擦及磨损等多种因素的作用，传动副的间隙加大，运动件间的连接松动，产生相互撞击、振动，直接影响机床的传动精度和工件的加工质量，严重时会损坏零部件，或者产生机械结构变形，致使执行机构不能完成功能任务或工件达不到质量要求。其机械故障主要分为动作性故障、功能性故障、结构性故障和使用性故障等。本任务的主要内容是快速找到机械故障的原因，并加以分析和排除。

微课：认识数控机床的机械结构

微课：数控机床主传动系统的配置方式

微课：数控机床主轴轴承的配置方式

二、相 关 知 识

（一）数控机床常见机械故障的类型

数控机床机械故障主要发生在机床本体部分，可以分为机械部件故障、液压系统故障、气动系统故障和润滑系统故障等。

数控机床常见机械部件故障主要有以下几种。

1．主轴部件故障

由于使用调速电动机，因此数控机床主轴箱结构比较简单，容易出现故障的部位是主轴内部的刀具自动夹紧机构、自动调速装置等。为保证在工作中或停电时刀夹不会自行松脱，刀具自动夹紧机构采用弹簧夹紧，并配行程开关发出夹紧或放松信号。若刀具夹紧后不能松开，则考虑调整松刀液压缸压力和行程开关装置，或调整碟形弹簧上的螺母，减小弹簧压合量。此外，主轴发热和主轴箱噪声问题也不容忽视，此时主要考虑清洗主轴箱、调整润滑油量、更换主轴轴承、修理或更换主轴箱齿轮等。

2．进给传动链故障

因为在数控机床进给传动系统中，普遍采用滚珠丝杠螺母副、静压丝杠螺母副、滚动导轨、静压导轨和塑料导轨等，所以进给传动链有故障主要反映的是运动质量下降，如机械部件未运动到规定位置、运行中断、定位精度下降、反向间隙增大、爬行、轴承噪声变大（撞车后）等。对于此类故障，可以通过以下措施预防。

（1）提高传动精度。通过调节各运动副预紧力、调整松动环节、消除传动间隙、缩短传动链和在传动链中设置减速齿轮这些措施可提高传动精度。

（2）提高传动刚度。调节丝杠螺母副、支承部件的预紧力及合理选择丝杠尺寸是提高传动刚度的有效措施。此外，传动刚度不足还会导致工作台或拖板产生爬行和振动以及造成反向死区，影响传动准确性。

（3）导轨。滚动导轨对脏物比较敏感，必须有良好的防护装置，而且滚动导轨的预紧力要恰当，过大会使牵引力显著增加。静压导轨应有一套过滤效果良好的供油系统。

3．自动换刀装置故障

自动换刀装置故障主要表现为刀库运动故障、定位误差过大、机械手夹持刀柄不稳定、机械手运动误差较大等。故障严重时会造成换刀动作卡住，机床被迫停止工作。

（1）刀库运动故障。若连接电动机轴与蜗杆轴的联轴器松动或机械连接过紧等机械原因，造成刀库不能转动，就必须紧固联轴器上的螺钉。若刀库转动不到位，则是由电动机转动故障或传动误差造成的。若出现刀套不能夹紧刀具，则需调整刀套上的调节螺钉，压紧弹簧，顶紧卡紧销。当出现刀套上/下不到位时，应检查拨叉位置或限位开关的安装与调整情况。

（2）换刀机械手故障。若刀具夹不紧、掉刀，则调整卡紧爪弹簧，使其压力增大，或更换机械手卡紧销。若刀具夹紧后松不开，则应调整松锁弹簧后的螺母，使最大载荷不超过额定值。若交换刀具时掉刀，则是由换刀时主轴箱没有回到换刀点或换刀点漂移造成的，应重新操作主轴箱，使其回到换刀位置，并重新设定换刀点。

微课：刀具交换方式　　微课：机械手形式　　微课：机械手夹持结构　　微课：钩刀机械手的换刀过程

4．各轴运动位置行程开关压合故障

在数控机床上，为保证自动化工作的可靠性，采用了大量检测运动位置的行程开关装置。经过长期运行，运动部件的运动特性发生变化，行程开关压合装置的可靠性及行程开关本身品质特性的改变会对整机性能产生较大影响。一般要适时检查和更换行程开关，以消除此类开关不良对机床的影响。

5．配套辅助装置故障

（1）液压系统。液压泵应采用变量泵，以减少液压系统的发热油箱内安装的过滤器数量，应定期用汽油或超声波振动清洗。常见故障主要是泵体磨损、有裂纹和机械损伤，此时必须大修或更换零件。

（2）气压系统。用于刀具或工件夹紧、安全防护门开关以及主轴锥孔吹屑的气压系统中，分水滤气器应定时放水，定期清洗，以保证气动元件中运动零件的灵敏性。阀芯动作失灵、空气泄漏、气动元件损坏及动作失灵等故障均由润滑不良造成，故油雾器应定期清洗。此外，还应经常检查气动系统的密封性。

（3）润滑系统。包括对机床导轨、传动齿轮、滚珠丝杠、主轴箱等的润滑。润滑泵内的过滤器需定期清洗、更换，一般每年应更换一次。

（4）冷却系统。它对刀具和工件起冷却和冲屑作用。冷却液喷嘴应定期清洗。

（5）排屑装置。排屑装置是具有独立功能的附件，主要用于保证自动切削顺利进行和减少数控机床发热。因此，排屑装置应能及时自动排屑，其安装位置一般应尽可能靠近刀具切削区域。

（二）机床参考点与返回参考点的故障与维修

1．机床参考点及返回参考点方式

参考点是数控机床确定机床坐标系原点（零点）的参考位置点，它在机床出厂时已调整好。一般在机械坐标系中可以设置 4 个机床参考点，例如，可以为自动刀具交换的动作设置一个机床参考点，保证各伺服轴移动到与机床动作无干涉的安全区域。

返回参考点的目的是把机床的各轴移动到正方向的极限位置，使机床各轴的位置与 CNC 的机械位置吻合，从而（通过第一参考点参数 1240 反找）建立机床坐标系。能否正确返回参考点不仅影响零件的加工质量，也是各种补偿的基准。

机床厂在制造机床时，既可以给各个坐标轴的位置检测装置配置绝对位置编码器和增量位置编码器，也可以选择绝对光栅尺和增量光栅尺，如图 11-1 所示。

（a）FANUC位置编码器

（b）光栅尺

图 11-1　常用位置检测装置

微课：数控车床的回零操作

微课：增量式光电编码器测量系统的工作原理

微课：绝对式光电编码器——光电式码盘的工作原理

当选择绝对位置编码器时，由于该编码器始终处于工作状态（不管系统是否工作），在系统断电时，由单独的电池（6V）提供工作电源，使得机床的零点一直存在。因为使用增量位置编码器时，在系统通电后，机床的零点还没有建立，所以必须进行返回参考点操作。

返回参考点的方式因数控系统的类型和机床生产厂家而异。目前，采用脉冲编码器或光栅尺作为位置检测装置的数控机床多采用栅格法来确定机床的参考点。脉冲编码器或光栅尺会产生零标志信号，脉冲编码器的零标志信号又称"一转信号"。每产生一个零标志信号相对于坐标轴移动一个位移，将该位移按一定等分数分割得到的数据即为栅格间距，其大小由机床参数决定。当伺服电动机（带脉冲编码器）与滚珠丝杠采用 1∶1 直接连接时，一般设定栅格间距为丝杠螺距。光栅尺的栅格间距为光栅尺上两个零标志之间的距离。采用这种增量式检测装置的数控机床一般具有以下 4 种返回参考点的方式。

（1）返回参考点方式一。返回参考点前，先用手动方式以速度 v_1 快速将轴移动到参考点附近，然后启动返回参考点操作，轴便以速度 v_2 慢速向参考点移动；碰到参考点开关挡块后，数控系统开始寻找位置检测装置上的零标志；当轴到达零标志时，系统发出与零标志脉冲相对应的栅格信号，轴即在此信号的作用下速度降为零，然后以速度 v_2 前移参考点偏移量而停止，停止位置即为参考点，如图 11-2 所示。偏移量的大小通过测量，由机床参数设定。

（2）返回参考点方式二。返回参考点时，轴先以速度 v_1 向参考点快速移动，碰到参考点开关挡块后，在减速信号的控制下，减速到速度 v_2 并继续前移，脱开挡块后，再找零标志；当轴到达测量系统零标志发出的栅格信号时，轴即制动到速度为零，然后以速度 v_2 前移参考点偏移量而停止于参考点，如图 11-3 所示。

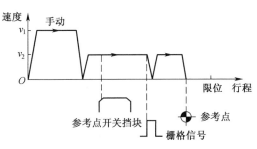

图 11-2 返回参考点方式一

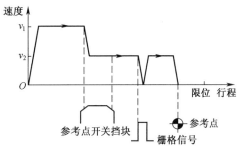

图 11-3 返回参考点方式二

（3）返回参考点方式三。返回参考点时，轴先以速度 v_1 快速向参考点移动，碰到参考点开关挡块后，速度降为零，然后反向以速度 v_2 慢速移动；当轴到达测量系统零标志发出的栅格信号时，轴即制动到速度为零，然后以速度 v_2 前移参考点偏移量而停止于参考点，如图 11-4 所示。

（4）返回参考点方式四。返回参考点时，轴先以速度 v_1 快速向参考点移动，碰到参考点开关挡块后，速度降为零，然后反向微动直至脱离参考点开关挡块；随后沿原方向微动撞上参考点开关挡块，并且以速度 v_2 慢速前移，当轴到达测量系统零标志产生的栅格信号时，轴即制动到速度为零，然后以速度 v_2 前移参考点偏移量而停止于参考点，如图 11-5 所示。

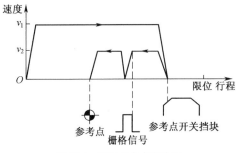

图 11-4 返回参考点方式三

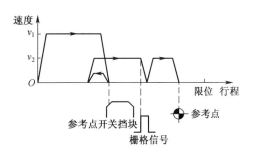

图 11-5 返回参考点方式四

在 FANUC 系统中，返回参考点的控制采用"栅格回零"的方法，具体控制采用软件和硬件电路一起实现，零点的位置取决于电动机零标志信号的位置。常见的参考点设定方法如表 11-1 所示。

表 11-1　　　　　　　　　　　　常见的参考点设定方法

设定方法		减速挡块	脉冲编码器	
			增量式	绝对式
对准标记设定参考点		不要	不建议采用	建议采用
栅格方式	无挡块参考点的设定	不要	不建议采用	建议采用
	有挡块参考点的设定	必要	建议采用	可以采用

2．返回参考点的故障与排除方法

返回参考点的故障主要有：出现超程并报警；回不到参考点，参考点指示灯不亮；返回参考点的位置不稳定；返回参考点整螺距偏移；返回参考点时报警，并且有报警信息。

（1）出现超程并报警。这种故障分为两种情况：一种情况是返回参考点前，坐标轴的位置离参考点距离过短，解除超程保护后，将坐标轴移动到行程范围内，重新返回参考点，即可排除故障；另一种情况是"参考点减速"挡块松动或位置发生变化，重新调整固定挡块就可以排除故障。

（2）回不到参考点，参考点指示灯不亮。调整对应的"位置跟随误差"排除故障。

（3）返回参考点的位置不稳定。检查挡块的位置和接触情况、脉冲编码器的"零标志信号"、电动机与丝杠的间隙等排除故障。

（4）返回参考点整螺距偏移。该故障需要重新调整减速挡块位置来排除。

（5）返回参考点时报警，并且有报警信息。对于这种故障，可针对报警信息，查看机床说明书，做相应处理。信息提示故障可能属于编码器"零标志信号"不良、系统光栅尺不良、屏蔽线不良、系统参数设置错误等故障。对于硬件不良，需要维修或更换；对于参数设置错误，需要按备份参数重新设置。

 注 意

返回参考点故障一般也可分为找不到和找不准参考点两种，前者主要是返回参考点减速开关产生的信号或零标志信号失效所致，可用示波器检测信号来判断；后者由参考点开关挡块位置设置不当引起，只要重新调整即可。

【**例 11-1**】 对一台数控铣床采用返回参考点方式三进行故障维修。

故障现象： X 轴先正向快速运动，碰到参考点开关挡块后，能以慢速反向运动，但找不到参考点，而一直反向运动，直到碰到限位开关而紧急停止。

故障分析与处理： 根据故障现象和返回参考点的方式，可以判断减速信号正常，位置测量装置的零标志信号不正常。通过 CNC 系统的 PLC 接口指示观察，确定参考点开关信号正常，用示波器检测零标志信号，如果有零标志信号输出，可诊断 CNC 系统测量组件有关零标志信号通道有问题，可采用互换法进一步确诊。

（三）刀架故障诊断方法

1. 刀架旋转不到位的故障与排除

刀架旋转不到位的故障原因与排除方法如表 11-2 所示。

表 11-2 刀架旋转不到位的故障原因与排除方法

序号	故 障 原 因	排 除 方 法
1	液压系统出现问题，油路不畅通或液压阀出现问题	检查液压系统
2	液压电动机出现故障	检查液压电动机是否正常工作
3	刀库负载过重，或者有阻滞的现象	检查刀库装刀是否合理
4	润滑不良	检查润滑油路是否畅通，并重新润滑

2. 刀架锁不紧的故障与排除

刀架锁不紧的故障原因与排除方法如表 11-3 所示。

表 11-3　　　　　　　　　　　刀架锁不紧的故障原因与排除方法

序号	故 障 原 因	排 除 方 法
1	刀架反转信号没有输出	检查线路是否有误
2	刀架锁紧时间过短	延长锁紧时间
3	机械故障	重新调整机械部分

3．刀架电动机不转的故障与排除

刀架电动机不转的故障原因与排除方法如表 11-4 所示。

表 11-4　　　　　　　　　　刀架电动机不转的故障原因与排除方法

序号	故 障 原 因	排 除 方 法
1	电源相序接反（使电动机正反转相反）或电源缺相（适用普通车床刀架）	将电源相序调换
2	PLC 程序出错，换刀信号没有发出	重新调试 PLC

（四）进给传动系统的维护与故障诊断

1．进给系统机械传动结构

通常一个典型的数控机床半闭环控制进给系统由位置比较元件、放大元件、驱动单元、机械传动装置和检测反馈元件等几部分组成。其中，机械传动装置是指将驱动源的旋转运动变为工作台的直线运动的整条机械传动链，包括联轴器、齿轮装置、滚珠丝杠螺母副等中间传动机构，如图 11-6 所示。

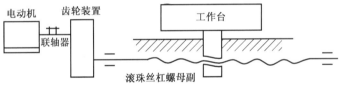

图 11-6　机械传动装置的构成

微课：滚珠丝杠螺母副的工作原理

2．滚珠丝杠螺母副的调整与维护

滚珠丝杠螺母副克服了普通螺旋传动的缺点，已发展成为一种高精度的传动装置。它采用滚动摩擦螺旋代替滑动摩擦螺旋，具有磨损小、传动效率高、传动平稳、使用寿命长、精度高、温升低等优点。但是，它不能自锁，用于升降传动（如主轴箱或工作台升降）时需要另加锁紧装置，结构复杂、成本偏高。

（1）滚珠丝杠螺母副的结构。图 11-7 所示为滚珠丝杠螺母副的结构。在图 11-7（a）中，丝杠 1 和螺母 3 之间的螺旋滚道内填有钢珠 2，使丝杠与螺母之间的运动成为滚动。丝杠、螺母和钢珠由轴承钢制成，并经淬硬、磨削。螺旋滚道内截面为圆弧，半径略大于钢珠半径，钢珠密填。根据回珠方式，滚珠丝杠螺母副可分为两类。在图 11-7（b）中，钢珠从 A 点走向 B 点、C 点、D 点，然后经反向回珠器 4 从螺纹的顶上回到 A 点。螺纹每一圈形成一个钢珠的循环闭合回路，这种回珠器处于螺母之内的滚珠丝杠螺母副，称为内循环反向器式滚珠丝杠螺母副。在图 11-7（c）中，每一列钢珠转几圈后，经插管式回珠器 5 返回，这种插管式回珠器位于螺母之外的滚珠丝杠螺母副，称为外循环插管式滚珠丝杠螺母副。

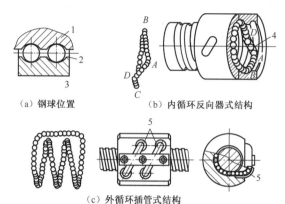

（a）钢球位置 　　　（b）内循环反向器式结构

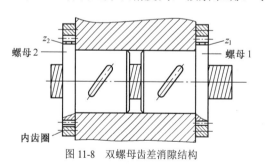

（c）外循环插管式结构

1—丝杠；2—钢珠；3—螺母；4—反向回珠器；5—插管式回珠器。

图 11-7　滚珠丝杠螺母副的结构

（2）滚珠丝杠螺母副间隙的调整。滚珠丝杠螺母副的传动间隙是轴向间隙，其数值是指丝杠和螺母无相对转动时，两者之间的最大轴向窜动量。除了结构本身的游隙，还包括施加轴向载荷后产生的弹性变形所造成的轴向窜动量。

由于存在轴向间隙，当丝杠反向转动时，将产生空回误差，从而影响传动精度和轴向刚度。通常采用预加载荷（预紧）的方法来减小弹性变形带来的轴向间隙，保证反向传动精度和轴向刚度。但过大的预加载荷会增大摩擦阻力，降低传动效率，缩短使用寿命。所以，一般需要经过多次调整，以保证既消除滚珠丝杠螺母副的间隙，又使其灵活运转。常用的调整方法有以下 3 种。

① 采用双螺母齿差消隙结构。如图 11-8 所示，在螺母 1 和螺母 2 的凸缘上分别切出只相差一个齿的齿圈，其齿数分别为 z_1 和 z_2，然后将其装入螺母座中，分别与固紧在套筒两端的内齿圈相啮合。调整时，先取下内齿圈，让两个螺母相对于套筒同方向转动一个齿，然后插入内齿圈，这样两个螺母便产生相对角位移，其轴向位移量 $s=(1/z_1-1/z_2)P$，其中 P 为滚珠丝杠导程。这种调整方法精度高，预紧准确、可靠，调整方便，多用于高精度的传动。

微课：滚珠丝杠螺母副的分类

微课：消除双螺母丝杠间隙的方法2——螺纹调隙式

图 11-8　双螺母齿差消隙结构

② 采用双螺母螺纹消隙结构。如图 11-9 所示，螺母 1 的外端有凸缘，螺母 2 的外端有螺纹，调整时只需要旋动圆螺母 6 即可消除轴向间隙，并且可产生预紧力。这种方法结构简单，但较难控制，容易松动，准确性和可靠性均差。

③ 采用双螺母垫片消隙结构。图 11-10 所示为双螺母垫片消隙结构，改变调整垫片 4 的厚度，使左右两螺母产生方向相反的位移，可以消除间隙和预紧。这种方法结构简单，拆卸方便，工作可靠，刚性好，但使用中不便于调整，精度低。

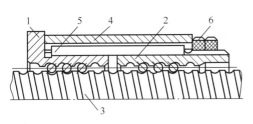

1、2—螺母；3—丝杠；4—套筒；5—平键；6—圆螺母。

图 11-9　双螺母螺纹消隙结构

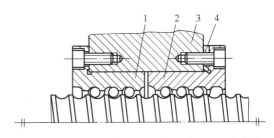

1—左螺母；2—右螺母；3—螺母座；4—调整垫片。

图 11-10　双螺母垫片消隙结构

（3）滚珠丝杠螺母副的维护。

① 定期检查支承轴承。应定期检查丝杠支承与床身的连接是否松动以及支承轴承是否损坏等。如有以上问题，要及时紧固松动部位并更换支承轴承。

② 滚珠丝杠螺母副的润滑和密封。可用润滑剂来提高滚珠丝杠螺母副的耐磨性及传动效率。润滑剂可分为润滑油和润滑脂两大类。润滑油为一般机油、90～180 号透平油或 140 号主轴油；润滑脂可采用锂基油脂。其中，润滑脂加在螺纹滚道和安装螺母的壳体空间内，而润滑油则经过壳体上的油孔，注入螺母的空间内。

③ 滚珠丝杠螺母副常用防尘密封圈和防护罩。密封圈装在滚珠螺母的两端，接触式密封圈用耐油橡皮或尼龙等材料制成，其内孔制成与丝杠螺纹滚道相配合的形状。接触式密封圈的防尘效果好，但因有接触压力，使摩擦力矩略有增加。非接触式密封圈用聚氯乙烯等塑料制成，其内孔形状与丝杠螺纹滚道相反，并略有间隙。非接触式密封圈又称为迷宫式密封圈。对于暴露在外面的丝杠，一般采用螺旋钢带、伸缩套筒、锥形套筒以及折叠式塑料或人造革等形式的防护罩，以防止尘埃和磨粒黏附到丝杠表面。这几种防护罩与导轨的防护罩有相似之处，一端连接在滚珠螺母的端面，另一端固定在滚珠丝杠的支承座上。

滚珠丝杠螺母副的常见故障现象、故障原因及排除方法如表 11-5 所示。

表 11-5　　　　滚珠丝杠螺母副的常见故障现象、故障原因及排除方法

序号	故障现象	故障原因	排除方法
1	滚珠丝杠螺母副有噪声	丝杠支承的压盖压合情况不好	调整轴承压盖，使其压紧轴承端面
		丝杠支承轴承破损	更换新轴承
		电动机与丝杠联轴器松动	拧紧联轴器锁紧螺母
		丝杠润滑不良	改善润滑条件
		滚珠丝杠螺母副轴承有破损	更换新滚珠
2	滚珠丝杠螺母副运动不灵活	轴向预紧力太大	调整轴向间隙和预加载荷
		丝杠与导轨不平行	调整丝杠支座位置
		螺母轴线与导轨不平行	调整螺母位置
		丝杠弯曲变形	校直丝杠
3	滚珠丝杠螺母副润滑不良	各滚珠丝杠螺母副润滑油脂不足	对于用润滑脂润滑的丝杠，需添加润滑脂

3. 导轨副的调整与维护

机床导轨主要用来支承和引导运动部件沿一定轨道运动。运动的部分称为动导轨，不运

动的部分称为支承导轨。动导轨相对于支承导轨的运动通常是直线运动或回转运动。

（1）数控机床常用导轨。由于数控机床结构形式多种多样，采用的导轨也种类众多。按运动导轨的轨迹，机床导轨可分为直线运动导轨和旋转运动导轨。数控机床常用的直线运动滑动导轨的截面形状如图 11-11 所示。根据支承导轨的凸凹状态，机床导轨又可分为凸形（上）和凹形（下）两类导轨。其中，凸形导轨需要有良好的润滑条件；凹形导轨容易存油，但也容易积存切屑和尘粒，因此适用于具有良好防护的环境。

① 矩形导轨。如图 11-11（a）所示，易加工制造，承载能力较大，安装调整方便。其中，M 面起支承兼导向作用，起主要导向作用的 N 面磨损后不能自动补偿间隙，需要有间隙调整装置。它适用于载荷大且导向精度要求不高的机床。

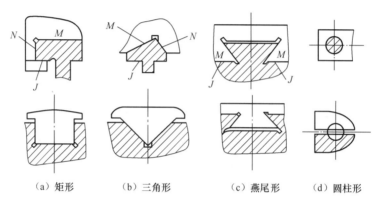

（a）矩形　　　　（b）三角形　　　　（c）燕尾形　　　（d）圆柱形

图 11-11　直线运动滑动导轨的截面形状

微课：认识滑动导轨　　　微课：认识闭式静压导轨　　　微课：认识开式静压导轨

② 三角形导轨。如图 11-11（b）所示，三角形导轨有两个导向面，同时控制了垂直方向和水平方向的导向精度。在载荷的作用下，这种导轨自行补偿消除间隙，导向精度较其他导轨高。

③ 燕尾形导轨。如图 11-11（c）所示，它是闭式导轨中接触面最少的结构，磨损后不能自动补偿间隙，需用镶条调整。它能承受颠覆力矩，摩擦阻力较大，多用于高度小的多层移动部件。

④ 圆柱形导轨。如图 11-11（d）所示，这种导轨刚度高，易制造，外径可磨削，内孔可珩磨达到精密配合，但磨损后间隙调整困难。它适用于受轴向载荷的场合，如压力机、珩磨机、攻螺纹机和机械手等。

（2）间隙调整。若导轨副的轨面间隙过小，则摩擦阻力大，导轨磨损加剧；若间隙过大，则运动失去准确性和平稳性，导向精度降低。调整间隙的方法有如下几种。

① 用压板调整间隙。图 11-12 所示为矩形导轨上常用的几种压板调整间隙方式。

用螺钉将压板固定在动导轨上，常用钳工配合刮研及选用调整垫片、平镶条等机构，使导轨面与支承面的间隙均匀，达到规定的接触点数。对图 11-12（a）所示的压板结构，如间隙过大，应修磨或刮研 B 面；若间隙过小或压板与导轨压得太紧，则可刮研或修磨 A 面。

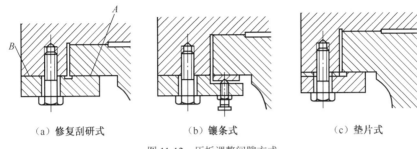

（a）修复刮研式　　　（b）镶条式　　　（c）垫片式

图 11-12　压板调整间隙方式

② 用镶条调整间隙。图 11-13（a）所示为一种全长厚度相等、横截面为平行四边形（用于燕尾形导轨）或矩形的平镶条，通过侧面的螺钉调节和螺母锁紧，以其横向位移来调整间隙。由于收紧力不均匀，因此在螺钉的着力点有挠曲。图 11-13（b）所示为一种全长厚度变化的斜镶条及 3 种用于斜镶条的调节螺钉，以斜镶条的纵向位移来调整间隙。斜镶条在全长上支承，其斜度为 1∶40 或 1∶100，由于楔形的增压作用会产生过大的横向压力，因此调整时应细心。

③ 用压板镶条调整间隙。如图 11-14 所示，用螺钉将 T 形压板固定在运动部件上，运动部件内侧和 T 形压板之间放置斜镶条，镶条在高度方面做成倾斜的。调整时，借助压板上的几个推拉螺钉，使镶条上下移动，从而调整间隙。

三角形导轨的上滑动面能自动补偿，下滑动面的间隙调整与矩形导轨的下压板调整底面间隙的方法相同。圆形导轨的间隙不能调整。

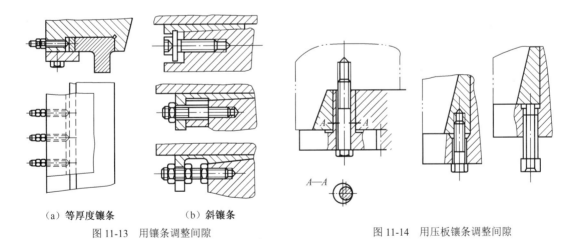

（a）等厚度镶条　　　（b）斜镶条

图 11-13　用镶条调整间隙

图 11-14　用压板镶条调整间隙

（3）导轨的润滑与防护。

① 导轨的润滑。数控机床导轨的润滑主要采用压力润滑。一般常用压力循环润滑和定时定量润滑两种方式。常用的润滑油为 L-AN10/15/32/42/68、精密机床导轨油 L-HG68、汽轮机油 L-TSA32/46 等。

② 导轨的防护。为了防止切屑、磨粒或切削液散落在导轨面上而引起磨损加快、擦伤和

锈蚀，导轨面上应有可靠的防护装置。

（4）导轨副的故障诊断。导轨副的常见故障现象、故障原因及排除方法如表 11-6 所示。

表 11-6　　　　　　　导轨副的常见故障现象、故障原因及排除方法

序号	故障现象	故障原因	排除方法
1	导轨研伤	机床经长期使用，地基与床身水平度有变化，使导轨局部单位面积载荷过大	定期进行床身导轨的水平调整或修复导轨精度
		长期加工短工件或承受过分集中的负荷，使导轨局部磨损严重	注意合理分布短工件的安装位置，避免负荷过分集中
		导轨润滑不良	调整导轨润滑油量，保证润滑油压力
		导轨材质不佳	采用电镀加热自冷淬火对导轨进行处理，在导轨上增加锌铝铜合金板
		刮研质量不符合要求	提高刮研修复的质量
		机床维护不良，导轨内部落入脏物	加强机床保养，保护好导轨防护装置
2	导轨上移动部件运动不良或不能移动	导轨面研伤	用 180 ＃纱布修磨机床导轨面上的研伤
		导轨压板研伤	卸下压板，调整压板与导轨间隙
		导轨镶条与导轨间隙太小，调得太紧	松开镶条止退螺钉，调整镶条螺栓，使运动部件运动灵活，保证 0.03mm 塞尺不得塞入，然后锁紧止退螺钉
3	加工面在接刀处不平	导轨直线度超差	调整或修刮导轨，公差为 0.015/500mm
		工作台塞铁松动或塞铁弯曲太大	调整塞铁间隙，塞铁弯度在自然状态下小于 0.05mm/全长
		机床水平度差，使导轨发生弯曲	调整机床安装水平，保证平行度、垂直度为 0.02mm/1000mm

（五）加工中心换刀装置维护与故障诊断

加工中心的自动换刀是指机械手在机床主轴与刀库之间自动交换刀具，刀库结构类型主要有链式、卧盘式、立盘式等。换刀系统的动力多由电动机、液压电动机、气缸、液压缸等提供。加工中心换刀装置的常见故障有刀库运动故障、定位误差过大、机械手夹持刀柄不稳定、机械手动作误差过大等。

1. 刀库与换刀机械手的维护要点

刀库与换刀机械手的维护要点如下。

（1）严禁把非标准的刀柄刀具装入刀库，防止换刀时掉刀或与工件、夹具等发生碰撞。

（2）刀具放置在刀库中的顺序要正确。

（3）用手动方式装刀时要确保装到位、装牢固。

（4）检查是否回零、换刀点位置是否到位。

（5）要注意保持刀具刀柄和刀套的清洁。

（6）开机时，应先使刀库和机械手空运行，检查各部分工作是否正常，特别是各行程开关和电磁阀能否正常动作。

2. 刀库和自动换刀装置的故障诊断

刀库和自动换刀装置的常见故障现象、故障原因及排除方法如表 11-7 所示。

表 11-7　　　　刀库和自动换刀装置的常见故障现象、故障原因及排除方法

序号	故障现象	故障原因	排除方法
1	刀库不转	连接电动机轴与蜗杆轴的联轴器松动	连接好联轴器
		变频器输入输出电压不正常	修理或更换变频器
		PLC 无控制输出,接口板中的继电器失效	更换接口板中的继电器
		机械连接处研损	修复研损部分或更换零件
		电网电压过低	提高电网电压,电网电压不应低于 370V
2	刀库转动不到位	转盘上撞块与选位开关松动	重新调整撞块与选位开关位置并锁紧
		上、下连接盘与中心轴花键间隙过大产生的位移偏差大	重新调整连接盘与中心轴位置或更换零件
		转位凸轮与转位盘间隙大	用塞尺测试滚轮与凸轮,将凸轮调至中间位置
		凸轮在轴上窜动	调整并紧固固定转位凸轮的螺母
		转位凸轮轴的轴向预紧力过大或有机械干涉	重新调整预紧力,排除干涉
3	刀套不能夹紧刀具	刀套上的调整螺母松动或弹簧太松,造成夹紧力不足;刀具超重	调节刀套两端的调节螺母,压紧弹簧,顶紧卡紧销
4	刀套不能拆卸或停留一段时间才能拆卸	操纵刀套拆卸的气阀松动,气压不足,刀套的传动轴锈蚀	紧固气阀,改善润滑条件
5	刀具夹不紧	压缩气泵气压不足	调整压缩气泵气压在额定范围内
		增压漏气	关紧增压
		刀具卡紧气压漏气,密封装置失效	更换密封装置
		刀具松开弹簧上的螺母松动	旋紧螺母
6	刀具夹紧后松不开	锁刀的弹簧压合过紧	逆时针旋松锁刀弹簧上的螺母,使最大载荷不超过额定值
7	刀具从机械手中脱落	刀具超重或机械手卡销损坏	刀具不得超重,更换机械手卡销
8	刀具交换时掉刀	换刀时主轴箱没有回到换刀点或换刀点漂移,机械手抓刀时没有到位就开始拔刀	重新操作主轴箱运动,使其回到换刀点位置,重新设定换刀点
9	机械手换刀速度过快或过慢	气压太高或太低,换刀气阀节流开口太大或太小	调整气压大小和节流阀口的大小

三、任 务 实 施

（一）数控车床 Z 轴拆装与精度检测

图 11-15 所示为数控车床 Z 轴装配图,数控车床 Z 轴的拆卸、安装及精度检测步骤如下。

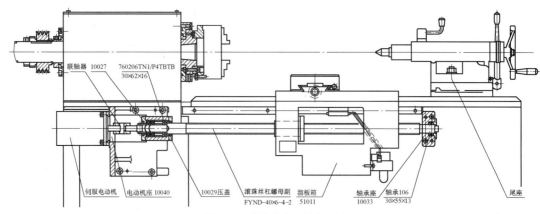

图 11-15　数控车床 Z 轴装配图

1. 数控车床 Z 轴的拆卸步骤

（1）拆卸电动机。

① 拆卸电动机插头。

② 松开电动机联轴器。

③ 拆卸电动机螺钉。

④ 脱开电动机联轴器。

⑤ 拿出电动机（轻拿轻放）。

（2）拆卸左端轴承压盖。

① 用扳手稳住右侧丝杠末端。

② 松开左端丝杠固定螺母上的螺钉。

③ 松开左端丝杠固定螺母（用榔头或月牙扳手轻敲）。

④ 松开压盖。

⑤ 放入半圆垫圈。

⑥ 重新上紧压盖。

⑦ 退出左端固定螺母。

⑧ 松开左端轴承压盖。

（3）拆卸右端轴承座。

① 松开右端轴承座固定螺钉。

② 使用拔销器。

③ 取出销钉和螺钉，松开右侧轴承座。

④ 拼装拉马。

⑤ 使用拉马拉出右侧轴承座。

⑥ 拆卸右侧轴承座压盖。

⑦ 轻轻退出轴承。

⑧ 放入汽油清洗轴承。

（4）将丝杠与左端支撑分离并退出左端轴承。

① 在溜板箱与左端支撑之间放入方木。

② 压紧方木，方木与溜板箱端面靠紧，不能有松动。

③ 旋转滚珠丝杠右端。

④ 将丝杠与左端支撑分离。

⑤ 拆卸左支撑压盖。

⑥ 用铝棒退出轴承。

（5）抽出滚珠丝杠。

① 松开润滑油管接头。

② 松开丝杠螺母端面螺钉。

③ 将丝杠整体抽出。

④ 悬挂滚珠丝杠。

（6）拔出溜板箱销钉。

① 松开溜板箱固定螺钉。

② 使用拔销器拔出溜板箱销钉。

2．数控车床Z轴的安装与精度检测步骤

（1）校验溜板箱与电动机座的同轴度。

① 准备一套5件检棒。

② 在电动机座上装入第一个检套。

③ 在丝杠左端支撑上装入第二个检套。

④ 从电动机座左端插入左端检棒。

⑤ 从溜板箱右端插入右端检棒。

⑥ 调整表座。

⑦ 调整表头检测同轴度。

（2）安装右侧轴承座并与电动机座校验同轴度。

① 安装右侧轴承座。

② 插入右侧轴承座的检套。

③ 将另一根检棒插入溜板箱。

④ 将桥架从左侧移动到尾座位置，注意读数。

⑤ 用铜棒调整右侧轴承座位置，直至将其与左侧电动机座调平。

（3）安装滚珠丝杠并检测跳动。

① 装入滚珠丝杠，套入螺母副两端压板。

② 从左侧电动机座依次装入轴承、挡圈、锁紧螺母。

③ 拉入或敲入左侧轴承、挡圈。

④ 固定左侧支撑的压板和锁紧螺母。

⑤ 重新安装右侧轴承座并用铝棒敲入轴承。

⑥ 松开丝杠螺母，调整后再拧紧。

⑦ 检测丝杠跳动。

（4）检测丝杠的轴向窜动。

① 将磁力表座吸附于丝杠左端，调整丝杠端部锁紧螺母。

② 用千分表测量丝杠的端面跳动和轴向窜动，直至达到规定要求为止。

（二）主轴或进给轴噪声大、加工精度差的故障与排除

机械安装、调试及操作使用不当等会引起机械传动故障，表现为传动噪声大、加工精度差、运行阻力大等。例如，轴向传动链的挠性联轴器松动，齿轮、丝杠与轴承缺油，导轨塞铁调整不当，导轨润滑不良，以及系统参数设置不当等原因均可造成以上故障。尤其应引起重视的是，对机床各部位标明的注油点（注油孔）须定时、定量加注润滑油（剂），这是机床各传动链正常运行的保证。另外，液压、润滑与气动系统的故障主要是管路阻塞和密封不良，因此数控机床更应加强污染控制和根除"三漏"现象。

1．主轴部分

故障现象：数控机床主轴运转噪声大、加工精度差、加工件表面粗糙度差。

（1）原因分析。一般中小规格的数控机床主轴多用滚动轴承，重型数控机床主轴多用液体静压轴承，高精度机床主轴多用气体静压轴承，高速主轴多用磁力轴承或陶瓷滚珠轴承。机床主轴使用变频器控制变频电动机，根据故障现象分析该故障的可能原因如下。

① 变频器参数与电动机参数不匹配，导致电气振荡。

② 主轴传动系统轴承损坏。

③ 主轴轴承润滑脂内混入粉尘和水分。

④ 主轴内锥孔定位表面有少许碰伤，锥孔与刀柄锥面配合不良，有微量偏心。

⑤ 前轴承预紧力减小，轴承游隙变大。

⑥ 主轴自动夹紧机构内部分碟形弹簧疲劳失效，刀具未被完全拉紧，有少许窜动。

（2）诊断步骤和维修方法。

① 检查变频器参数是否正常。

② 关闭机床电源，用手转动主轴，仔细观察数控车床主轴运转是否顺畅、有无卡滞。卡滞越明显，轴承损坏越严重。

③ 接通机床电源，启动数控系统，用手动模式启动主轴，以低于 100r/min 的转速旋转，在主轴转动时，可借助延长杆倾听主轴两端轴承的运行声音是否正常，运转噪声大的一端轴承可能损坏。使用百分表测量主轴两端径向跳动，比较确定跳动误差，误差大的一端轴承损坏的可能性大。运行一段时间后，使主轴停止，用手触摸主轴两端轴承位置，感觉轴承温升是否正常，温升大的位置的轴承可能损坏。

经过上面 3 种方式的检查、分析，能比较确切地定位损坏轴承。经检查并拆卸发现，主轴皮带轮侧一只 P4 精度的向心推力球轴承损坏。

④ 按主轴轴承装配要求装入新的同型号轴承，并适当预紧，重装拆卸的机械零部件后，开机试车，运转声音正常。

⑤ 更换主轴轴承后，要按规程进行磨合。最高主轴转速为 4000r/min 时的磨合规程：以低速 200r/min 运转 0.5h，500r/min 运转 0.5h，1000r/min 运转 0.5h，2500r/min 运转 0.3h，4000r/min 运转 0.1h，2500r/min 运转 0.2h，1000r/min 运转 0.5h，主轴停止，磨合完毕。在磨合过程中，要密切注意主轴的运行噪声及轴承温升。

⑥ 如果轴承本身没有损坏，就需要更换润滑脂，调整轴承游隙，轴向游隙为 0.003mm，径向游隙为 ±0.002mm；自制简易研具，手动研磨主轴内锥孔定位面，用涂色法检查，保证刀柄与主轴定心锥孔的接触面积大于 85%；更换碟形弹簧。将修好的主轴装回主轴箱，用千

分表检查径向跳动，近端小于 0.006mm，远端 150mm 处小于 0.010mm。试加工，主轴温升和声音正常，加工精度满足加工工艺要求，故障排除。

（3）总结。数控机床主轴精度决定机床整机精度，数控机床主轴发生故障的主要部位为轴承。装配质量差、缺润滑油、润滑脂过多或过少等都易造成轴承损坏。严格按主轴装配工艺装配主轴轴承后，一定要按磨合规程进行磨合，以便及时发现装配问题并立即改正，以延长轴承的使用寿命。

2．进给丝杠部分

进给丝杠的故障主要是丝杠副噪声大，其故障原因及排除方法如表 11-8 所示。

表 11-8　　　　　　　　　　　进给丝杠的故障原因及排除方法

故　障　原　因	排　除　方　法
滚珠丝杠轴承压盖合不上	调整压盖，使其压紧轴承
滚珠丝杠润滑不良	检查分油器和油路，使润滑油充足
滚珠破损	更换滚珠
电动机与丝杠联轴器松动	拧紧联轴器预紧螺钉

四、技 能 拓 展

（一）急停功能及故障排除

CNC 装置操作面板和手持单元上均设有急停按钮，用于当数控系统或数控机床出现紧急情况，需要使数控机床立即停止运动或切断动力装置（如伺服驱动器等）的主电源等场合。当数控系统出现自动报警信息后，按下急停按钮，待查看报警信息并排除故障后，再松开急停按钮，使系统复位并恢复正常。按下急停按钮时，数控机床立即停止运动并切断动力装置电源，主轴、进给轴、刀架、冷却系统都不能运行。

CAK3665SJ 数控车床急停功能的电气结构如图 11-16 所示。

数控机床发出急停报警的原因一般有以下两种。

（1）电气方面的原因，急停回路断路。

（2）PLC 中规定的系统复位需要完成的条件未满足，如伺服动力电源准备好、主轴驱动准备好等信息未到达。

【例 11-2】　急停按钮引起的故障的维修。

故障现象：某 FANUC 系统加工中心开机时显示 NOT READY，伺服电源无法接通。

故障分析与处理：FANUC 系统显示 NOT READY 的原因是数控系统的紧急停止*ESP 信号被输入，这一信号可以通过系统的诊断页面进行检查。经检查发现 PMC 到 CNC 急停信号为 0，证明系统的"急停"信号被输入。再进一步检查，发现系统 I/O 模块的"急停"信号为 0，对照机床电气原理图，检查发现机床刀库侧的手动操纵盒上的急停按钮断线，重新连接，复位急停按钮后，再按 RESET 键，机床即恢复正常工作。

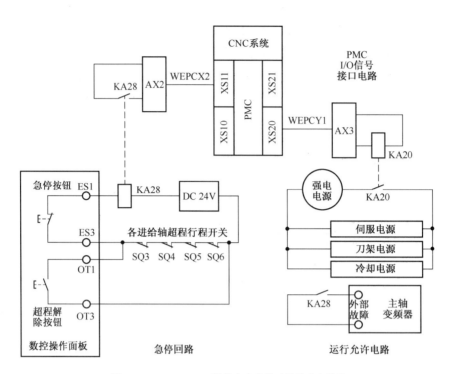

图 11-16　CAK3665SJ 数控车床急停功能的电气结构

【例 11-3】　液压电动机互锁引起的急停故障的维修。

故障现象：某配套 FANUC 0i TC 的数控车床开机后显示 NOT READY，且按下"液压启动"按钮后，液压电动机不工作，NOT READY 无法消除。

故障分析与处理：经了解，该机床在正常工作情况下，应在液压启动后，CNC 的 NOT READY 自动消失，CNC 转入正常工作状态。

对照机床电气原理图进行检查，机床的"急停"输入（X21.4）为急停开关、X/Z 轴超程保护开关、液压电动机过载保护断路器、伺服电源过载保护断路器这几个开关的常闭触点的串联。经检查发现，液压电动机过载保护断路器已跳闸。通过测试，确认液压电动机无短路、液压系统无故障，合上断路器后，机床正常工作。

【例 11-4】　主轴驱动器报警引起的急停故障的维修。

故障现象：某配套 FANUC 0i TC 系统的进口数控车床开机后 CNC 显示 NOT READY，伺服驱动器无法启动。

故障分析与处理：由机床电气原理图可以查得，该机床急停输入信号包括急停按钮、机床 X/Z 轴的超程保护开关以及中间继电器 KA10 的常开触点等。检查急停按钮和超程保护开关均已满足条件，但中间继电器 KA10 未吸合。进一步检查 KA10 线圈，发现该信号由内部 PLC 控制，对应的 PLC 输出信号为 Y53.1。根据以上情况，通过 PLC 程序检查 Y53.1 的逻辑条件，确认故障由机床主轴驱动器报警引起。排除主轴报警，确认 Y53.1 输出为 1，在 KA10 吸合后，再次启动机床，故障排除，机床恢复正常工作。

【例 11-5】　立卧转换互锁引起的急停故障的维修。

故障现象：某配套 FANUC 0i MC 系统的进口"立卧复合"加工中心开机后 CNC 显示 NOT READY，伺服驱动器无法启动。

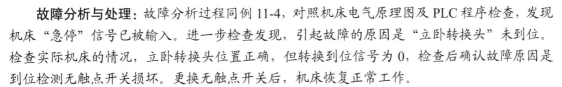
故障分析与处理： 故障分析过程同例 11-4，对照机床电气原理图及 PLC 程序检查，发现机床 "急停" 信号已被输入。进一步检查发现，引起故障的原因是 "立卧转换头" 未到位。检查实际机床的情况，立卧转换头位置正确，但转换到位信号为 0，检查后确认故障原因是到位检测无触点开关损坏。更换无触点开关后，机床恢复正常工作。

【例 11-6】 启动条件不满足引起的急停故障的维修。

故障现象： 某配套 FANUC 0i MC 系统的数控铣床开机后 CNC 显示 NOT READY，伺服驱动器无法启动。

故障分析与处理： 为了确定故障原因，维修时从 X21.4 "急停" 信号回路依次分析、检查，确认故障原因是与 X21.4 输入连接的中间继电器未吸合。进一步检查机床的控制电路，发现该中间继电器的吸合条件是机床未超程，且只有按下面板上的 "机床复位" 按钮后，才能自锁保持。据此，再检查以上条件，最终发现故障原因是面板上的 "机床复位" 按钮不良，更换按钮后，故障排除，机床可以正常动作。

 注　意

在发生急停或 NOT READY 故障时，主要考虑的因素有以下几个。

① 面板上的 "急停" 按钮是否生效；②工作台的超程保护是否生效；③伺服驱动器、主轴驱动器、液压电动机等主要部分及主回路的过载保护是否实现；④24V 控制电源等重要部分是否故障。

（二）刀库或机械手换刀时与主轴碰撞的故障与排除

在加工中心自动换刀装置中，刀库、机械手、主轴三者之间的相互定位精度直接影响机床自动换刀的准确性和可靠性。使用中常由于碰撞、定位紧固件松动等，使刀库的换刀位置发生变化，造成换不上刀、撞坏机械手等故障。一些大型加工中心的刀库是独立刀库，其换刀位置发生变化后，恢复起来非常困难。产生碰撞的原因一般有以下两种。

（1）换刀点（第二参考点）设置不对。

（2）拉刀柄没有松到位。

【例 11-7】 有一台立式加工中心采用 FANUC 0i 数控系统，在换刀过程中出现问题，故障表现为当刀库移向主轴时与主轴上的刀柄发生碰撞，然后停止，不能完成换刀过程。

该机床刀库为鼓轮式刀库，无机械手换刀。正常换刀过程是：当机床接到换刀指令后，主轴上升至换刀位置并准停，刀库由气缸驱动水平向前平移至主轴，刀库鼓轮上一空缺刀位插入主轴上刀柄凹槽处，鼓轮上的夹刀弹簧将刀柄夹紧，主轴刀具自动夹紧松开机构工作，刀具松开，主轴向上运动，完成拔刀过程；拔出刀具后，刀库回转选刀，选定刀位后，主轴向下移动，将选中的刀具装入主轴锥孔，主轴刀具自动夹紧松开机构工作，完成刀具装夹；刀库水平后移返回原位，换刀完成。

观察该机床刀库与刀柄碰撞部位，发现主轴上刀柄的键槽与刀库刀座上的键方位不一致，存在角度偏差，导致碰撞发生。刀库上的键对准主轴中心，可以推断，刀座上的键与刀柄键槽不能正常配合是主轴定向停止位置偏离了正常位置所致的。主轴未拆卸过，估计是主轴传动皮带磨损导致主轴定位位置发生变化。因此，需要对主轴定位位置进行修调，以恢复到正常位置。

FANUC 0i 提供了方便的参数调节功能，可调整参数 4031 和 4077 中的任何一个（4031 为位置编码器定向停止位置，4077 为定向停止位置偏离量），使定向位置恢复到正常位置，从而使该机床的换刀故障得以排除。

小 结

学习本任务后，读者应该识记了数控机床机械故障的类型，了解了数控机床机械故障诊断与维修的方法，能根据数控车床 Z 轴结构图进行机械部分的拆装实训，能正确诊断和排除主轴、进给传动链、刀架、刀库、急停、返回参考点、机床导轨、滚珠丝杠等部位出现的故障。

自 测 题

1．简答题

（1）数控机床机械结构的基本组成有哪些？

（2）数控机床机械故障形式有哪些？

（3）滚珠丝杠螺母副传动有什么特点？轴向间隙的调整方法有几种，各有什么特点？

（4）数控机床开机急停，显示 NOT READY 的原因可能有哪些？

（5）加工中心换刀时碰撞主轴的原因有哪些？

2．实训题

（1）进行数控车床 Z 轴拆装与精度检测，详细观察数控车床 Z 轴拆装的顺序和过程，并做好精度检测记录。

（2）数控机床出现加工尺寸不稳定，通常的维修思路是什么？

表 A-1　FANUC 16/18/21/0i 系统 PMC 信号地址（G 信号：PMC→CNC；F 信号：CNC→PMC）

信　号	含　义	T 系列地址	M 系列地址
ST	自动循环启动	G7/2	G7/2
*SP	进给暂停	G8/5	G8/5
MD1，MD2，MD4	方式选择	G43/0.1.2	G43/0.1.2
+J1，+J2，+J3，+J4； −J1，−J2，−J3，−J4；	进给轴方向	G100/0.1.2.3， G102/0.1.2.3	G100/0.1.2.3， G102/0.1.2.3
RT	手动快速进给	G19/7	G19/7
HS1A～HS1D	手摇进给轴选择	G18/0.1.2.3	G18/0.1.2.3
MP1，MP2	手摇/增量进给倍率	G19/4.5	G19/4.5
SBK	单程序段运行	G46/1	G46/1
DRN	空运行	G46/7	G46/7
SRN	程序再启动	G6/0	G6/0
BDT	程序段选跳	G44/0，G45	G44/0，G45
ZRN	返回零点	G43/7	G43/7
*DECX，*DECY， *DECZ，*DEC4	回零点减速	X0009/0.1.2.3（外）， X1009/0.1.2.3（内）	X0009/0.1.2.3（外）， X1009/0.1.2.3（内）
MLK	机床锁住	G44/1	G44/1
*ESP	急停	G8/4	G8/4
SPL	进给暂停灯	F0/4	F0/4
STL	自动循环启动灯	F0/5	F0/5
ZP1，ZP2， ZP3，ZP4	回零点结束	F94/0.1.2.3	F94/0.1.2.3
*FV0～*FV7	自动进给倍率	G12	G12
*JV0～*JV15	手动进给倍率	G10，G11	G10，G11
ROV1，ROV2	快速移动倍率	G14/0.1	G14/0.1
*IT	锁住所有轴	G8/0	G8/0
*ITX，*ITY， *ITZ，*IT4(0 系统)， *IT1～*IT4（16）	分别锁住各轴	G130/0.1.2.3	G130/0.1.2.3
(+MIT1)～(+MIT4)， (−MIT1)～(−MIT4)	锁住各轴各方向	X004/2.3.4.5（外）， X1004/2.3.4.5（内）	G132/0.1.2.3， G134/0.1.2.3
STLK	锁住启动	G7/1	
AFL	锁住辅助功能	G5/6	G5/6
+ED1～+ED4， *−ED1～*−ED4	外部减速	G118/0.1.2.3， G120/0.1.2.3	G118/0.1.2.3， G120/0.1.2.3
M00～M31	M 功能代码	F10～F13	F10～F13
DM00，DM01，DM02，DM30	M 译码信号	F9/7.6.5.4	F9/7.6.5.4
MF	读取 M 代码	F7/0	F7/0
DEN	进给分配结束	F1/3	F1/3
S00～S31	S 功能代码	F22～F25	F22～F25
SF	读取 S 代码	F7/2	F7/2

续表

信　号	含　义	T 系列地址	M 系列地址
T00～T31	T 功能代码	F26～F29	F26～F29
TF	读取 T 代码	F7/3	F7/3
FIN	功能结束	G4/3	G4/3
MFIN，SFIN，TFIN，BFIN	M，S，T 结束	用户定义	用户定义
OVC	倍率取消	G6/4	G6/4
ERS	外部复位	G8/7	G8/7
RST	复位	F1/1	F1/1
MA	CNC 准备好	F1/7	F1/7
SA	伺服准备好	F0/6	F0/6
OP	自动方式运行	F0/7	F0/7
KEY	程序保护	G46/3.4.5.6	G46/3.4.5.6
PN1，PN2，PN4，PN8，PN16	外部工件号检索	G9/0.1.2.3.4	G9/0.1.2.3.4
+L1～+L4， *−L1～*−L4	进给轴硬超程	G114/0.1.2.3， G116/0.1.2.3	G114/0.1.2.3， G116/0.1.2.3
SVFX，SVFY，SVFZ，SVF4	伺服断开	G126/0.1.2.3	G126/0.1.2.3
*FLWU	位置跟踪	G7/5	G7/5
*ABSM	手动绝对值	G6/2	G6/2
HS1IA～HS1ID	手轮中断轴	G41/0.1.2.3	G41/0.1.2.3
MIRX，MIRY，MIRZ，MIR4	镜像	G106/0.1.2.3	G106/0.1.2.3
AL	系统报警	F1/0	F1/0
BAL	电池报警	F1/2	F1/2
DNCI	DNC 加工方式	G43/5	G43/5
SKIP	跳转	X4/7	X4/7
EAX1～EAX4	PMC 轴选择	G136/0.1.2.3	G136/0.1.2.3
SAR	主轴转速到达	G29/4	G29/4
*SSTP	主轴停止转动	G29/6	G29/6
SOR	换挡时主轴定向	G29/5	G29/5
SOV0～SOV7	主轴转速倍率	G30	G30
GR1，GR2（T）GR1O， GR2O，GR3O（M）	主轴换挡	G28/1.2	F34/0.1.2
SFRA	串行主轴正转	G70/5	G70/5
SRVA	串行主轴反转	G70/4	G70/4
R01O～R12O	输出 S12 位代码	F36，F37	F36，F37
R01I～R12I	输入 S12 位代码	G32，G33	G32，G33
SIND	主轴电动机速度控制选择	G33/7	G33/7
SSIN	主轴电动机速度指令极性选择	G33/6	G33/6
SGN	极性方向选择	G33/5	G33/5
MRDY	机床就绪	G70/7	G70/7
*ESPA	主轴急停	G71/1	G71/1
ORCMA	定向指令	G70/6	G70/6
ORARA	定向完成	F45/7	F45/7
CON	Cs 轴选择	G27/7	G27/7
RGTAP	刚性攻丝	G61/0	G61/0
CTH1A，CTH2A	齿轮选择	G70/2.3	G70/2.3
UI000～UI015	用户宏程序的输入信号	G54，G55	G54，G55
UO000～UO015	用户宏程序的输出信号	F54，F55	F54，F55

注：标有"*"的信号低电平有效。

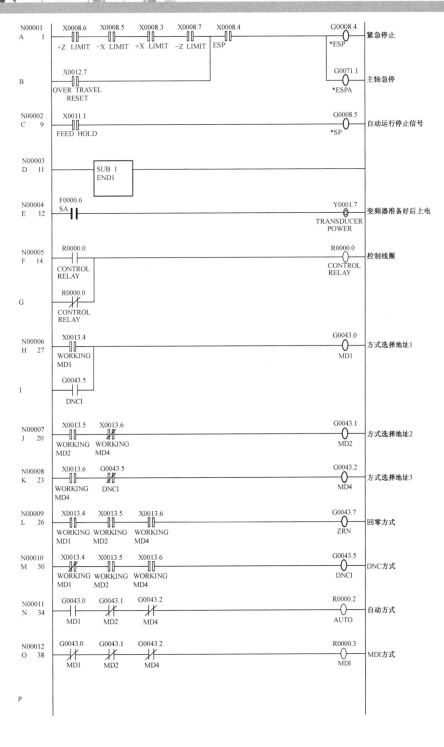

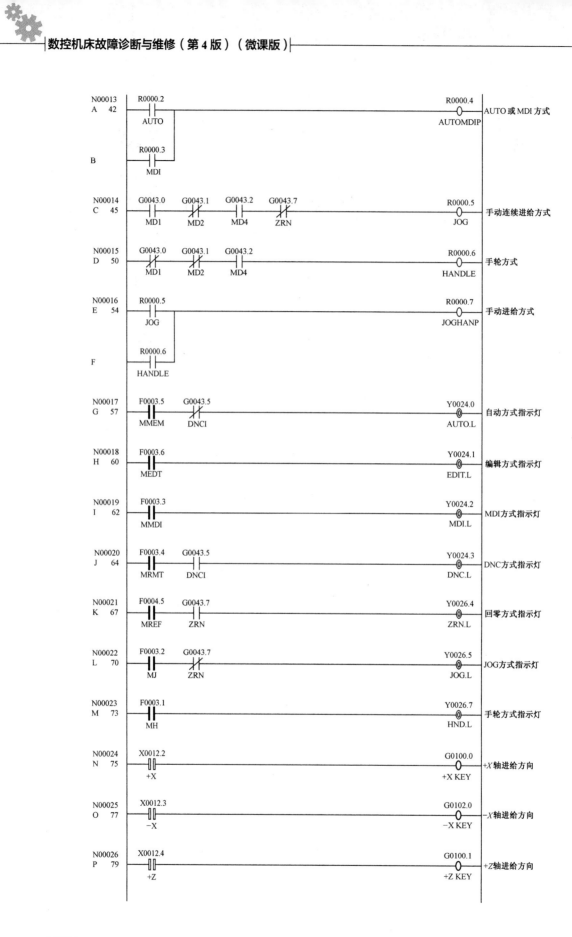

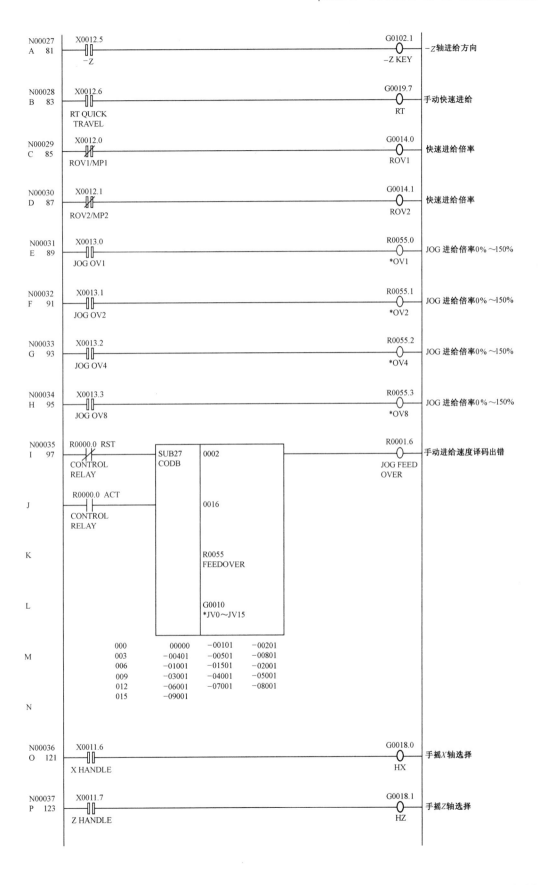

| N00027 A 81 | X0012.5 ⊣⊢ -Z | | | | | G0102.1 ○ -Z KEY | −Z 轴进给方向 |

N00027　A　81　X0012.5 −Z　　　　G0102.1 −Z KEY　　−Z 轴进给方向

N00028　B　83　X0012.6 RT QUICK TRAVEL　　　G0019.7 RT　　手动快速进给

N00029　C　85　X0012.0 ROV1/MP1　　　G0014.0 ROV1　　快速进给倍率

N00030　D　87　X0012.1 ROV2/MP2　　　G0014.1 ROV2　　快速进给倍率

N00031　E　89　X0013.0 JOG OV1　　　R0055.0 *OV1　　JOG 进给倍率 0%～150%

N00032　F　91　X0013.1 JOG OV2　　　R0055.1 *OV2　　JOG 进给倍率 0%～150%

N00033　G　93　X0013.2 JOG OV4　　　R0055.2 *OV4　　JOG 进给倍率 0%～150%

N00034　H　95　X0013.3 JOG OV8　　　R0055.3 *OV8　　JOG 进给倍率 0%～150%

N00035　I　97　R0000.0 RST CONTROL RELAY

SUB27 CODB　0002

N00035　R0001.6 JOG FEED OVER　手动进给速度译码出错

J　R0000.0 ACT CONTROL RELAY　　0016

K　R0055 FEEDOVER

L　G0010 *JV0～JV15

M
000	00000	−00101	−00201
003	−00401	−00501	−00801
006	−01001	−01501	−02001
009	−03001	−04001	−05001
012	−06001	−07001	−08001
015	−09001		

N

N00036　O　121　X0011.6 X HANDLE　　　G0018.0 HX　　手摇 X 轴选择

N00037　P　123　X0011.7 Z HANDLE　　　G0018.1 HZ　　手摇 Z 轴选择

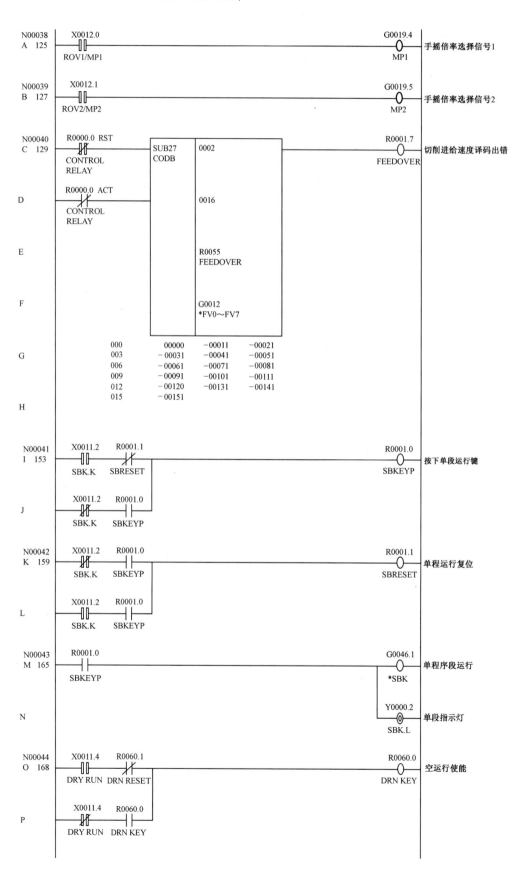

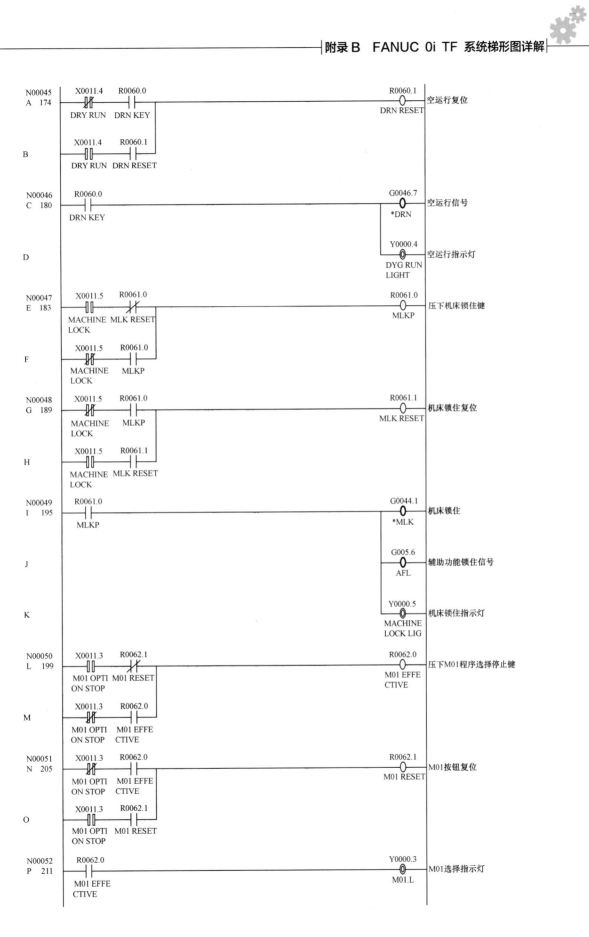

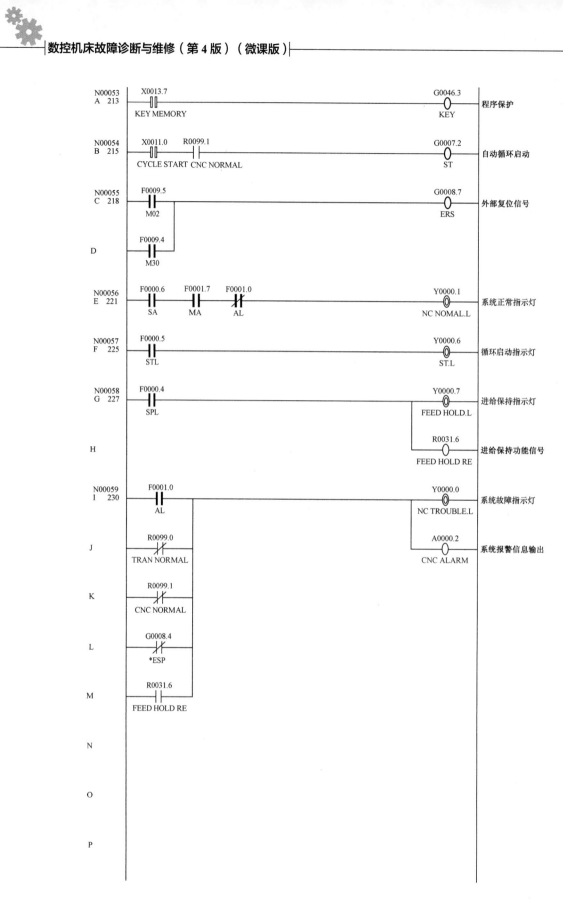

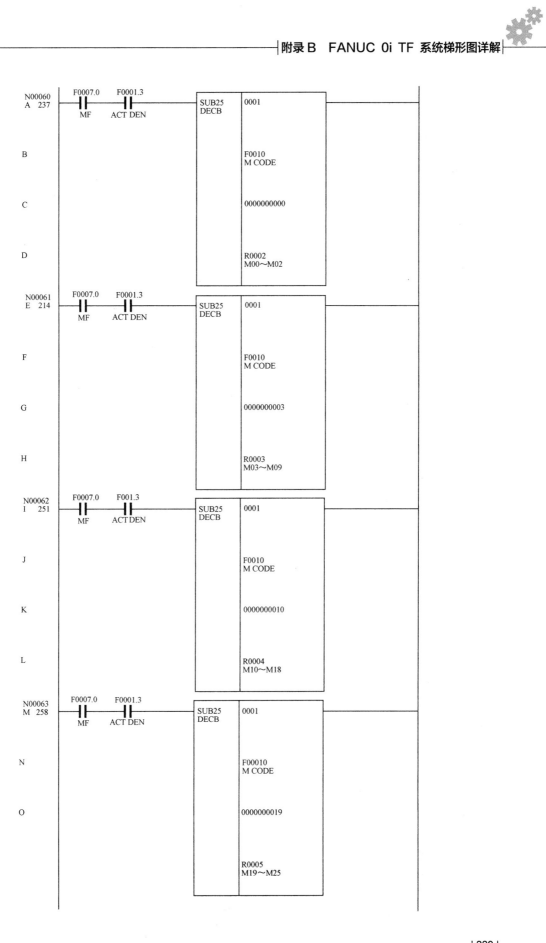

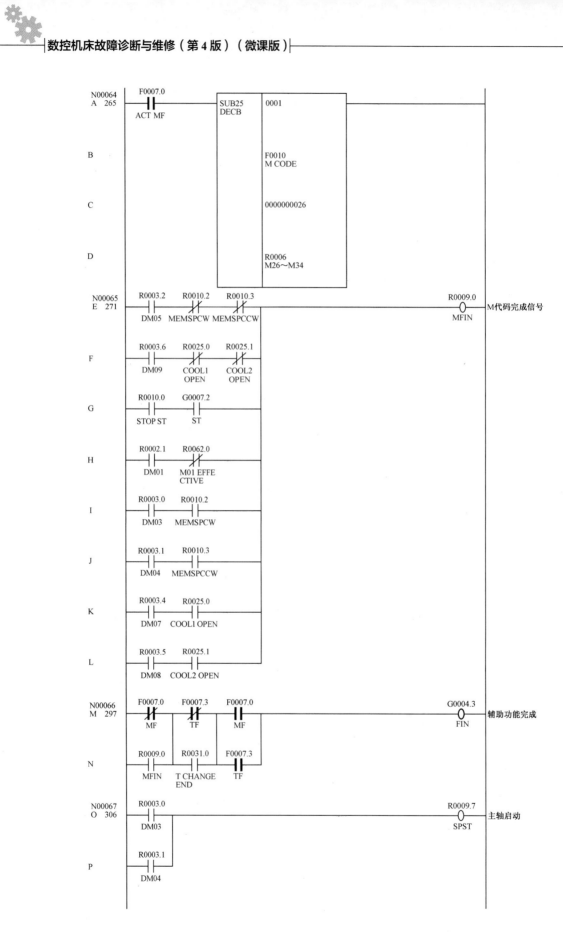

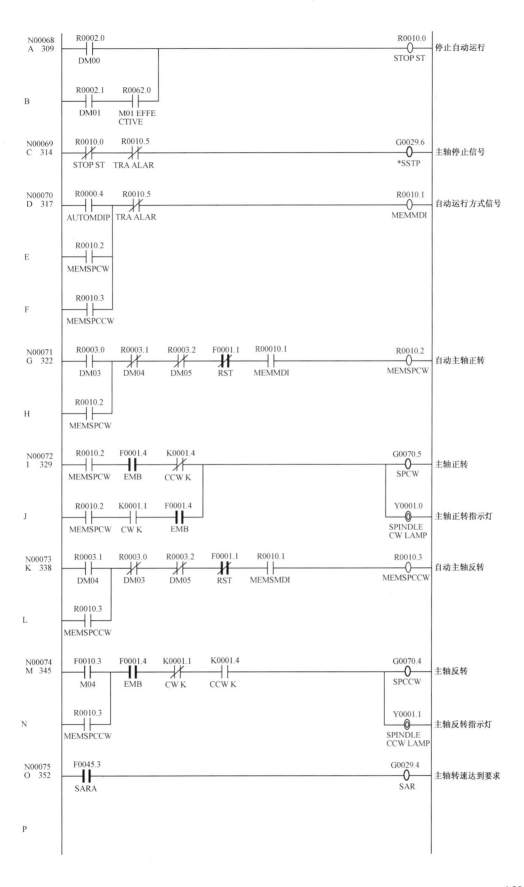

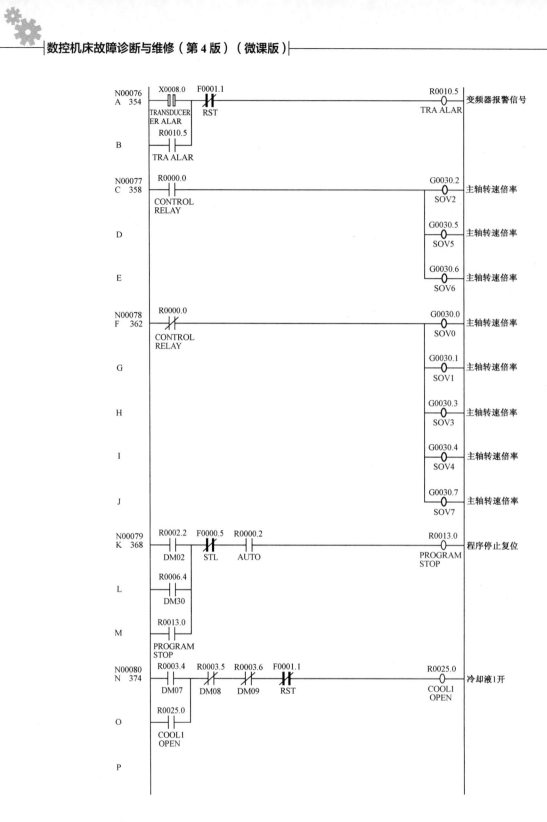

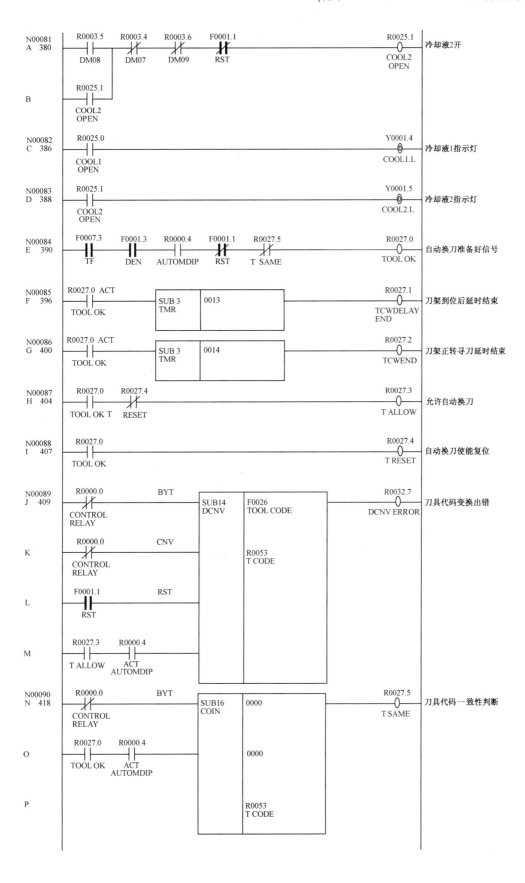

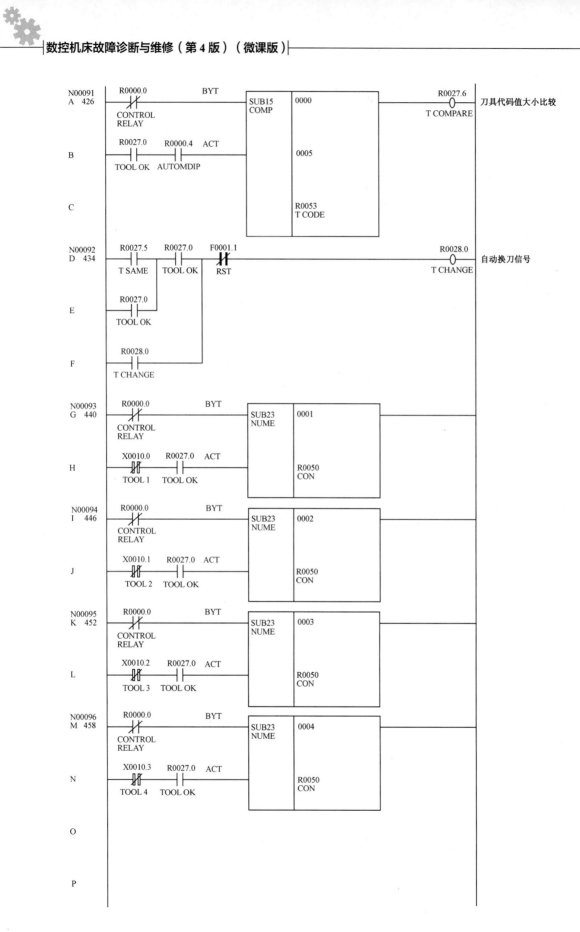

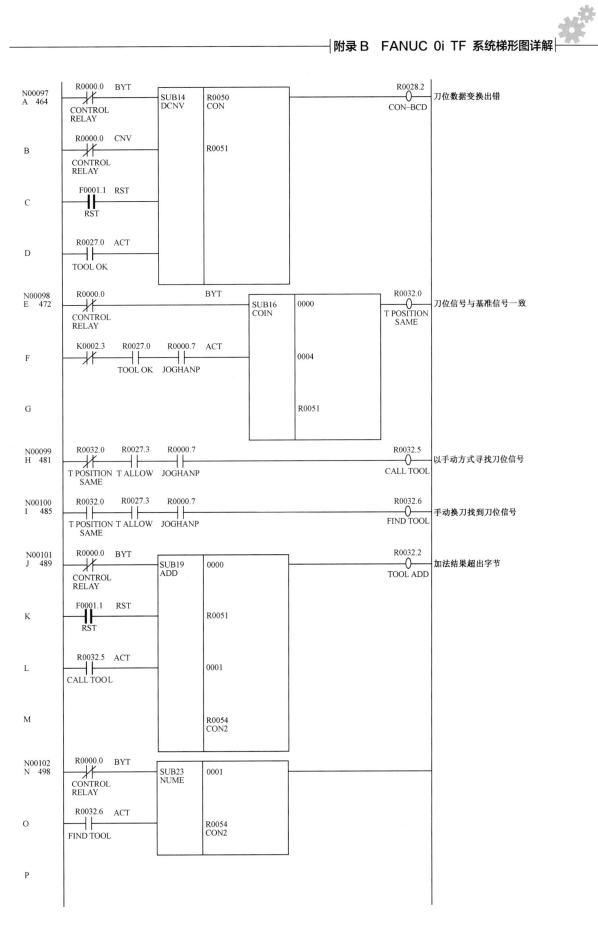

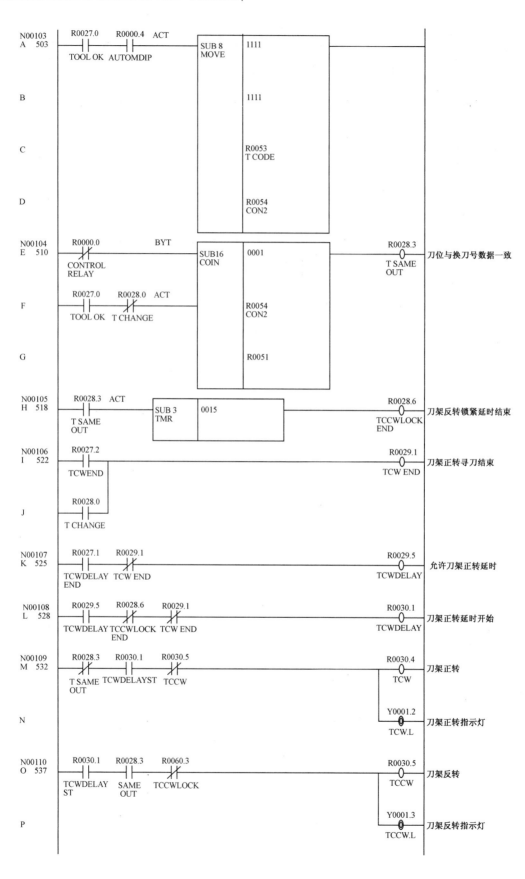

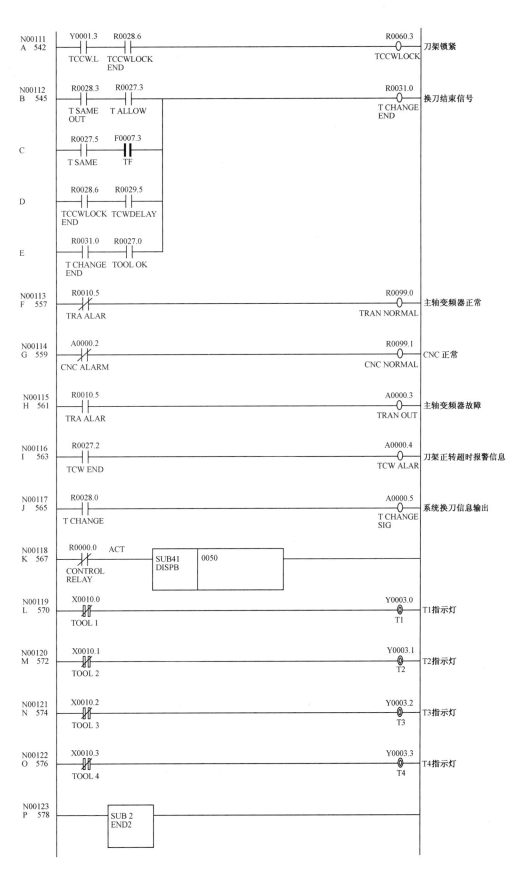

附录 C
FANUC 0i 系统常见报警表

1. 程序错误报警（P/S 报警）

表 C-1　　　　　　　　　　　FANUC 系统程序错误报警（P/S 报警）

号码	信息	内容
000	PLEASE TURN OFF POWER	输入了要求切断电源之后才生效的参数，请切断电源
001	TH PARITY ALARM	TH 报警（输入了带有奇偶性错误的字符）。需修正程序或纸带
002	TV PARITY ALARM	TV 报警（一个程序段内的字符数为奇数），只有在设定界面上的 TV 校验有效（为 1）时，才产生报警
003	TOO MANY DIGITS	输入了超过允许值的数据
004	ADDRESS NOT FOUND	程序段开头无地址，只输入了数值或符号 "–"。需修改程序
005	NO DATA AFTER ADDRESS	地址后面没有紧随相应数据，而输入了下一个地址或 EOB 代码。需修改程序
006	ILLEGAL USE OF NEGATIVE SIGN	符号 "–" 输入错误（在不能使用 "–" 符号的地址后面输入了该符号，或输入了两个或两个以上的 "–" 符号）。需修改程序
007	ILLEGAL USE OF DECIMAL POINT	"." 输入错误（在不能使用 "." 的地址后面输入了该符号，或输入了两个或两个以上 "."）。需修改程序
009	ILLEGAL ADDRESS INPUT	在有意义的信息区输入了不可用的地址。需修改程序
010	IMPROPER G-CODE	指定了一个不能用的 G 代码或针对某个没有提供的功能指定了某个 G 代码。需修改程序
011	NO FEEDRATE COMMANDED	没有指定切削进给速度，或进给速度指令不当。需修改程序
014	CAN NOT COMMAND G95（M series）	没有螺纹切削/同步进给功能时使用了同步进给。需修改程序
	ILLEGAL LEAD COMMAND（T series）	可变螺纹切削时，地址 K 指令的螺距增、减量超过了最大指令值，或指令螺距值为负值。需修改程序
020	OVER TOLERANCE OF RADIUS	在圆弧插补（G02 或 G03）中，圆弧始点半径值与圆弧终点半径值的差超过了 No.3410 参数的设定值
021	ILLEGAL PLANE AXES COMMANDED	在圆弧插补中，使用了不在指定平面（G17、G18、G19）的轴。需修改程序
022	NO CIRCLE RADIUS	在圆弧插补指令中，没有指定圆弧半径 R 或圆弧的起始点到圆心的距离的坐标值 I、J 或 K
027	NO AXES COMMANDED IN G43/G44（M series）	在刀具长度补偿 C 中的 G43/G44 程序段中，没有指定轴。在刀具长度补偿 C 中，没有取消补偿时，又对其他轴进行补偿
028	ILLEGAL PLANE SELECT	在平面选择指令中，在同一方向指定了两个或两个以上坐标轴。需修改程序
029	ILLEGAL OFFSET VALUE（M series）	用 H 代码选择的偏置量的值过大。需修改程序
	ILLEGAL OFFSET VALUE（T series）	用 T 代码选择的偏置量的值过大。需修改程序
030	ILLEGAL OFFSET NUMBER	用 D/H 代码使用的刀具半径补偿、刀具长度补偿、三维刀具补偿的偏置号过大

续表

号码	信　　息	内　　容
032	ILLEGAL OFFSET VALUE IN G10	偏置量程序输入（G10）或用系统变量写偏置量时，指定的偏置量过大。需修改程序
033	NO SOLUTION AT CRC（M series）	刀具补偿没有求到交点。需修改程序
	NO SOLUTION AT CRC（T series）	刀尖半径补偿没有求到交点。需修改程序
034	NO CIRC ALLOWED IN ST-UP/EXT BLK	在刀具补偿中，以 G02/G03 方式起刀或取消刀补
037	CAN NOT CHANGE PLANE IN NRC（T series）	在刀尖半径补偿中，切换了补偿平面。需修改程序
038	INTERFERENCE IN CIRCULAR BLOCK（M series）	在刀具补偿 C 中，圆弧的始点或终点与圆心一致，可能产生过切。需修正程序
039	CHF/CNR NOT ALLOWED IN NRC（T series）	在刀尖半径补偿中，在起始/取消、切换 G41/G42 的同时进行倒角或拐角 R，或程序在进行倒角或拐角处时有可能造成过切。需修改程序
040	INTERFERENCE IN G90/G94 BLOCK（T series）	在单一型固定循环 G90/G94 中，用刀尖半径补偿时有可能产生过切。需修改程序
041	INTERFERENCE IN NRC（M series）	在刀尖半径补偿中可能产生过切。在刀尖半径补偿方式中，两个或两个以上程序段被连续（没有移动）用在实现一些功能上，如辅助功能和暂停功能。需修改程序
044	G27-G30 NOT ALLOWED IN FIXED CYC（M series）	在固定循环方式中，使用了 G27～G30。需修改程序
045	ADDRESS Q NOT FOUND（G73/G83）（M series）	在固定循环（G73/G83）中，没有给出每次切削的深度（Q）或者只给出 Q0。需修正程序
050	CHF/CNR NOT ALLOWED IN THRD BLK（M series）	在螺纹切削程序段，使用了任意角度的倒角、拐角 R。需修改程序
051	MISSING MOVE AFTER CHF/CNR（M series）	指定了任意角度的倒角、拐角 R 的程序段的下个程序段的移动或移动量不合适。需修改程序
052	CODE IS NOT G01 AFTER CHF/CNR（M series）	在使用了任意角度倒角、拐角 R 的程序段的下一个程序段，使用了 G01、G02、G03 之外的程序段。需修改程序
053	TOO MANY ADDRESS COMMANDS（T series）	在倒角、拐角 R 指令中，使用了两个或两个以上 I、K、R；或者在直接输入图纸尺寸中的逗号"，"之后，不是 C 或 R；或用非指令逗号"，"的方法（PRM3405#4=1）使用了逗号"，"。需修改程序
054	NO TAPER ALLOWED AFTER CHF/CNR（T series）	在被指定的角度或拐角 R 处的倒角程序段，指定了包含锥度的指令。需修改程序段
055	MISSING MOVE VALUE IN CHF/CNR（M series）	在任意角度倒角、拐角 R 的程序段中指定的移动量比倒角、拐角 R 的量小。需修改程序
060	SEQUENCE NUMBER NOFOUND	指定的顺序号在顺序号搜索中未找到。需检查顺序号
061	ADDRESS P/Q NOT FOUND IN G70-G73（T series）	在 G70、G71、G72、G73 指令的程序段中，没有使用地址 P 或 Q。需修改程序
062	ILLEGAL COMMAND IN G71-G76（T series）	① 在 G71、G72 中，切削深度为 0 或负数； ② 在 G73 中，重复次数为 0 或负数； ③ 在 G74、G75 中，ΔI、ΔK 为负数； ④ 在 G74、G75 中，ΔI、ΔK 为 0，但 U、W 不为 0； ⑤ 在 G74、G75 中，决定了退刀方向，但 Δd 为负值； ⑥ 在 G76 中，螺纹高度及第 1 次切削深度为 0 或负值； ⑦ 在 G76 中，最小切削深度比螺纹高度大； ⑧ 在 G76 中，指定了不可使用的刀尖角度。需修改程序
064	SHAPE PROGRAM NOT MONOTONOUSLY（T series）	在复合型固定循环（G71、G72）中，指定了非单调增大或单调减小以外的加工形状

续表

号码	信 息	内 容
065	ILLEGAL COMMAND IN G71-G73 （T series）	① 在G71、G72、G73中，用P指定顺序号的程序段中，没有指令G00或G01； ② 在G71、G72中，在P指定的程序段中使用了Z（W）（G71）或者X（U）（G72）。需修改程序
066	IMPROPER G-CODE IN G71-G73 （T series）	在G71、G72、G73中，用P指定的程序段中指定了不允许的G代码。需修正程序
067	CAN NOT ERROR IN MODE （T series）	在MDI方式中，使用了含有P、Q的G70、G71、G72、G73。需修改程序
069	FORMAT ERROR IN G70-G73 （T series）	G70、G71、G72、G73的P、Q指令的程序段的最后移动指令以倒角或拐角R结束。需修改程序
070	NO PROGRAM SPACE IN MEMORY	存储器的存储容量不够。需删除各种不必要的程序并再试
072	TOO MANY PROGRAMS	登录的程序超过200个。需删除不要的程序，再次登录
073	PROGRAM NUMBER ALREADYIN USE	要登录的程序号与已登录的程序号相同。需变更程序号或删除旧的程序号后再次登录
074	ILLEGAL PROGRAM NUMBER	程序号为1～9999以外的数字。需修改程序号
075	PROTECT	登录了被保护的程序号
076	ADDRESS P NOT DEFINED	在包括M98、G65或G66指令的程序段中，没有指定地址P（程序号）。需修改程序
077	SUB PROGRAM NESTING ERROR	调用了5重子程序。需修改程序
078	NUMBER NOT FOUND	M98、M99、G65或G66的程序段中的地址P指定的程序号或顺序号未找到；GO TO语句指定的顺序号未找到；调用了正在被后台编辑的程序。需修改程序或中止后台编辑操作
079	PROGRAM VERIFY ERROR	存储器与程序校对中，存储器中的某个程序与从外部I/O设备中读取的不一致。需检查存储器中的程序及外围设备中的程序
080	ARRIVAL SIGNAL NOT ASSERTED （T series）	在自动刀具补偿功能中（G36，G37），在参数6254、6255（E值）设定的区域内测量位置到达信号（XAE、ZAE）没有变为ON。此报警属设定或操作错误
085	COMMUNICATION ERROR	用阅读机/穿孔机接口读入数据时，出现溢出错误、奇偶错误或成帧错误。可能是输入数据位数不吻合，或波特率的设定、设备的规格号不对
086	DR SIGNAL OFF	用阅读机/穿孔机接口输入输出数据时，I/O设备的动作准备信号（DR）断开。可能是I/O设备电源没有接通、电缆断线或印制电路板出现故障
087	BUFFER OVERFLOW	用阅读机/穿孔机接口输入数据时，虽然指定了输入停止，但超过10个字符后输入仍未停止。I/O设备或印制电路板出故障
088	LAN FILE TRANS ERROR （CHANNEL-1）	传输出错，经由以太网进行的文件数据传输被停止
090	REFERENCE RETURN INCOMPLETE	因起始点离参考点太近，或速度过低，而不能正常返回参考点。需把起始点移到离参考点足够远的位置，再返回参考点；或提高返回参考点的速度，再返回参考点。 使用绝对位置检测器返回参考点时，如果出现此报警，除了确认上述条件，还要进行以下操作：在伺服电动机转至少一转后，切断电源再开机，然后返回参考点
091	MANUAL RETURN IMPOSSIBLE DURING PAUSE	自动运行暂停时，不能手动返回参考点
092	AXES NOT ON THE REFERENCE POINT	在G27（返回参考点检测）中，被指定的轴没有返回参考点
098	G28 FOUND IN SEQUENCE RETURN	电源接通或紧急停止后没有返回参考点就使用程序再启动，检索中发现了G28。返回参考点
100	PARAMETER WRITE ENABLE	参数设定界面，PWE（参数可写入）被写为1。请设为0，再使系统复位

续表

号码	信 息	内 容
101	PLEASE CLEAR MEMORY	用程序编辑改写存储器时，电源断电了。当此报警发生时，同时按 PROG 键和 RESET 键，只删除编辑中的程序，报警也被解除，再次登录被删除的程序
110	DATA OVERFLOW	固定小数点显示数据的绝对值超过了允许范围。需修正程序
111	CALCULATE DATA OVERFLOW	具备宏程序功能的宏程序命令的运算结果超出允许范围（$-10^{47} \sim -10^{-29}$，0，$10^{-29} \sim 10^{47}$）。需修改程序
112	DIVIDED BY ZERO	除数为 0（包括 $\tan 90°$）。需修改程序
113	IMPROPER COMMAND	指定了用户宏程序不能使用的功能。需修正程序
114	FORMAT ERROR IN MACRO	<公式>以外的格式中有误。需修正程序
118	PARENTHESIS NESTING ERROR	括号的嵌套数超过上限值（5 重）。需修正程序
127	NC MACRO STATEMENT IN SAME BLOCK	NC 指令与宏程序指令混用。需修正程序
129	ILLEGAL ARGUMENT ADDRESS	使用了<自变量>中不允许的地址。需修正程序
135	ILLEGAL ANGLE COMMAND（M series）	分度工作台定位角度使用了非最小角度的整数倍的值。需修改程序
	SPINDLE ORIENTATION PLEASE（T series）	主轴一次也没有定向，就进行了主轴分度。需进行主轴定向
137	M-CODE & MOVE CMD IN SAME BLK	在有关主轴分度的 M 代码的程序段使用了其他轴移动指令。需修改程序
141	CAN NOT COMMAND G51 IN CRC（M series）	在刀具补偿方式中，使用了 G51（比例缩放有效）。需修改程序
142	ILLEGAL SCALE RATE（M series）	指令的比例缩放倍率值在 1～999999 之外。需修正比例缩放倍率
143	SCALED MOTION DATA OVERFLOW（M series）	比例缩放的结果、移动量、坐标值、圆弧半径等超过最大指令值。需修改程序或比例缩放倍率
144	ILLEGAL PLANE SELECTED（M series）	坐标旋转平面与圆弧或刀具补偿 C 的平面必须一致。需修正程序
145	ILLEGAL CONDITIONS IN POLAR COORDINATE INTERPOLATION	极坐标插补开始或取消的条件不正确。① 在非 G40 方式指定了 G12.1/G13.1；② 平面选择错误，参数 5460、5461 设定出错。需修改程序或参数
150	ILLEGAL TOOL GROUP NUMBER	刀具组号超出允许的最大值。需修改程序
154	NOT USING TOOL IN LIFE GROUP（M series）	在没有使用刀具组时，却使用了 H99 或 D99。需修改程序
155	ILLEGAL T-CODE IN M06（M series）	在加工程序中，M06 程序段的 T 代码与正在使用的组不对应。需修改程序
	ILLEGAL T-CODE IN M06（T series）	加工程序中使用了 T△△88，而组号△△与使用中刀具所属组号不一致。需修改程序
199	MACRO WORD UNDEFINED	使用了未定义的宏语句。需修改用户宏程序
200	ILLEGAL S CODE COMMAND	刚性攻丝中的 S 值超出允许范围，或没有使用。需修改程序
201	FEEDRATE NOT FOUND IN RIGID TAP	刚性攻丝中，没有使用 F。需修改程序
202	POSITION LSI OVERFLOW	刚性攻丝中主轴分配值过大（系统错误）
203	PROGRAM MISS AT RIGID TAPPING	刚性攻丝中 M 代码（M29）或 S 指令位置不对。需修改程序
205	RIGID MODE DI SIGNAL OFF	在刚性攻丝中，使用了 M 代码（M29），但当执行 M 系列的 G84 或 G74（T 系列的 G84 或 G88）的程序段时，刚性方式的 DI 信号（DGN G061.0）不为 ON 状态。从 PMC 梯形图中查看 DI 信号不为 ON 的原因
206	CAN NOT CHANGE PLANE（RIGID TAP）（M series）	在刚性攻丝方式中，使用了平面切换。需修改程序
207	RIGID DATA MISMATCH	在刚性攻丝方式中，指令的距离太短或太长
222	DNC OP.NOT ALLOWED IN BG-EDIT（M series）	后台编辑状态中，输入和输出同时被执行。需正确执行操作

续表

号码	信　息	内　容
224	RETURN TO REFERENCE POINT（M series）	自动运行开始以前，没有返回参考点（只在参数 1005#0 为 0 时）。需进行返回参考点的操作
	TURN TO REFERENCE POINT	循环启动前必须返回参考点
232	TOO MANY HELICAL AXIS COMMANDS	在螺旋轴插补模式，使用了 3 条或 3 条以上的轴［一般定向控制模式（M series）为 2 条或 2 条以上的轴］为螺旋轴
240	BP/S ALARM	MDI 运行时，进行了后台编辑
242	ILLEGAL COMMAND IN G02.2/G03.2（M series）	在渐开线插补指令中指定了无效的值。 ① 开始或结束点在基圆以内； ② I、J、K 或 R 被设为 0； ③ 渐开线起始与起点或终点的旋转数超过 100
245	T-CODE NOT ALLOWED IN THIS BLOCK（T series）	在 T 代码程序段中，使用了不允许的 G 代码（G50、G10、G04）
250	Z AXIS WRONG COMMAND（ATC）（M series）	在换刀指令（M06T＿）程序段中，指定了 Z 轴径向移动指令（只对钻削中心 ROBODRILL）
251	ATC ERROR（M series）	下列情况发生此报警。 ① M06T＿指令中包含一个不可用的 T 代码； ② Z 轴机械坐标值为正时，给出 M06 指令； ③ 当前刀具号的参数（No.7810）被设为 0； ④ 固定循环模式中给出了 M06 指令； ⑤ 参考点返回指令（G27～G44）和 M06 被指定在同一程序段； ⑥ 在刀补模式（G41～G44）中指定了 M06； ⑦ 在开机或急停解除后，没有返回参考点就使用了 M06； ⑧ 在换刀过程中，机床锁住信号和 Z 轴忽略信号被接通； ⑨ 在换刀过程中检测到报警

2．伺服报警

表 C-2　　　　　　　　　　　　　　　　　伺服报警

报　警　号	报　警　内　容
400	伺服放大器或电动机过载
401	速度控制器准备好信号（VRDY）被关断
404	VRDY 信号没有被关断，但位置控制器准备好信号（PRDY）被关断。在正常情况下，VRDY 和 PRDY 信号应同时存在
405	位置控制系统错误，由于 CNC 或伺服系统的问题返回参考点的操作失败。需重新返回参考点
410	X 轴停止时，位置误差超出设定值
411	X 轴运动时，位置误差超出设定值
413	X 轴误差寄存器中的数据超出极限值，或 D/A 转换器接收的速度指令超出极限值（可能是参数设置错误）
414	X 轴数字伺服系统错误，需检查 720 号诊断参数并参考伺服系统手册
415	X 轴指令速度超出 511875 检测单位每秒，需检查参数 CMR
416	X 轴编码器故障
417	X 轴电动机参数错误，需检查 8120、8122、8123、8124 号参数
420	Y 轴停止时，位置误差超出设定值
421	Y 轴运动时，位置误差超出设定值
423	Y 轴误差寄存器中的数据超出极限值，或 D/A 转换器接收的速度指令超出极限值（可能是参数设置错误）
424	Y 轴数字伺服系统错误，需检查 721 号诊断参数并参考伺服系统手册
425	Y 轴指令速度超出 511875 检测单位每秒，需检查参数 CMR
426	Y 轴编码器故障

续表

报 警 号	报 警 内 容
427	Y 轴电动机参数错误，需检查 8220、8222、8223、8224 号参数
430	Z 轴停止时，位置误差超出设定值
431	Z 轴运动时，位置误差超出设定值
433	Z 轴误差寄存器中的数据超出极限值，或 D/A 转换器接收的速度指令超出极限值（可能是参数设置错误）
434	Z 轴数字伺服系统错误，需检查 722 号诊断参数并参考伺服系统手册
435	Z 轴指令速度超出 511875 检测单位每秒，需检查参数 CMR
436	Z 轴编码器故障
437	Z 轴电动机参数错误，需检查 8320、8322、8323、8324 号参数

3. 超程报警

表 C-3　　　　　　　　　　　　超程报警

报 警 号	报 警 内 容
510	X 轴正向软极限超程
511	X 轴负向软极限超程
520	Y 轴正向软极限超程
521	Y 轴负向软极限超程
530	Z 轴正向软极限超程
531	Z 轴负向软极限超程

4. 过热报警及系统报警

700 号报警为 CNC 主印制电路板过热报警，704 号报警为主轴过热报警。其他的 6×× 号报警为 PMC 系统报警，9×× 号报警为 CNC 系统报警。

附录 D
FANUC 0i F Plus 系统常用参数表

表 D-1　　　　　　　　　　　　　　　SETTING 参数

参 数 号	符 号	含 义	T 系列	M 系列
0/0	TVC	代码垂直检验	0	0
0/1	ISO	数据输出时，EIA/ISO 代码的选择	0	0
0/2	INI	选择输入单位是公制/英制	0	0
0/5	SEQ	编写程序时自动加入程序段号	0	0
3216		自动加程序段号的间隔	0	0

表 D-2　　　　　　　　　　　　　　RS-232-C 接口参数

参 数 号	符 号	含 义	T 系列	M 系列
20		系统 I/O 通道（接口板）。 0、1：主 CPU 板 JD36A。 2：主 CPU 板 JD36B。 3：远程缓冲 JD5C 或选择板 1 的 JD6A（RS-422）。 4：存储卡接口 DNC 加工。 5：数据服务器接口。 17：USB 存储器接口	0	0
100/3	NCR	程序段结束时的输出码	0	0

表 D-3　　　　　　　　　　　　I/O 通道（I/O=0 时）的参数

参 数 号	符 号	含 义	T 系列	M 系列
101/0	SB2	停止位数的选择：1 位/2 位	0	0
101/3	ASI	数据输入代码：EIA 和 ISO 自动转换/ASCII	0	0
101/7	NFD	数据输出时是否在数据前后输出馈送	0	0
102	I/O CHANNEL	输入输出设备号。 0：普通 RS-232 口设备（使用 DC1～DC4 代码）。 3：便携式编程器（3 英寸软盘驱动器）	0	0
103	BAUDRATE	波特率（bit/s） 10：4800。 11：9600。 12：19200	0	0

表 D-4　　　　　　　　　　　　　　进给伺服驱动参数

参 数 号	符 号	含 义	T 系列	M 系列
1001/0	INM	选择直线轴公制/英制丝杠	0	0

续表

参　数　号	符　号	含　义	T 系列	M 系列
1002/0	JAX	JOG 进给、手动快速进给以及手动返回参考点的同时控制的轴的数量		0
1002/3	AZR	未回参考点是否报警		0
1006/0，1	ROTx，ROSx	设定回转轴和回转方式	0	0
1006/3	DIAx	指定直径/半径值编程	0	
1006/5	ZMIx	返回参考点的方向	0	0
1008/0	ROAx	回转轴的循环功能	0	0
1008/1	RABx	设定绝对指令的回转轴的回转方向	0	0
1008/2	RBLx	相对回转指令中，每一转移动量是否取整数	0	0
1020		各轴的编程轴名	0	0
1022		基本坐标系的指定	0	0
1023		各轴的伺服轴号	0	0
1260		回转轴每转的回转量	0	0
1401/1	LRP	G00 运动方式（直线/非直线）	0	0
1401/4	RF0	G00 倍率为 0 时停/不停	0	0
1402/0	NPC	无 1024 编码器的每转进给	0	0
1402/4	JRV	JOG 每转进给	0	
1410		空运行速度	0	0
1420		快速移动（G00）速度	0	0
1421		快速移动倍率的低速 F0	0	0
1423		每轴的 JOG 进给速度	0	0
1424		手动快速移动速度	0	0
1425		返回参考点的慢速 FL	0	0
1430		各轴最大切削进给速度	0	0
1432		插补前加/减速模式中每轴的最大切削进给速度	0	0
1620		快速移动 G00 时直线加/减速时间常数	0	0
1622		切削进给时指数加/减速时间常数	0	0
1624		JOG 方式的指数加/减速时间常数	0	0
1626		螺纹切削时的加/减速时间常数	0	0
1815/1	OPTx	用分离型编码器	0	0
1815/5	APCx	用绝对位置编码器	0	0
1816/4，5，6	DM1x～3x	检测倍乘比（DMR）	0	0
1819/0	FUPx	位置跟踪功能生效	0	0
1820		指令倍乘比（CMR）	0	0
1825		位置环伺服增益	0	0
1826		到位宽度	0	0
1828		运动时的允许位置误差	0	0
1829		停止时的允许位置误差	0	0
1850		各轴参考点的栅格偏移量	0	0
1851		各轴反向间隙补偿量	0	0
1852		各轴快速移动时的反向间隙补偿量	0	0
1800/4	RBK	进给/快速移动时反向间隙补偿量分开控制选择	0	0

表 D-5 坐标系参数

参 数 号	符 号	含 义	T 系列	M 系列
1201/0	ZPR	手动回零点后自动设定工件坐标系	0	0
1201/2	ZCL	手动回零点后是否取消局部坐标系	0	0
1202/2	G92	工件坐标系（G52～G59）有效	0	0
1202/3	RLC	复位时是否取消局部坐标系	0	0
1240		第一参考点的坐标系	0	0
1241		第二参考点的坐标系	0	0
1242		第三参考点的坐标系	0	0
1243		第四参考点的坐标系	0	0
1250		自动设定工件坐标系的坐标值	0	0

表 D-6 行程限位参数

参 数 号	符 号	含 义	T 系列	M 系列
1300/0	OUT	第二行程限位的禁止区（内/外）	0	0
1320		第一行程限位的正向值	0	0
1321		第一行程限位的反向值	0	0
1322		第二行程限位的正向值	0	0
1323		第二行程限位的反向值	0	0
1324		第三行程限位的正向值	0	0
1325		第三行程限位的反向值	0	0

表 D-7 DI/DO 参数

参 数 号	符 号	含 义	T 系列	M 系列
3003/0	ITL	互锁信号的生效	0	0
3003/2	ITX	各轴互锁信号的生效	0	0
3003/3	DIT	各轴各方向互锁信号的生效	0	0
3004/5	OTH	超程限位信号的检测	0	0
3010		MF、SF、TF、BF 滞后的时间	0	0
3011		FIN 宽度	0	0
3017		RST 信号的输出时间	0	0
3030		M 代码位数	0	0
3031		S 代码位数	0	0
3032		T 代码位数	0	0
3033		B 代码位数	0	0

表 D-8 显示和编辑参数

参 数 号	符 号	含 义	T 系列	M 系列
3104/3	PPD	自动设坐标系时，相对坐标系清零	0	0
3104/4	DRL	相对位置显示是否包括刀长补偿量		0
3104/5	DRC	相对位置显示是否包括刀径补偿量	0	0
3104/6	DAL	绝对位置显示是否包括刀长补偿量		0
3104/7	DAC	绝对位置显示是否包括刀径补偿量	0	0
3105/0	DPF	显示实际进给速度	0	0
3105/2	DPS	显示实际主轴速度和 T 代码（必须有螺纹功能），且与#3106/5 冲突	0	0
3106/4	OPH	显示操作履历	0	0

续表

参 数 号	符　号	含　义	T 系列	M 系列
3106/5	SOV	显示主轴倍率值（与#3105/2 冲突）	0	0
3107/4	SOR	程序目录按程序号显示	0	0
3109/1	DWT	几何/磨损补偿显示 G/W	0	0
3111/0	SVS	显示伺服设定界面	0	0
3111/1	SPS	显示主轴调整界面	0	0
3111/5	OPM	显示操作监控界面	0	0
3111/6	OPS	操作监控界面显示主轴和电动机的速度	0	0
3111/7	NPA	报警时转到报警界面	0	0
3112/2	OMH	显示外部操作信息履历界面	0	0
3112/3	EAH	在报警和操作履历中记录外部报警/宏报警的信息	0	0
3122		在操作履历中记录时刻的周期	0	0
3203/7	MCL	以 MDI 方式编辑的程序能否保留	0	0
3281		显示语言（15：汉语简体）		
3290/0	WOF	用 MDI 键输入刀偏量（磨损）	0	0
3290/1	GOF	用 MDI 键输入刀偏量（形状）	0	0
3290/2	MCV	用 MDI 键输入宏程序变量	0	0
3290/3	WZO	用 MDI 键输入工件零点偏量	0	0
3290/4	IWZ	用 MDI 键输入工件零点偏移量（自动方式）	0	
3290/6	MCM	用 MDI 键输入宏程序变量（MDI 方式）	0	0
3290/7	KEY	程序数据的保护键	0	0
3291/0	WPT	磨损量的输入用 KEY1		0

表 D-9　　　　　　　　　　　　　　编程参数

参 数 号	符　号	含　义	T 系列	M 系列
3202/0	NE8	08000～8999 程序的保护	0	0
3202/4	NE9	09000～9999 程序的保护	0	0
3401/0	DPI	小数点的含义	0	0
3401/4	MAB	MDI 方式 G90/G91 的切换	0	0
3401/5	ABS	以 MDI 方式改参数切换 G90/G91	0	0

表 D-10　　　　　　　　　　　　　螺距误差补偿参数

参 数 号	符　号	含　义	T 系列	M 系列
3620		各轴参考点的螺距误差补偿号	0	0
3621		负方向的螺距误差最小补偿点号	0	0
3622		正方向的螺距误差最大补偿点号	0	0
3623		螺距误差补偿倍率	0	0
3624		螺距误差补偿间隔	0	0

表 D-11　　　　　　　　　　　　　刀具补偿参数

参 数 号	符　号	含　义	T 系列	M 系列
3109/1	DWT	补偿量显示中 G、W 是否显示	0	0
3290/0	WOF	是否禁止通过 MDI 面板的输入操作设定刀具磨损偏置量	0	0
3290/1	GOF	以 MDI 方式设置几何值	0	0
5001/0	TLC	刀长补偿 A、B、C		0
5001/1	TLB	刀长补偿轴		0

续表

参 数 号	符 号	含 义	T 系列	M 系列
5002/1	LGN	几何补偿的补偿号/用刀号/磨损号	0	
5002/2	LWT	刀具磨损补偿方式	0	
5002/4	LGT	刀具形状补偿方式	0	
5002/5	LGC	几何补偿的删除（HO）	0	
5002/7	WNP	刀尖半径补偿号的指定	0	
5003/6	LVK	复位时删除刀偏量		0
5003/7	TGC	复位时删除几何补偿量（#5003/6=1）	0	
5004/1	ORC	刀偏值半径/直径指定	0	
5005/2	PRC	直接输入刀补值用 PRC 信号	0	
5013		最大的磨损补偿值	0	
5014		最大的磨损补偿增量值	0	

表 D-12　　　　　　　　　　　　　　　　主轴参数

参 数 号	符 号	含 义	T 系列	M 系列
3702/1	EMS	使用多主轴控制		1
3705/0	ESF	S 和 SF 的输出	0	0
3705/1	GST	SOR 信号用于换挡/定向		0
3705/2	SGB	换挡方法 A、B		0
3705/4	EVS	S 和 SF 的输出	0	
3706/4	GTT	主轴速度挡数（T/M 型）		0
3706/6，7	CWM/TCW	M03/M04 的极性	0	0
3708/0	SAR	检查主轴速度到达信号	0	0
3708/1	SAT	螺纹切削开始时检查 SAR	0	
3730		主轴模拟输出的增益调整	0	0
3731		主轴模拟输出时电压偏移的补偿	0	0
3732		定向/换挡的主轴速度	0	0
3735		主轴电动机的允许最低速度		0
3736		主轴电动机的允许最高速度		0
3740		检查 SAR 的延迟时间	0	0
3741		第一挡主轴最高转速	0	0
3742		第二挡主轴最高转速	0	0
3743		第三挡主轴最高转速	0	0
3744		第四挡主轴最高转速	0	
3751		第一至第二挡的切换速度		0
3752		第二至第三挡的切换速度		0
3771		G96 的最低主轴转速	0	0
3772		最高主轴转速	0	0
4019/7		主轴电动机初始化	0	0
4133		主轴电动机代码	0	0

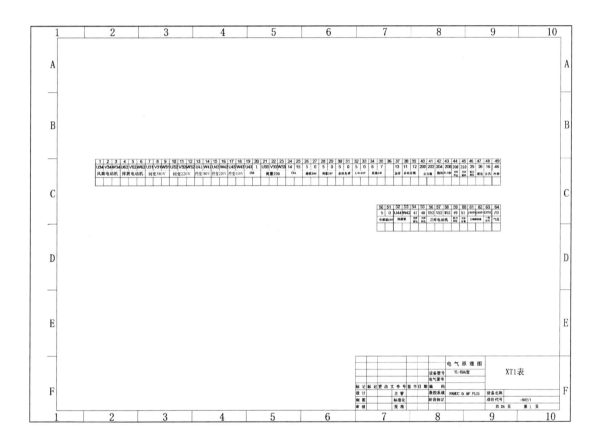

	1	2	3	4	5	6	7	8	9	10	11	12	13	14	15	16	17	18	19	20	21	22	23	24	25	26	27	28	29	30	31	32	33	34	35	36	37	38	39	40	41	42	43	44	45	46	47	48	49
	U34	V34	W34	U62	V62	W62	U31	V31	W31	U32	V32	W32	U41	V41	W41	U42	V42	W42	U43	1	U33	V33	W33	14	15	5	0	5	0	5	0	6	7	13	11	12	200	202	204	206	208	210	29	16	46
	风扇电动机			排屑电动机			伺变380V			伺变220V			符变380V			符变220V			符变110V		CI3			伺服220		CI4			相继24V		伺服24V			非动急停		1/0-24V				备用		急停	启动急停	公共端		指示灯	刀数	万用	动力		万能触报头		分压	冷却

	50	51	52	53	54	55	56	57	58	59	60	61	62	63	64
	5	0	U44	W42	47	48	U52	V52	W52	49	51	JM00	JA40	JX75C	70
	传感器24V		润滑泵		万能		刀库电动机			动力			万能触报头			气压

		电气原理图	设备型号	YL-59A型	XT1表
			电气图号		
标记 标记 更改 文件号 签 字 日 期	编 码				
设计	主管	数控系统	FANUC 0i MF PLUS	设备名称	
制图	标准化	阶段标记		项目代号	-802/1
审核	批准		共 24 页	第 1 页	

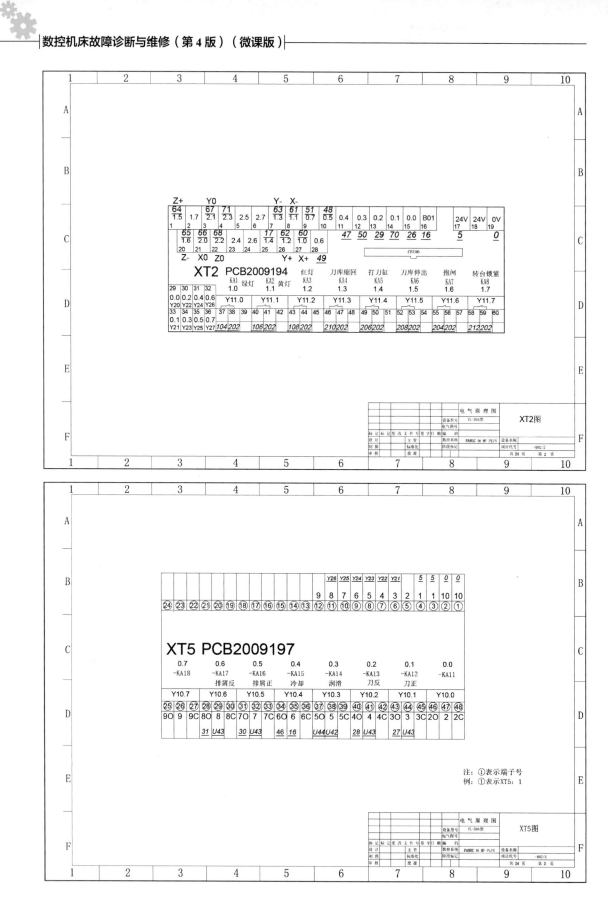

注：①表示端子号
例：①表示XT5：1

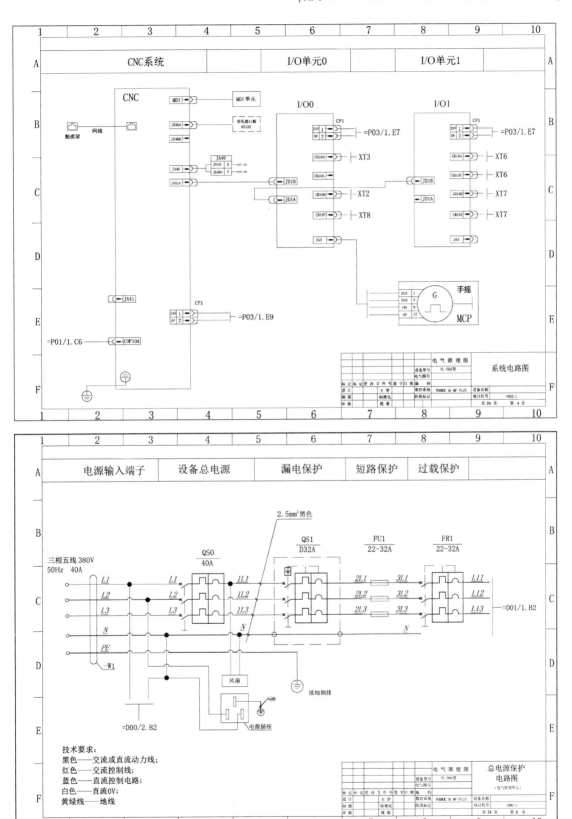

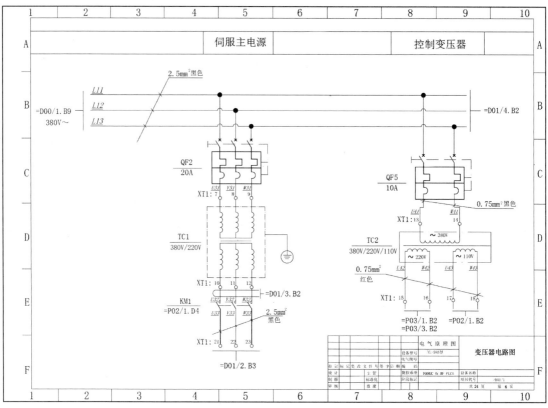

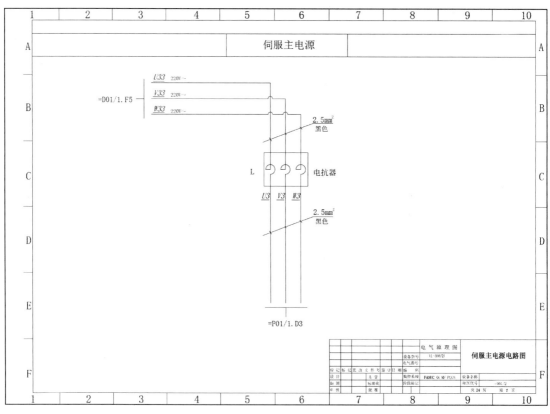

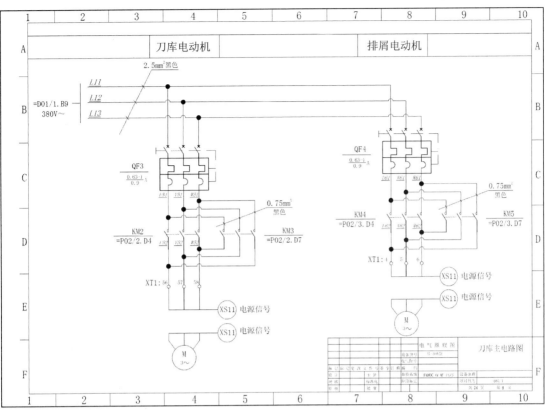

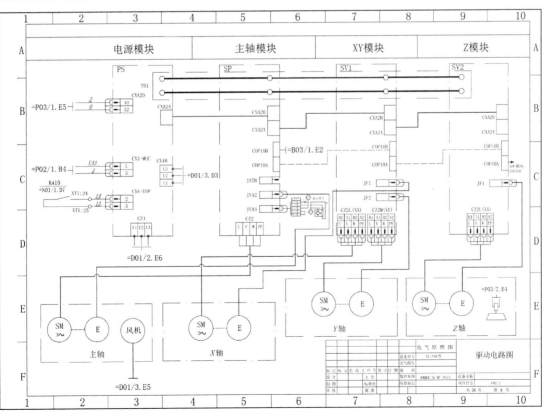

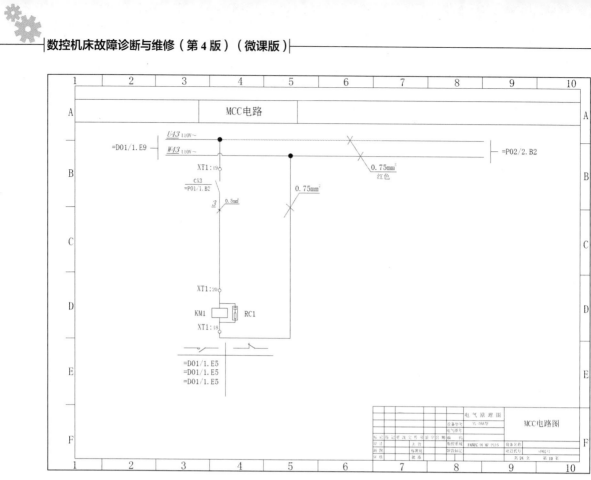

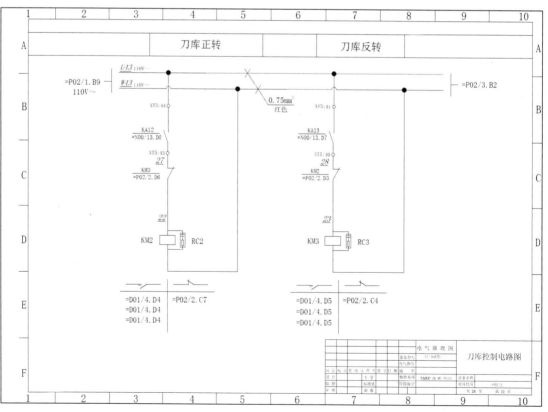

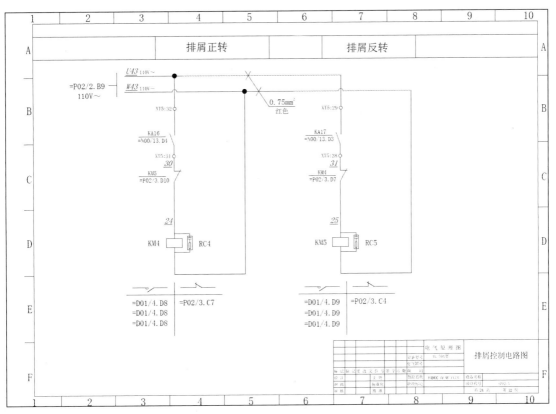

排屑控制电路图

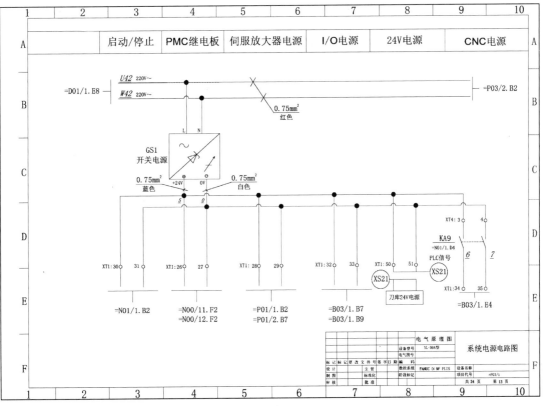

系统电源电路图

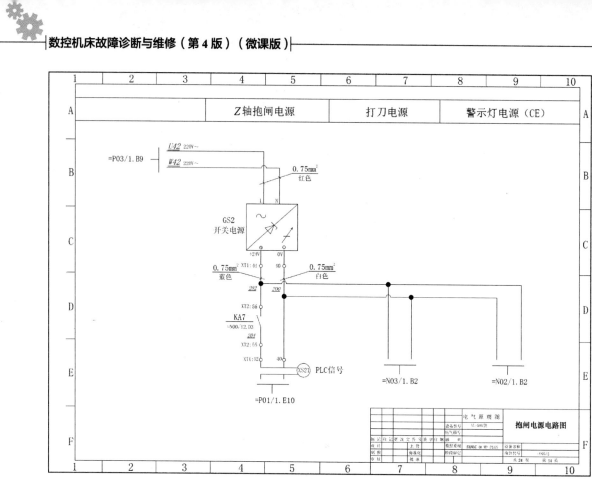

抱闸电源电路图

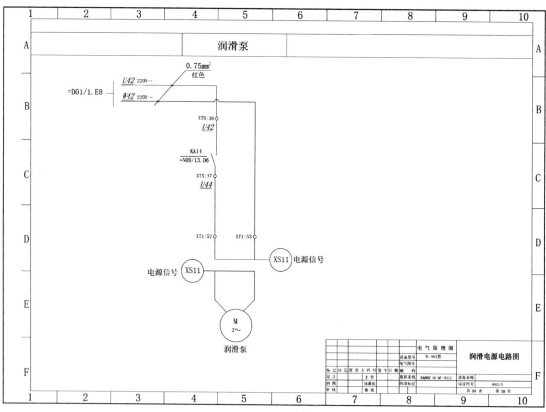

润滑电源电路图

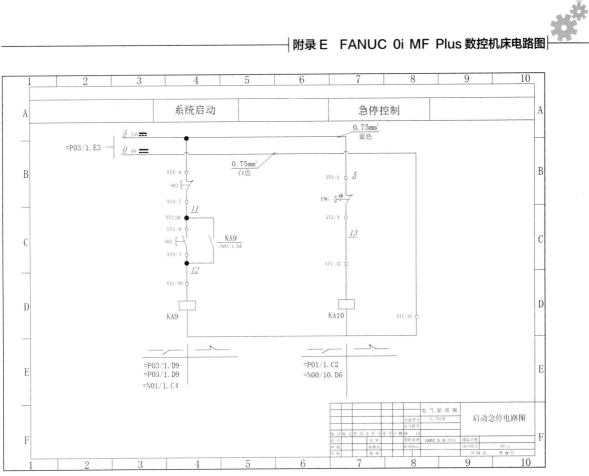

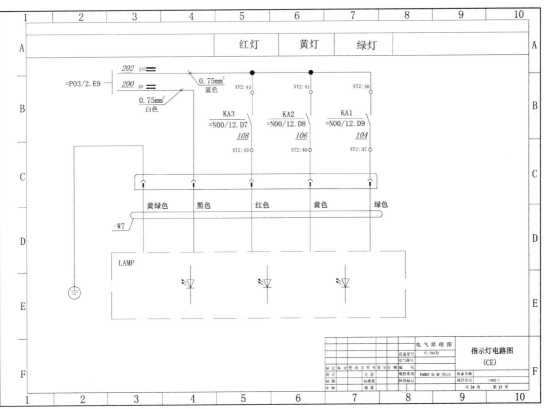

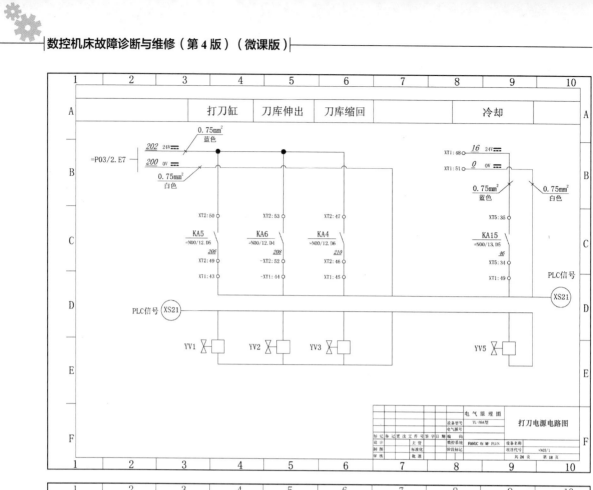

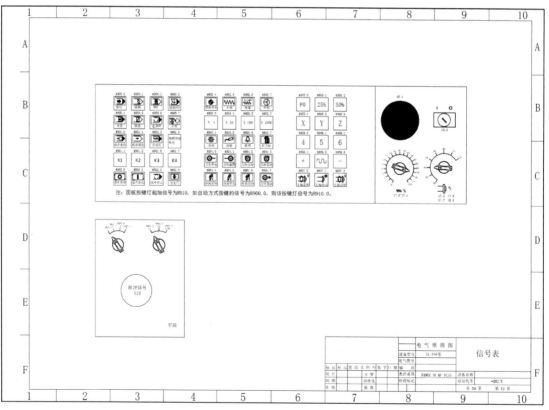

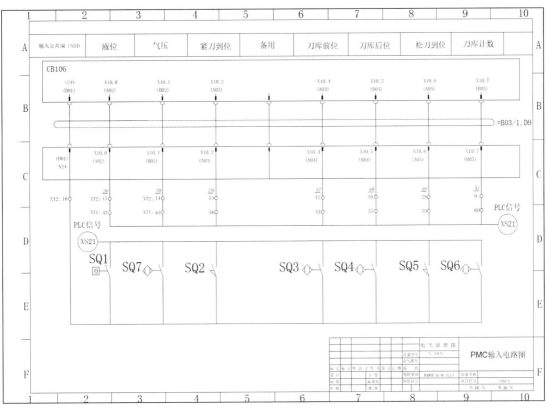

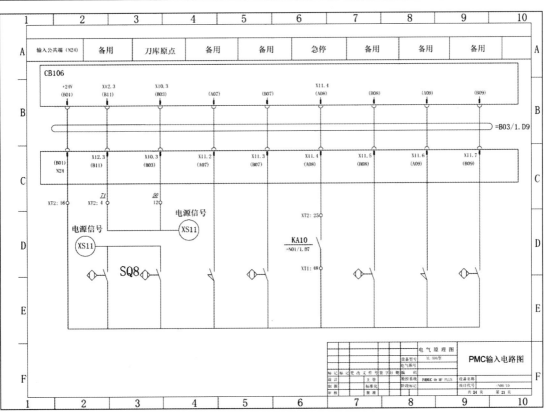

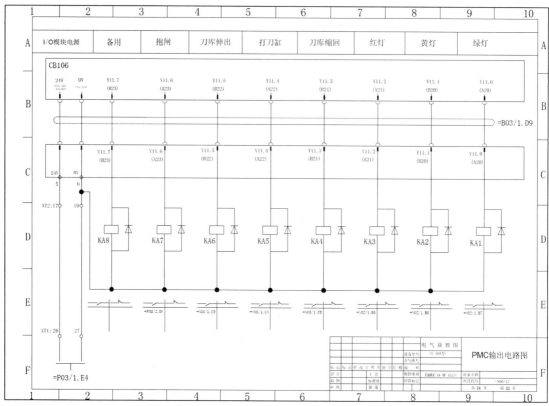

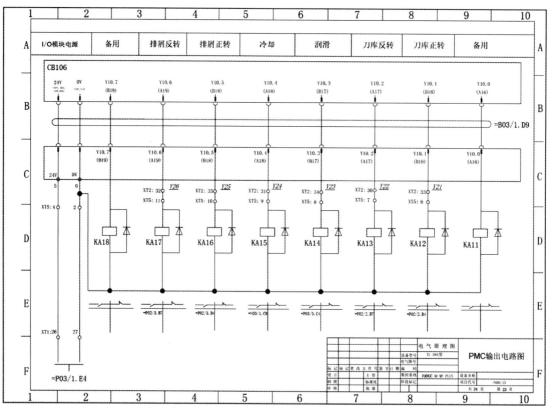

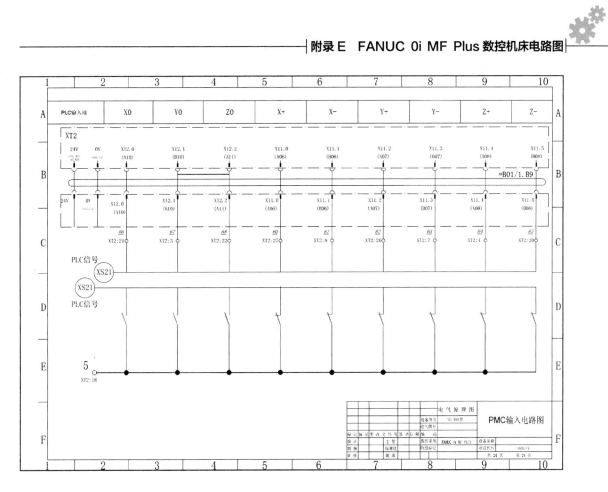

参考文献

［1］FANUC 0i F 连接说明书 B-64603CM_02. 北京：北京 FANUC 有限公司，2018.

［2］FANUC 0i F Plus 维修说明书 B-64695CM_01. 北京：北京 FANUC 有限公司，2019.

［3］FANUC 0i F Plus 参数说明书 B-64700CM_01. 北京：北京 FANUC 有限公司，2019.

［4］吴国经，杨中力，蒋建强. 数控机床故障诊断与维修［M］. 北京：电子工业出版社，2004.

［5］徐衡. 数控铣床故障诊断与维护［M］. 北京：化学工业出版社，2005.

［6］刘永久. 数控机床故障诊断与维修技术［M］. 北京：机械工业出版社，2006.

［7］刘江. 数控机床故障诊断与维修［M］. 北京：高等教育出版社，2007.

［8］叶晖. 图解 NC 数控系统——FANUC 0i 系统维修技巧［M］. 北京：机械工业出版社，2007.

［9］龚仲华. FANUC 0i C 数控系统完全应用手册［M］. 北京：人民邮电出版社，2009.

［10］李善术. 数控机床及其应用［M］. 北京：机械工业出版社，2009.

［11］严峻. 数控机床常见故障快速处理 86 问［M］. 北京：机械工业出版社，2009.

［12］邓三鹏. 数控机床故障诊断与维修［M］. 北京：国防工业出版社，2011.

［13］刘蔡保，安玉明，李金展. 数控机床故障诊断与维修［M］. 北京：化学工业出版社，2012.

［14］郭士义. 数控机床故障诊断与维修［M］. 北京：机械工业出版社，2015.

［15］毛羽. 数控机床故障诊断与维修［M］. 北京：机械工业出版社，2018.